食品调味

原理与应用

SHIPIN TIAOWEI
YUANLI YU YINGYONG

◎ 冯涛　刘晓艳　主编

化学工业出版社

·北京·

图书在版编目（CIP）数据

食品调味原理与应用/冯涛，刘晓艳主编．—北京：
化学工业出版社，2013.5（2025.1 重印）
ISBN 978-7-122-16941-9

Ⅰ．①食…　Ⅱ．①冯…②刘…　Ⅲ．①食品-调味法
Ⅳ．①TS972.112

中国版本图书馆 CIP 数据核字（2013）第 067919 号

责任编辑：彭爱铭　　　　　　　　文字编辑：昝景岩
责任校对：吴　静　　　　　　　　装帧设计：韩　飞

出版发行：化学工业出版社（北京市东城区青年湖南街 13 号　邮政编码 100011）
印　　装：北京盛通数码印刷有限公司
710mm×1000mm　1/16　印张 18　字数 347 千字　　2025 年 1 月北京第 1 版第 14 次印刷

购书咨询：010-64518888　　　　　　售后服务：010-64518899
网　　址：http://www.cip.com.cn
凡购买本书，如有缺损质量问题，本社销售中心负责调换。

定　　价：69.00 元　　　　　　　　　　　　　　版权所有　违者必究

我国饮食文化源远流长，珍馐美味丰富多彩，而珍馐美味离不开调味料。早在春秋战国时期，人们就非常重视调味，《吕氏春秋·本味篇》记载："调和之事，必以甘酸苦辛咸，先后多少，其齐甚微，皆有自起。鼎中之变，精妙微纤，口弗能言，志不能喻。"调和的目的就是有味使其出，无味使其入，异味使其去。调和之味是人类进步发展而创造出来的美味，是在本味的基础上创造出的新型美味。

不同的原材料，不同的调味料，不同的调制手法，不同的调味大师，引领食物到达更加美味的境界。咸鲜，甜咸，酸甜，酸辣，麻辣，香辣，苦香，鲜香……每一种美食，经过精心烹饪制作，呈现了不同的味型与气质。不管在中餐还是在汉字里，神奇的"味"字，似乎永远都充满了无限的可能性。除了舌之所尝、鼻之所闻，在中国文化里，对于"味道"的感知和定义，既起自于饮食，又超越了饮食。

因为人类的舌尖能够最先感受到的味道，就是甜，而这种味道则往往来源于同一种物质——糖。"甜"也可以表达一种喜悦和幸福的感觉。

咸的味觉来自盐。在中国菜里，盐更重的使命，是调出食物本身固有的味道，改善某种肌体的质地。在中国的烹饪辞典里，盐是百味之首。

酸味能去腥解腻，提升菜肴的鲜香。当酸味和甜味结合在一起时，它还能使甜味变得更加灵动，更加通透。酸甜，正是大部分外国人在中国以外的地方对于中餐产生的基本共识。在烹制肉类时，酸味还能加速肉的纤维化，使肉质变得更加细嫩。

除了"酸"，还有一种可以提振食欲，并且在中餐的菜谱上经常和"酸"字合并使用的味道，那就是"辣"。在川菜中，无论是作主料、辅料还是作调味料，辣椒都是宠儿，它给川菜烙上了鲜明的印记。

"鲜"是只有中国人才懂得并孜孜以求的特殊的味觉体验。全世界只有中文才能阐释"鲜味"的全部含义。然而所谓阐释，并不重在定义，更多的还是感受。"鲜"既在"五味"之内，又超越了"五味"，成为中国饮食最平常但又最玄妙的一种境界。

五味使中国菜的味道千变万化，也为中国人在品味和回味他们各自不同的人生境遇时，提供了一种特殊的表达方式。在厨房里，五味的最佳存在方式，并不是让其中某一味显得格外突出，而是五味的调和以及平衡。

在本书之前，已有若干本关于食品调味料方面的图书问世，这些书各有其时代特点，同时，也有一些经典传承。

本书则在以下几个方面与以往的图书有所不同：

1. 本书将食品调味料的香气化学作为独立章节，通过食品调味料的香气种类、香气对消费者嗜好性的影响以及香气化学与香气控制对其质量的影响，重点介绍了食品调味料的香气在食品调味料中的作用。

2. 本书将食品调味料的滋味化学作为独立章节，通过食品调味料的滋味种类，味觉的产生、传递，味觉的相互作用，再到调味料的滋味对消费者嗜好性的影响，重点介绍了食品调味料的滋味在食品调味料中的作用。

3. 本书对一些较受欢迎的食品基础调味料的调配技术进行了介绍，如麻辣味、烧烤味、咖喱味、炭烧味、红烧味、酸辣味、三鲜味以及广式特色肉制品风味。

4. 本书还对各种调味料的生产工艺及其风味特点进行了介绍，特别加入了一些新工艺、新技术在调味料生产中的应用。

5. 本书最后对食品调味料的安全标准与法规进行了介绍，这些内容对指导企业的安全生产具有重要参考意义。

本书可作为食品科学与工程、农产品贮藏与加工、水产品贮藏与加工、食品质量与安全、发酵工程、粮食、油脂及植物蛋白工程等相关专业本科生、研究生的参考用书，亦可作为广大食品行业从业人员的参考用书。参与本书编写的专家、学者有上海好唯加食品有限公司的张志鹏副经理（第一章第四节，第五章第六、十节），上海太太乐食品有限公司品控部的朱慧丽副部长（第六章），仲恺农业工程学院的刘晓艳博士（第五章第五、九节）、高淑娟博士（第五章第一、二节）、刘锐博士（第五章第三、七节）、刘巧瑜博士（第五章第四、八节），上海应用技术学院的冯涛副教授（第一章第一、二、三、五节、第三章、第四章第三节至第八节）、宋诗清博士（第二章）、顾永波硕士（第四章第一、二、九节）。本书在编写过程中得到了各编者单位的大力支持，在此表示感谢！

由于编者水平所限，书中可能存在不足之处，恳请读者批评指正。

上海应用技术学院

冯涛

2012 年 11 月 30 日

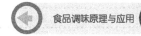

第三章 食品调味料的滋味化学 78

第四章　食品基础调味料的调配技术　　117

第一章

绪 论

第一节 食品调味料的发展历史

一、什么是调味料

饮食文化是人类文明的重要方面，英文中"cook"这个词只是指把食物做熟，而我国却用"烹调"这个词，其中"烹"的意思就是指用火烧烤或煮制食物，而"调"则是指厨师使用调味料，使食物改变滋味。由此可见把食物做熟和调味的同等重要性，也说明了调味料在烹调食物时是必不可少的东西。

人类最早只会从自然界获取天然的没有经过加工的食物，有了火以后，人类学会了"烹"，这使人比动物进食高了一个档次，而学会用调味料来"调"制食物的味道，才真正使人类有了饮食文化。

调味料也叫调味品、调料，我们只要加很少量的调味料就可以给食物带来特殊的味道或者风味。各种调味料还可以互相协调、配合，共同创造出无数种美妙的味道来。其实调味料这种神奇的本领说到底还是化学反应的结果，现代科学研究发现调味料中能使我们感到味道的物质叫做"呈味物质"，它们溶解于汤汁或者唾液中，与味蕾相互作用产生味觉。食品中还有一种"风味物质"，由几十种甚至几百种化学物质混合而成，使我们能够靠嗅觉辨认食品。这种味觉和嗅觉的合作便使我们能够充分感受食物的美好。

二、调味料的发展史

中国是具有五千年历史的文明古国，其饮食文化与烹调技艺是其文明史的一部分。早在春秋战国时期，人们就非常重视调味，在《周礼》、《吕氏春秋》中就有了酸、甜、苦、辣、咸五味的记载。那时的人们就已经懂得了食物的本味是可以变化和互相协调的，讲求五味调和。在中国先秦的文献中，对味就有了深刻的认识，《孟子》中云"口之于味也，有同嗜焉"。《黄帝内经》讲到"五味之美，不可胜极"。从这里就可以看到中国的烹饪是以味为魂的。在随后的3000多年的发展历史中，我们的祖先创造了酱、酱油、醋、腐乳等传统的酿造调味料。而在与世界的经商贸易、文化交流的过程中，一些国外的调味料也被引入，这种交流和渗透也大大地丰富了我们中华民族的调味文化。

调味料的发展历史几乎伴随着人类文明的发展史，凡是烹调水平高的民族都是文化渊源深厚的民族，尤其是素以美食大国著称的我国。

原始社会，人类茹毛饮血，在燧人氏发明钻木取火后，才学会了用火来烤制食物。神农氏的时代，人类学会了制盐的方法，盐的使用是调味料发展史上的重要开端。

商朝时人类开始有了酿酒技术，有的时候发酵技术掌握不好，酒味会变酸，人们发现变酸了的酒味道也不错，把它用于调味，称其为"苦酒"，这就是醋的由来。西周的时候我们的祖先学会用麦芽和谷物制作饴糖，这算是世界上最早的人工甜味剂。当时的人们还用鱼肉加盐和酒发酵制成各种美味的调味酱。商周时期，善于烹调的人往往能得到国君的赏识，甚至被委以重任。3000多年以前的古代名相伊尹据说就是一位烹调专家，被后人尊为"烹调之圣"。

春秋时代人们的饮食越来越讲究，孔子有句话"食不厌精，脍不厌细"。这时候原产于我国的姜成为人们一日三餐必不可少的东西，人们不仅用它调味，作腌菜，还用来做驱风寒的药。战国时代有了花椒和八角茴香的记载，但是应用得还不广泛。易牙是春秋战国时期的齐国名厨，是香辛料的调和大师，是将混合香辛料用于烹调的开创性人物，他所创立的易牙十三香对我国调味行业影响深远。3000多年前，天然发酵法生产的调味料，如酱油、黄酱、豆豉、腐乳、食醋等，其原料取自天然出产的农作物和食盐，是通过微生物的酶解和发酵得到的液体调味料。

早在先秦时期，我国先民就开始了烹调技术的理论性总结，并为今人留下了很多有关烹调技术规律的著名论断，如"凡味之本，水最为始。五味三材，九沸九变，火为之纪。时疾时徐，灭腥去臊除膻，必以其胜，无失其理。调和之事，必以甘酸苦辛咸，先后多少，其齐甚微，皆有自起。鼎中之变，精妙微纤"（见《吕氏春秋》），"甘受和，白受采"（见《礼记》），"唯在火候，善均五味"（见《酉阳杂俎》），"有味使之出，无味使之入"（见《随园食单》）。这说明秦汉时期的人们已经掌握了在烹调中去腥、灭臊、除膻的方法。汉代从丝绸之路传来了我们今天常用的大蒜、香菜、胡椒等，这时的人们有了酿造醋的成熟技术，还开始用大豆和面粉来制造豆酱。人们在食用豆酱的时候发现上面的液体味道很好，开始有意识地榨出这种液体，最早叫做"酱清"或者"清酱"。

盛唐时代，商业繁荣，饮食文化空前发展，花椒、葱、茴香、桂皮、胡椒、酒都成为当时常用的调味料。唐太宗的时候从印度传来了甘蔗制糖的方法。到了宋朝，人们开始热衷于用油烹调食物，油炸食品和甜食在当时非常流行。

元朝出现了用黄酱和小麦制作的甜面酱。值得一提的是，明代的时候传入了原产于美洲的辣椒，之后短短三四百年辣椒风靡了我国一半以上的地区，人们用它制造出辣椒盐、辣椒酱、豆瓣酱等辣味调味料，还培养出闻名天下的川菜。这个时期人们开始制造芝麻油、芝麻酱等调味料。

清朝时期，人们饮食调味的习惯和现代已经非常相似了。晚清的时候，侵入的外国殖民者带来了外国的饮食方式以及调味料，例如咖喱、吐司、沙司、色拉之类。

20世纪初期味精被日本人率先研制出来，成为近代最常用的调味料之一。近年来随着生产技术的发展，主要调味料的生产都形成了机械化和工业化。目前复合调味料成为一种重要的发展方向。调味料也开始逐渐走上了科学和健康之路，例如各种有保健作用的盐、醋、油等。

第二节　食品调味料的种类与用途

一、食品调味料的种类

中国研制和食用调味料有悠久的历史，积累了丰富的知识，调味料品种繁多。其中有属于东方传统的调味料，也有引进及新兴的品种。对于调味料的分类目前尚无定论，从不同角度可以对调味料进行不同的分类。

1. 目前中国消费者所常接触和使用的六类调味料

（1）酿造类调味料　酿造类调味料是以含有较丰富的蛋白质和淀粉等成分的粮食为主要原料，经过处理后进行发酵而成的，即借有关微生物酶的作用产生一系列生物化学变化，将这些原料转变为各种复杂的有机物，此类调味料主要包括：酱油、食醋、酱、豆豉、豆腐乳等。

（2）腌菜类调味料　腌菜类调味料是将蔬菜加盐腌制，通过有关微生物及鲜菜细胞内酶的作用，将蔬菜体内的蛋白质及部分碳水化合物等转变成氨基酸、糖分、香气及色素，具有特殊风味。其中有的加淡盐水浸泡发酵而成湿态腌菜，有的经脱水、盐渍发酵而成半湿态腌菜。此类调味料主要包括：榨菜、芽菜、冬菜、梅干菜、腌雪里蕻、泡姜、泡辣椒等。

（3）鲜菜类调味料　鲜菜类调味料主要是新鲜植物。此类调味料主要包括：葱、蒜、姜、辣椒、芫荽、辣根、香椿等。

（4）干货类调味料　干货类调味料大都是由根、茎、果干制而成，含有特殊的辛香或辛辣等味道。此类调味料主要包括：胡椒、花椒、干辣椒、八角茴香、小茴香、芥末、桂皮、姜片、姜粉、草果等。

(5) 水产类调味料 水产中的部分动植物，干制或加工，蛋白质含量较高，具有特殊鲜味，是习惯用于调味的食品。此类调味料主要包括：鱼露、虾米、虾皮、虾籽、虾酱、虾油、蚝油、蟹制品、淡菜、紫菜等。

(6) 其他类调味料 不属于前面各类的调味料，主要包括：食盐、味精、糖、黄酒、咖喱粉、五香粉、芝麻油、芝麻酱、花生酱、沙茶酱、银虾酱、番茄沙司、番茄酱、果酱、番茄汁、桂林酱、椒油辣酱、芝麻辣酱、花生辣酱、油酥酱、辣酱油、辣椒油、香糟、红糟、菌油等。

2. 调味料的成品形状分类

可分为酱品类（沙茶酱、豉椒酱、酸梅酱、XO 酱等）、酱油类（生抽王、鲜虾油、豉油皇、草菇抽等）、汁水类（烧烤汁、卤水汁、喼汁、OK 汁等）、味粉类（胡椒粉、沙姜粉、大蒜粉、鸡粉等）、固体类（砂糖、食盐、味精、豆豉等）。

3. 调味料的呈味感觉分类

按调味料的呈味感觉可分为咸味调味料（食盐、酱油、豆豉等）、甜味调味料（蔗糖、蜂蜜、饴糖等）、苦味调味料（陈皮、茶叶汁、苦杏仁等）、辣味调味料（辣椒、胡椒、芥末等）、酸味调味料（食醋、茄汁、山楂酱等）、鲜味调味料（味精、虾油、鱼露、蚝油等）、香味调味料（花椒、八角茴香、料酒、葱、蒜等）。除了以上单一味为主的调味料外，还有大量复合味的调味料，如油咖喱、甜面酱、乳腐汁、花椒盐等等。

4. 调味料的其他分类方法

如按地方风味分，有广式调味料、川式调味料、港式调味料、西式调味料等；按烹制用途分，有冷菜专用调味料、烧烤调味料、油炸调味料、清蒸调味料，还有一些特色品种调味料，如涮羊肉调味料、火锅调味料、糟货调味料等；按调味料品牌分，有川湘、淘大、川崎、家乐等国内品牌，也有迈考美、李锦记、卡夫等合资或海外品牌，此外还有一些专一品牌，如李派鸡汁、日本万字酱油、瑞士家乐鸡粉、印度咖喱油、日本辣芥等。

另外，调味料的种类颇多，其中的一些产品有其专有的分类标准，如在中国，酱油可以分为酿造酱油、配制酱油。

5. 我国调味料的历史沿革

第一代：单味调味料，如酱油、食醋、酱、腐乳及辣椒、八角茴香等天然香辛料，其盛行时间最长，跨度数千年。

第二代：高浓度及高效调味料，如超鲜味精、次黄嘌呤核苷酸（IMP）、鸟苷酸（GMP）、甜蜜素、阿斯巴甜、甜叶菊和木糖等，还有酵母抽提物、水解植物蛋白（HVP）、水解动物蛋白（HAP）、食用香精、香料等。此类高效调味料从 20 世纪 70 年代流行至今。

第三代：复合调味料。现代化复合调味料起步较晚，进入 20 世纪 90 年代才开始迅速发展。

目前，上述三代调味料共存，但后两者逐年扩大市场占有率和营销份额。

二、食品调味料的用途

调味料的每一个品种，都含有区别于其他原料的特殊成分，这是调味料的共同特点，也是调味料原料具有调味作用的主要原因。调味料中的特殊成分，能除去烹调主料的腥臊异味、突出菜点的口味、改变菜点的外观形态、增加菜点的色泽，并以此促进食欲、杀菌消毒、促进消化。例如：味精、酱油、酱类等调味料都含氨基酸，能增加食物的鲜味；香菜、花椒、酱油、酱类等都有香气；葱、姜、蒜等含有特殊的辣素，能促进食欲，帮助消化；酒、醋、姜等可以去腥解腻。调味料还含有人体必需的营养物质，如酱油、盐含人体所需要的氯化钠等矿物质，食醋、味精等含有不同种类的多种蛋白质、氨基酸及糖类，此外，某些调味料还具有增强人体生理机能的药效。

第三节　全球食品调味料的特点及其发展趋势

二战以后，食品调味料已从基础的香辛料、香料萃取液和精油发展到复杂的香味物质。首先，果味香料广泛应用于软饮料中。其次，随着鲜味食品如奶制品、焙烤食品和冰淇淋等行业的发展，鲜味料的用量也日益增加。食品香料已从过去的精油、油树脂和天然浸提油等发展到目前的水果提取液、肉类提取液和鲜味料等。

目前，国际市场上常见的 3 种鲜味料分别为：水解植物蛋白（HVP）、酵母提取液和加工香味料（又称美拉德增香调味料），它们在国际市场上呈现出不同的发展态势。

一、水解植物蛋白

水解植物蛋白是一种传统的食品配料，可产生像肉一样的鲜味，被广泛应用于食品加工中，尤其是应用于汤料、肉汁粉和风味小吃等的加工中。液体水解植物蛋白也常用在饭桌上的调味料中。

传统的水解植物蛋白，是由植物蛋白质与 HCl 反应，然后用 NaOH 中和。在这个过程中，会产生大量的盐，最终浓度控制在 45%～50%。

含有肉一样鲜味的水解植物蛋白粉的生产方法为：首先将上述原料通过水

解、中和得到的水解物，浓缩成固形物含量为 37%～40% 的液体；然后进一步加工成固形物含量为 85% 的糊状物；最后通过喷雾干燥，将糊状物干燥成固形物含量为 99% 的粉末，再通过美拉德反应，便可得到水解植物蛋白粉。

用于生产水解植物蛋白的原料，主要来自脱脂谷类植物和油菜籽。1988 年，欧洲开始对水解植物蛋白的卫生安全性产生质疑，因为，在水解植物蛋白中发现了低浓度的 3-单氯-1,2-丙二醇（3-monochloro-1,2-propandiol，3-MCPD）和 1,3-二氯丙二醇（1,3-dicholoro-propandiol，1,3-DCP），它们被怀疑是致癌物质和生育抑制剂。

在美国，食品和药物管理局（FDA）还未对水解植物蛋白中的 DCP 做出说明，但已在考虑是否在以后的一段时间内，对其进行考察，而国际水解蛋白协会——美国水解植物蛋白生产商联合会已建议它的成员，在水解植物蛋白中，3-MCPD 的浓度不超过 25mg/kg。但浓度的降低，将会导致水解植物蛋白生产成本的急剧上升。现在，有几家公司已开始采用酶法或发酵技术，代替传统的水解过程来生产水解植物蛋白。还有一家公司发现了一种蛋白酶，它能使 75% 的蛋白水解，其味道与水解法制得的水解植物蛋白还有一定的差别。

二、酵母抽提物

自 1989 年 Salrohshi 发现酵母自溶现象之后，欧美各国即广泛使用酵母抽提液作为肉类提取物的代用品。调味型酵母抽提物具有强烈的呈味性，滋味鲜美、风味浓郁，其蛋白质降解物与游离氨基酸均高于动植物抽提物，且不含胆固醇和脂肪酸，被誉为第 3 代天然调味料，广泛应用于食品工业，可改进产品的风味和口感，提高产品的档次与价值。

酵母抽提物的调味机理在于它可将动物肉味提升，连接动物肉味和植物水解蛋白鲜味，产生一种均衡味感，协调肉类抽提物（ME）的甜香和水解植物蛋白的鲜味，产生甘浓、丰美的滋味。

目前，国际上酵母抽提物的生产和应用，已形成独立的工业体系，成为发酵工业中一门具有巨大经济效益的产业，日本已形成年产 3500t，销售额达 30 亿日元的生产规模。

酵母抽提物的原料通常是啤酒酵母。酵母抽提物的制造方法，可因分解方法的不同而分类，现有的主要方法包括自溶法、酶解法和酸解法，其中最常用的方法是自溶法，它是利用酵母菌体内自身具有的酶系统进行分解的。因此，原则上需用鲜酵母作原料，而在实际操作中，可通过改变温度和 pH 值等水解条件，使提取液最终制品的品种实现多样化。

酵母抽提液的味觉效果，可通过调节滤液浓度及控制工艺过程条件来实现。最大限度地保留酵母抽提液中的有效成分，使酵母抽提液中含有较高浓度的呈味成分，这种天然产品将代替味精用于食品加工中。低盐（<3%）酵母抽提液的

生产也是可能的，它特别适合营养食品发酵或用于活菌介质中。

在过去的 5 年中，酵母抽提液已经逐渐取代水解植物蛋白应用于食品加工中，其主要原因是人们怀疑水解植物蛋白中的单氯丙醇和二氯丙醇有毒。

三、加工香味料

加工香味料又称美拉德增香调味料，是指通过美拉德化学反应（Maillard reaction）合成的系列香味料。美拉德化学反应是氨基化合物和还原糖或其他含羰基化合物之间发生的反应，由于反应产物呈深棕色，所以又称非酶褐变反应。通常的氨基化合物为 T-半胱氨酸或水解植物蛋白，还原糖为木糖醇或葡萄糖。基于美拉德反应的鲜味料专利于 1960 年公开，自那时起，很多知名香味料公司都生产了自己品牌的加工香味料。

在加工香味料的生产过程中，肌酸酐副反应经常发生。它主要在复杂蛋白质源与半胱氨酸共存的情况下产生。某些肌酸酐衍生物（包括那些在家用条件下产生的）被怀疑是癌症诱变物，所以加工香味料通常要做毒性实验。

四、蔬菜调味料

进入 21 世纪，食品之一的天然调味料也进入功能性新时代，随着人们健康意识的增强以及对食品需求的多样化，以蔬菜为主要成分的调味料应市而生。

目前，国际上开发的此类产品，品种多、应用范围广、适用性强，深受广大消费者的欢迎。

1. 透明番茄调味料

将优质番茄洗净粉碎，放置数分钟后加热至 70℃，立即冷却到 30℃，通过碎浆机及过滤装置，得 70% 的番茄汁，脱气，充分分离，得到黄色透明番茄液，含糖 4.4%，含酸（折合成柠檬酸）0.37%，pH4.4。将此番茄液于真空度 150～200mmHg❶ 的旋转蒸发器内蒸发至原液的 1/3 成浓缩番茄液，配入砂糖（14%）、食盐（4%）和醋（0.6%）混合成透明番茄调味料。

2. 洋葱调味料

洋葱调味料有洋葱应有风味及有效成分。应用于面包、面制品、鱼和肉等的调味，有增加芳香、提高食物味价、消除生肉等食物中不愉快味等作用，并有促进消化、增进食欲和防腐杀菌等效果。

制作方法：洋葱去皮，切成 5mm 长条状，投入已加奶油或植物油（油量为洋葱重的 14%）、温度 130℃ 的容器中，加热 30～50min，加热过程中，洋葱分解为丙酮酸及硫化物等，酶迅速失活。通过加热，洋葱呈透明状，体积缩小 2/3，

---

❶ 1mmHg＝133.322Pa。

然后在 10min 内降温到 80～90℃，进入磨碎机磨碎，乳化得淡黄色膏状洋葱调味料。装瓶、冷藏保存，或浓缩干燥成粉末状，再进行包装。

3. 玉葱调味料

玉葱调味料外观为固液状（浓缩物），含有呈味物质谷酰胺、天冬氨酸等氨基酸、低聚肽、呈味作用特强的含硫化合物、游离糖及各种有机酸等，风味独特浓郁。

玉葱调味料可用在汤料、沙司、调味料、畜肉制品、快餐、冷冻食品和保健食品中，不仅调味，还有消臭、抑菌及保健效果。

4. 辣白菜粉末调味料

辣白菜调味粉，风味独特诱人。产品以白菜为主要原料，另加红辣椒和韩国产的纯正鱼酱等辅料，经成熟和乳酸发酵，然后再进行粉碎加工处理而成。成品的乳酸菌含量高，蛋白质含量也高（来自添加富含蛋白质的盐腌鲫鱼和沙丁鱼酱）。辣白菜调味料不仅有粉末状，还有液状产品。该调味料应用广，一些大食品公司将其用于油炸土豆片、方便面、水产品、铁板烧烤、意大利式细面条、汉堡包、小馅饼等，产品还畅销日本。

5. 食用菌类调味料

目前，国外食用菌抽提物作调味料非常流行，其含丰富的氨基酸、呈味核苷酸，不仅具有十分强烈的鲜香味而且营养丰富、食用安全。在欧美、日本流行蘑菇抽提物，作为新型保健食品调味料，具用调味增香的作用，适于做日式、西式和中式烹调的调味料，具有广阔前景。以食用菌为原料生产调味料，主要有以下几种：调味食品以微生物为动力，将食用菌及加工过程中的下脚料加工成各种香气独特、口味鲜美的调味料，常见的有蘑菇、香菇、草菇、平菇酱油，蘑菇醋，香菇方便面汤料，金针菇、凤尾菇酱菜及草菇辣酱等等。

食用菌抽提液：食用菌抽提液是指经自溶或外加酶作用，将食用菌中的有效成分抽提出来，经过滤、浓缩制得的一类产品，如香菇晶、香菇精、百菇精等，作为调味料或食品添加剂使用。食用菌调味料粉：把食用菌干品直接粉碎至细粉末，然后加入味精、肌苷、鸟苷、食盐及其他一些添加剂和辅料混合调配制成。

目前市场上食用菌调味料产品在逐渐增多，但大多是粗加工品，虽然生产工艺简单，成本低，但所生产的调味料，其食用菌类香味、鲜味物质和营养成分没有被充分释放出来，其特征性风味不显著，而且有些产品含有木质化成分，其水溶性较差，品质低。氨基酸、核苷酸、1-辛烯-3-醇是食用菌主要的风味物质，核苷酸与氨基酸对食用菌调味料的风味有协同增效作用，但在食用菌中氨基酸和核苷酸大多以蛋白和核酸的形式存在，一般的水提工艺不能提取完全，1-辛烯-3-醇物质易挥发而风味不能长期保持。针对食用菌呈味、呈香物质的存在方式和呈味特性，在食用菌调味料开发中应考虑下列研究内容：①研究不同食用菌氨基酸、核苷酸等风味成分组成和含量，进行风味评价，明确不同食用菌品种的风味特性，建立食用菌风味成分指纹谱；②研究食用菌中非游离氨基酸、核苷酸的生物提取和释放技术，充分利用食用菌中的呈味成分；③研究食用菌风味物质成分构成及含量对风味特性的影响，调节风味成分的比例以对食用菌进行风味强化；④研究风味物质的稳定性和风味保持技术，制备稳定型食用菌风味调味料，延长产品货架期及方便使用。

6. 蔬菜汁粉

有新鲜菜汁风味，能保持蔬菜原有色泽，不破坏有效成分。

采用新鲜蔬菜，经水洗、粗碎、榨汁、调和、无菌、干燥而成。品种有洋葱、洋白菜、豆芽菜类，用于方便面配汤和粉末汤料。

7. 无臭大蒜浸膏

无臭大蒜浸膏，外观白色，无大蒜臭味，产品有片状、胶囊状。

无臭大蒜浸膏制法：在减压下加热抽提，大蒜无须预煮，强烈臭及刺激性气味不会向四周扩散。大蒜片在减压下会激烈翻腾并与反应釜强烈撞击，因此无须粉碎。由于减压低温抽提，能减少各种成分的损失。在 $400\sim500$mmHg 真空度下，90℃抽提 $2\sim3$h 后，再将抽提液经真空压滤机分离，用真空膜式蒸发器浓缩，进一步用真空冷冻干燥机干燥获得白色无臭的大蒜粉。加工成片状或胶囊状，不仅可调味，还可作保健食品用。

五、水产调味料

水产调味料是以水产品为原料，采用抽出、分解、加热，有时也采用发酵、浓缩、干燥及造粒等手段来制造的调味料。它含有氨基酸、多肽、糖、有机酸及核酸关联物等，这些物质都是存在于肉类、天然鱼贝类或蔬菜等天然食品中的呈味成分。

水产调味料的应用非常广泛，包括：水产加工品（鱼糕、鱼丸、鱼肉肠等）；方便食品及冷冻调理食品（方便面、米粉、米线调味料、干脆面等）；家用调味料（酱油、蚝油、调味酱、调味粉等）；休闲食品、快餐食品（薯条、虾条、膨化油炸食品等）；各式汤料、菜肴、腌菜类。

"大日本制药"公司1995年上市的"海鲜鲜味"调味料，是以大麻哈鱼为原料，经酶分解制成的肽类调味料，与一般鱼酱相比，该调味料色泽很浅，鱼臭几乎感觉不出，低聚肽含量达70％以上，营养非常丰富。

1995年Beak和Cadwallader曾用10种商品酶对小龙虾加工过程中的副产物进行水解，制备香味自然的调味料。

目前应用于海鲜香味料中的单体香料主要包括醇、醛、酮、酸、酯及内酯、杂环化合物（尤其是含硫的杂环化合物）等。常用的有二甲胺、四氢吡咯、二甲硫醚（dimethyl sulfide）、己酸（caproic acid）、3-甲硫基丙醛（methional）、2,3-甲基呋喃硫醇（2,3-methyl furanthiol）等。

在水产品中所共有的几种主要呈鲜物质是：谷氨酸钠（MSG）、谷氨酸联氨（DAG）、次黄嘌呤核苷酸（IMP）、琥珀酸（SA）、鸟苷酸（GMP）、L-羟脯氨酸（L-oxyproline），水产品的鲜美味道不仅取决于以上几种主要呈鲜物质，并以此为核心，还有许多增强鲜味的副成分，如甘氨酸、丙氨酸、脯氨酸、甜菜碱等；无机的有硫化氢、甲硫醇、三甲胺等。因其副成分组成不同，所引起味道变化也不相同，这才有了丰富多彩的各种鲜味。鲜味的副成分，在水产品的味中起到了重要的作用。谷氨酸与肌苷酸、鸟苷酸复合使用，其鲜味有相乘的效果，这已被人们所熟知。几种主要呈鲜物质与其他呈味物质一起构成了复杂而独特的海鲜风味。

水产调味料富含氨基酸、有机酸及核苷酸关联化合物等营养和呈味成分，还有许多有益人体健康的活性物质，如牛磺酸、活性肽、维生素等，加上其浓郁的风味，使其备受市场青睐。提高水产品深加工水平，提高低值水产品的附加值，实现充分利用，是在减少海洋捕捞、有序开发养殖、保护海洋资源和环境压力日趋增大状况下保持增长的必由之路。

天然调味料近来也出现低盐、低脂肪和无添加物的生产趋势，从更接近于天然的粉状产品到液体产品，从浓缩产品转变到原汁原味的产品，制法也从盐酸分解法转为酶分解法。其次，最近水产品提取液正在进一步研究解决人们强调的功能性和生理活性。一般提取物中的功能成分如氨基酸中的牛磺酸、含组氨酸的二肽（HCDP）即肌肽（carnosine）等是代表性功能物质，由于有抗氧化作用和帮助消除疲劳等功效，其商品化十分活跃。

调味料原料迅速升级换代，香气更加逼真，呈味更加丰满。如在方便面酱包的炸制过程中，现已成功地使用各种肉味精膏代替新鲜肉粒的添加，使生产工艺变得简单、操作易于控制、呈味能力增强。

六、天然复合调味料

天然调味料是指采用天然出产的原料，以非化学性手段生产的调味产品。对于天然复合调味料我们试作如下定义：是指"以天然物为基础，经提取（萃取）、分离、酶解、加热、发酵及勾兑、配制等方法进行处理，生产出的液、膏状或粉末状的具有风味独特、使用简捷的调味功能的产品"。这就是说，香辛料精油及其油树脂，纯发酵酱油等酿造产品，以及微生物、动物（水产）、植物抽提物等被划进了天然调味料的范围，同时成为生产天然复合调味料的主要原料。

人类使用天然调味料的历史虽久远，但大规模工业化生产和销售天然调味料的历史却只有不超过 50 年的时间。从东亚各国的状况来看，日本最早的产销活动始于 20 世纪 50 年代末，由大洋渔业公司开始用南冰洋鲸鱼提取肉汁，并将其用于方便面调味料包的配制，从此开创了以动物性提取物为调味原料生产复合调味料的先河。后来的日本各大公司大量生产动植物提取物产品。

时至今日，人们所追求的调味理念是"美味、健康、自然、安全、营养、方便"，调味观念的变化，促使天然复合调味料迎来新的发展机遇。

1. 化学调味料转向天然调味料的趋势

所谓化学调味料是指味精、I+G 等，虽有较强的鲜味，但同时缺点是呈味单一，必须与其他调味料配合才有较好的效果。加之现代人的健康需求，特别是 20 世纪 70 年代在欧美的"中国餐馆综合征"，被误认为是中国餐馆配菜对味精用量太多引起的反应，后经研究表明它是酱、油、黑豆、虾酱等在发酵期间形成的组胺的化合物引起的，于是 1987 年联合国粮农组织和世界卫生组织食品添加剂专家委员会给味精作了"平反"，认为它是安全的风味添加剂，并宣布取消对味精食用的限制量。但是这件事的负面影响历经 30 余年，并未得到消除。一直以来高档餐饮或饮食中仍追求天然为主，很少使用化学调味料。

2. 氨基酸调味时代转向多肽、提取物时代的趋势

酱油、HVP 等调味料中主要的呈味成分是食盐、氨基酸等，由于其游离氨基酸含量多，鲜味较强，给人以强烈的直冲感，厚味和后味都不能绵长。而多肽是经蛋白质酶解获得的，控制一定的酶解度，相对来讲可以保留一定量的肽，呈味能力虽然稍逊于氨基酸调味料，但味感厚重绵长。提取物类多是以肉类、微生物类、蔬菜类等经抽提而获得的天然调味料，可以获得使用氨基酸、核酸、有机酸和盐等调味料所得不到的复杂呈味和风味，其特点可以概括为鲜美浓郁、丰满醇厚、留香持久，具有提升厚味、增强特征味等显著特征。

3. 单一味型调味转向复合调味的趋势

调味料的单一味型可分为：咸味、甜味、苦味、辣味、酸味，随着调味料的日益丰富，对外交流的加深，各种风味的美食对人们引起的冲击使人们不再满足于单一味型的口味，人们追求风味的变化和更新换代需要对单一味型进行复合。

4. 家庭调味转向工业调味的趋势

在以前，家庭以用传统的酱油、醋、料酒、糖、味精等为主，进行烹调调味，随着调味料行业的发展，越来越多工业化生产的调味料走进了千家万户，如鸡精、汤料等。

天然复合调味料迎合了人们对食物回归自然的需求。回顾调味料的发展，经历了从天然调味料到化学调味料，又回归至天然复合调味料的发展历程。其内在是单一调味方式向复合调味方式的发展，是氨基酸调味时代向多肽、提取物调味时代的发展，是家庭个体调味向工业化调味的发展。多样化、方便化、功能化是

未来天然复合调味料的发展方向。

第四节　中国食品调味料的特点及其发展趋势

近年来，我国调味食品行业发展迅速，已成为食品行业中增长最快的门类之一，新的品牌、新的产品层出不穷，企业并购风起云涌。随着消费需求的快速增长，调味料市场出现以下几个显著特点。

一、中西式调味料相互融合

随着中国经济的活跃，地区之间、国家之间的文化交流不断深入，受此影响，中西式调味料相互融合，形成一大批既带有鲜明异域文化烙印又适合中餐口味的调味食品，如东南亚咖喱、日本味噌汤、英国辣酱油、墨西哥烤肉酱、意大利面酱等等。

西式烹饪中的调味核心是香料的使用技术，它不仅能让菜肴香味四溢，而且还会增加食客的食欲，无论是中餐还是西餐，香料的应用都是非常广泛的，香料应用到烹饪中主要有去臭、增香、生辣、调色的作用。近年来，许多非中国本土的香料已经应用到了中餐中。

1. 黄油的应用

黄油是从奶油中进一步分离出来的脂肪，又叫乳脂、白脱油。黄油在常温下呈浅黄色固体，加热熔化后，有明显的乳香味。优质的黄油气味芬芳，组织紧密、均匀，切面无水分渗出，而劣质的黄油没有香味或有异味，质软或松脆，切面有水珠。

黄油通常用在西餐中，但在制作中式面点时，如果将其与豆沙先混合拌匀，再用于菜点制作，则成菜效果会更好。黄油还被用到了新味火锅底料上。重庆火锅就利用黄油作为提味的香料，很多火锅餐厅在店门外很远的地方，都能使顾客先一步感受到一股浓香。

例如，一个锅底，如果具有三个国家的不同口味，则可以演绎不同国家的饮食文化。这三种火锅的原料分别是：传统火锅底料，黄油 30g；印度咖喱底料，黄油 30g；日本海鲜底料，上汤 800g。其制作方法均为：黄油加热熔化，加高汤，加各种火锅底料，烧开上桌，随涮随吃。其特点是香味浓郁，回味悠长，后劲十足。

2. 芥末的应用

芥末是日本料理中的一种基本调味料，以其独特的刺激性气味和辛香辣味而受到人们的欢迎，具有解腻爽口、增进食欲的作用。

芥末有芥末油、芥末膏之分，由于它的特殊味道，可用作泡菜、腌制生肉或拌沙拉。其气味由于受热易挥发，故常用于冷菜的调味，如芥末拌三丝。

芥末双脆与芥末拌三丝有很大的区别，它称得上是一款热菜，其制法打破了芥末油、芥末膏不下锅烹制的传统用法。芥末双脆选用毛肚、黄喉两种质感脆嫩的原料，切成丝，辅以金针菇、青红椒丝，分别入锅氽熟，堆码于窝盘中。净锅上火，注入适量鲜汤烧开，调入精盐、白糖、白醋等，最后淋入芥末油或挤入芥末膏，搅匀，试好味，起锅烧淋于双脆盘中即成。

另一道以芥末为调味料的菜名是山葵虾球，选取日式芥末80g，卡夫色拉酱100g，挪威深海大虾适量为原料，将大虾腌制后入锅过油，将日式芥末和卡夫色拉酱调匀后淋在大虾上即可，其特点是爽口清甜。

3. 美式辣味调味料的应用

美国"辣椒仔辣汁"已经有130多年的历史了，它选用的是美国本土产的上等红辣椒，加入食盐和果醋，采用生物发酵酿造工艺，在专用的橡木桶内酿制三年而成。"辣椒仔辣汁"属发酵型酸味，它不仅辣味清鲜醇厚、回味悠长，还带有一股橡木桶特有的香味。除了常见的"辣椒仔辣汁"外，还有味道更温和而且打破传统辣椒仔颜色的"辣椒仔青辣汁"，这种汁特别适合鱼类等高蛋白质原料的调味，加入蒜蓉及不同辣椒的"辣椒仔蒜味辣汁"，适合烹制剁椒风味菜；加勒比海风味的"辣椒仔特辣汁"，是精选特辣辣椒并配合各种水果调制而成的，适合制作海鲜类刺身菜肴的味碟以及配制。

川菜素以麻辣著称，尤其是在辣味的开发上做足了文章，除了运用本地产辣椒品种及其制品以外，还可以利用美国辣椒仔系列调味料，烹制出风味别具的辣味菜肴和创新菜品。

例如，以辣椒仔辣汁为调味料的"冬阴功海鲜汤"，选取大虾、洋葱、红葱、生姜、香茅、南姜、泰国香椒糕、椰浆、辣椒仔各适量为原料，起锅，倒油，将洋葱、红葱、生姜炒香，加入上汤；加入新鲜香茅、南姜，煲5min；最后放入泰国香椒膏、椰浆、泰椒、辣椒仔、大虾，略烹出锅即可。这道菜的特点是酸辣香郁，醇厚绵延。

4. 咖喱的应用

咖喱是我们非常熟悉的一种调味料，通常是用咖喱粉或咖喱酱。其实，还可以在咖喱膏的基础上进行一定的改良，用于中餐烹饪。

咖喱膏是一种日本产的新型调味料，由印度咖喱、八角茴香、小茴香、小豆蔻、玉桂、丁香、姜、葱、蒜、精盐等原料制成。将四川的二全条海椒和青花椒制成蓉，再加入洋葱、香菜、香茅、蚝油、美极鲜酱油、粤式蚝油味、川式麻辣味的复合式口味，不仅成菜具有色泽红黄、清香微辣、咖喱味浓等特点，而且操作起来很方便。

以咖喱为原料的菜如黄咖喱蟹，选择泰国黄油蟹、黄咖喱、洋葱、生姜、大蒜、虾膏、三花奶、香茅各适量为原料，制作时将洋葱、大蒜、生姜、虾膏入油炒香；另起锅，将泰国黄油蟹过油，放入黄咖喱2勺，上汤300g及香茅、三花奶，煮2min，勾芡装盘。这道菜的特点是咖喱香浓郁、蟹肉爽口。

除了香料，调味也是事厨者的核心技术，近年来我国也在不断吸取西式调味料的特点，应用到中餐中，例如黄油、芝士粉、奶油、芥末酱、紫苏酱、咖喱酱等。北京"又一顺"在20世纪70年代初首创的清真菜肴"奶油鸡卷"，就是把西式调味料奶油运用到了中餐中，此菜具有浓郁的奶油香味，是一道典型的中西合璧菜肴，深得食客喜爱。

西式酱汁的应用。西式酱汁是中餐的叫法，西餐称为沙司，沙司是西餐热菜调味汁的总称。沙司必须提前制作，它可以推进产品的标准化生产，最早在我国香港、台湾、广东等地被引用。沙司的被借鉴，解决了中餐技术中的一些不足，提升了产品的附加值。目前沙司已逐渐北移并向全国推展了。

"卢氏咖喱酱"是采用香港、广东20世纪末流行的葡汁加以改良而成的，用芫荽粉、香草粉、罗勒等中外香料调香，然后用花生酱、水果汁进行调味，再配以新西兰黄油、印度的咖喱进行炒制而成，具有口味浓郁、香味醇厚、颜色鲜艳等特点，是一款典型的中西合璧酱汁。

"阿健番茄汁"则借用了西餐烧汁的特点：用牛腩、牛骨头、烤鸭、芹菜、胡萝卜等熬制成汤，新鲜的西红柿经过特殊的处理打碎调制而成，具有健康营养、颜色鲜艳、口味纯正等特点。

这些西式酱汁一经改良，使用到中餐中，由于更适合中国人口味，得到了广大宾客的欢迎。

二、方便化

随着人民生活水平的提高和生活节奏加快，加上厨具和烹饪方式的改变，市场上涌现出一大批味美可口、操作简便、保质期长的方便调味食品，如方便面汤料、微波炉调味料、烧烤调味料、方便高汤等。

1. 方便面汤料

目前，消费者的消费心理日趋成熟，对调味料的风味及营养价值都有新的要求。当前，国内调味料生产企业加强了对酶解技术、美拉德反应、超临界萃取技术和调香技术的研究，生产设备不断改进，工艺不断提高，国内肉类香精和天然调味基料大量涌现，方便面调味料市场形成了大分化、大发展的新格局。

(1) 生产科技化 在汤料生产过程中，新原料、新技术和新工艺正不断涌现，如：①热反应技术。借助于美拉德反应制取香气成分（香精），使产品香气浓郁、圆润、逼真，且耐高温。②生物酶解技术。把大分子的肉类蛋白在一定程度上切割为小分子的肽类和氨基酸。用酶解技术获得水解蛋白，其中含有大量游离的氨基酸，可以用于调味料的增香，提高鲜度，增加风味物质浓度。③超临界 CO_2 萃取技术的利用可以在低温条件下高效地萃取有效成分，使香料纯度高、香味保存好、添加量小，对风味影响大。④超微粉碎技术的利用可减小粉体粒径，增加水溶性，改善口感，成品粒径 $10\sim25\mu m$，粉碎比 $300\sim1000$ 以上（一般粉碎设备 $3\sim30$），低温粉碎技术用于热敏性物料的加工以减少变性和挥发。⑤现代检测技术和大量的现代化分析仪器的使用，使人们能很快分离和鉴定某种食品香气的复杂成分，促进了香味化合物的研究。⑥微胶囊包埋技术，通过包埋技术使易挥发的香气物质被包埋起来，在冲泡时瞬间释放出来。⑦微波杀菌技术、臭氧杀菌技术可杀灭微生物及病毒，使汤料产品安全卫生。⑧冷冻干燥、微波干燥和真空干燥等先进干燥技术可生产出高复水性、营养成分保存较好的脱水蔬菜、肉粒、蛋花和鱼板等。这些高新技术在生产中部分已经得到应用，且已经在汤料品质和风味的改善中起到了关键的作用，并将在今后的生产中不断得到完善和改进。

(2) 原料天然化 天然抽提物及酶解产物等天然调味料不断得到更广泛的应用。如蛋白水解物、酵母抽提物和味噌，这些实用的天然调味原料不但可以使呈味效果增强，同时可以通过这些天然营养物质的添加来改善方便面汤料营养成分低的状况，是兼有调味、营养和保健 3 大功能的优良天然调味料，给人们以回归自然、营养、安全的感觉。

(3) 风味个性化 不同地区饮食文化和饮食习惯差异很大，很难被一种口味统一，所以应以传统的中华民族饮食文化为切入点，开发出适应不同消费人群、不同地区、风味各异的方便面汤料。如康师傅各种口味的方便面，就是根据料包的不同风味而使方便面个性化的。比如我们常吃的香菇鸡汁面，汤汁鲜浓、色泽明亮、鸡汤香味浓郁，而且还有香菇实物，口感逼真；海鲜面汤汁看起来比较清淡，但闻起来就有鲜美的海鲜味道，吃起来香味更圆润，还有大颗的虾仁点缀其中，可谓观之、嗅之、啖之都能让人食欲大增。这些个性化风味颇受大众喜爱，开发个性化风味的汤料，是方便面产品开发市场的一个有效举措。

(4) 卫生安全化 方便面使用的复合调味料适用面广、产销量大，但在我国目前尚未制定卫生标准，在 1998 年颁布的《方便面卫生标准》中并没有任何条款明确规定方便面调味料的卫生指标，直到 2004 年 5 月，全新的《方便面卫生标准》正式实施，但有关调味料的产品标准和检测标准，依然没有出现在标准内，从而妨碍了这一行业的健康发展。在生产中企业应更注重原料和添加剂的选择及其生产过程的控制管理，实行 ISO 22000 认证，引入危害分析与关键点控制（HACCP），以保证质量稳定、食用安全。HACCP 在调味料生产中的应用，3 类危害存在于从原料、生产操作到最后成品整个过程中，且生产过程中添加的化学物质、不良代谢物、化学清洁剂以及包装物材料等都有可能产生危害，还有生产各个阶段中的外来异物，如原料本身残留化学农药及沙石、杂物等的危害，都有可能引起消费者的疾病或损伤。

企业生产中要引入完善的质量监管体系，要以产品的工艺流程为基础，从原料到最终成品（包括储藏），对所有工序及操作细节进行危害分析和影响产品安全卫生质量的风险评估。肯德基从苏丹红事件中发现了原料监控漏洞，这说明只监管一级原料供应商是不够的，要采用渗透式的监管，监管到第二级、第三级原料供应商。因此推广实施 ISO 22000《食品安全管理体系——整个食品供应链的要求》是必要的。

利用关键控制点裁决树，确定出所有的关键控制点，可以保证产品质量，尽量减少产品的安全隐患。方便面汤料生产的卫生安全化不仅是对消费者负责，同时也是企业赖以生存的产品质量的根本保障。

(5) 营养健康化　广大消费者对食品的要求，除了安全、卫生之外，就是讲求营养合理的膳食搭配。其中消费者对油脂的摄入愈来愈警惕，可以预料低盐、低糖、低脂肪的调味料必将会受到广大消费者的青睐。方便面汤料的营养化应以改变工艺条件，添加与强化营养素相结合。

2. 方便高汤

传统调味高汤（老汤）是用猪、牛、羊、鸡、鸭等多种畜、禽的鲜杂肉骨、筋腱类材料，添加相关调味辅料，经特定炖煮过程，熬制成的调味汤汁。

传统调味高汤由于原、配料的多样性，具有极为丰富的风味成分。又因特殊的炖、煮、熬制过程，将各原、配料的风味成分溶解，转化成了人的味觉感受状态，呈味快速、味道鲜美。因而高汤以其风味成分丰富、呈味快速、味道鲜美等特点，成为众多菜肴必不可少的呈味要素，被直接或间接地广泛用于各类菜肴的烹饪调味过程中。

虽然众多菜肴的烹饪，经常广泛地使用高汤调味，但调味高汤需在菜肴烹饪前，就熬制好常备待用，很不方便。

其次，用于熬制高汤的动物类材料的种类、数量等随机性大，且各调味辅料生味成分的含量、状态，常因产地、品种、配比等的不同而异，都会影响高汤的风味与调味能力，使其调味的准确性和可操作性减小、难度增大。

考虑传统烹饪对调味高汤的需求，并克服传统高汤在烹调中表现出的调味准确性、可操作性、使用方便性都较差等不足，因此，有必要依据风味化学原理和人的味感生理特性，以及大众食俗与风味爱好，采用工程法复合调味料的制作原理和方法，将多种畜、禽的鲜杂肉骨、筋腱类动物性材料与相关调味辅料，加工、配制成调味能力强、用途广、使用方便的高汤调味料。

在传统调味高汤的方便化研制过程中，通过用传统调味高汤的动物性原料，熬制成调味原汤，再添加调味辅料的风味物质成分，配制成调味能力强、用途广和使用方便的新型高汤调味料，其主要特点有：

第一，高汤调味料保留了传统高汤原、辅配料的多样性，风味物质成分极为丰富。同时又考虑到各类菜肴烹饪调味的共性与特点，分别补充了相关调味辅料，使其风味成分更丰富、调味能力更完全。

第二，高汤调味料的各原、辅调味料的风味物质成分，经特殊炖熬、分离、配制方法处理后，各风味物质成分均呈人的味觉感受状态，调味速度快、性能好。

第三，高汤调味料各原、辅料的风味物质成分，通过食品工程的相关分离、转化、调配等技术处理，其生味物质成分的含量、状态及调味能力都相对确定，使其调味的准确性和可操作性增大、调味难度减小。

第四，高汤调味料中的调味辅料的风味物质成分，因相关分离、转化和调配技术的处理，有效利用率得到大幅提高，可从常规烹饪的 10%～20% 提高到≥90%。

第五，高汤调味料的呈味速度快，通过调整使用时间，可避开常规烹调某些过程对调味料风味成分的破坏损失，能使调味效果加强。

第六，高汤调味料多样化的应用类型（可视烹饪实际需求按需配制），不仅能满足常规菜肴众多风味的烹调，经烹饪调节还能产生新型菜肴风味，推动菜肴风味的创新与发展。

第七，高汤调味料以其调味料化的状态在使用方式上，比在菜肴烹饪前熬制备用的传统高汤，更为方便。

由此可见，高汤调味料的调味能力强、效率高、用法简便、用途广泛，有一定的应用开发价值。

三、功能化

消费者健康意识不断提高，食品成分对健康影响的研究不断深入，调味食品向着健康化、功能化方向迈进，如低盐酱油、铁强化酱油、醋胶囊和醋饮料、低钠盐、元贞糖等。

1. 功能性调味料

功能性食品是新时期、新生活对传统食品提出的更高层次的要求，调味料向功能性发展是调味料行业蓬勃发展的一个必然趋势。

研制功能性调味料，主要是从原料营养和食疗功效等方面着手研制各类保健调味料，这样既能提高其自身食用价值，同时又能开发出新的具有高营养价值的调味料。

如用食用菌酿造调味料，不仅味道鲜美而且营养丰富，还具有良好的防病保健作用。不同的食用菌具有不同的营养价值，含有多种人体必需氨基酸。鸡枞菌可以帮助消化、提神和疗痔等，民间还用它来治疗风湿病；金针菇、灵芝有抗癌作用等。以食用菌为原料可开发营养保健的花色酱和复合调味料。

人们常食用的海带，把它制成海带酱，不仅能预防甲状腺肿大，还能降血压，预防动脉硬化、血液酸化及防癌。

以功能性调味料——香菇调味料汁的配制为例，可以看出其配方注重营养与美味，兼具功能的特点。

香菇是一种高级食用菌，富含蛋白质、18 种氨基酸，以及香菇素、硒等微量元素。国内外临床实验表明，香菇具有抗癌、抗病毒、降低胆固醇及增强机体免疫能力等功效。香菇调味汁如三鲜汤料的配方见表 1-1，排骨汤配料见表 1-2。

表 1-1　三鲜汤料的配方

配料	用量/g	配料	用量/g
味精粉	0.9	虾米粉	1.0
盐	4.6	香菇粉	0.7
猪肉	0.7	猪油	1.2
淀粉	0.66	蒜泥	0.04

表 1-2　排骨汤料配方

配料	用量/g	配料	用量/g
味精	0.95	猪油	0.7
盐	5.8	淀粉	0.55
香菇粉	1.0	猪肉粉	1.5
蒜泥	0.1		

2. 低能量调味料

据美国食品市场研究所的调查表明：公众对膳食营养最关注的影响因素就是食品中的脂肪含量，因此，开发低能量调味料，具有十分广阔的发展前景。

低能量调味料的研制过程中关键就在于减少天然脂肪的使用。由于脂肪在各种食品配料中赋予重要而独特的口感、质构与风味方面的作用，单纯减少脂肪使用会极大影响产品的品质与可接受程度。为此，要选择好合适的无能量或低能量的脂肪替代品。目前正在研究的脂肪替代品包括以脂肪酸酯、碳水化合物和蛋白质为基础成分的 3 大类。

(1) 低能量色拉调味料　色拉调味料是一种包含植物油、食醋、蛋黄或全蛋、调味料、香辛料、乳化剂和增稠剂等混合乳化而成的水包油型黏稠状、半固体调味料。由于色拉调味料中的油脂含量很高，使其所含的能量值也较高。

低能量色拉调味料的加工关键在于适宜的脂肪替代品。通过减少油脂的使用量，添加脂肪替代品和加大用水量，可比较容易地降低色拉调味料的能量值。使用碳水化合物型脂肪替代品，色拉调味料中油脂含量可由原来的 35％减少到 10％，而产品的黏度、口感和风味等并没有发生多大变化。全能量与低能量色拉调味料的配料相比，全能量产品的主要配料是油，而低能量产品的主要配料是水。在产品配料中，新添了脂肪替代品（以保证产品的黏度与质构）和有机酸

（保证产品对微生物的稳定性）。

（2）低能量色拉调味料配方 低能量色拉调味料具体配方如表 1-3。

表 1-3 低能量色拉调味料配方

配 料	用量/g	配 料	用量/g
葡聚糖	14.55	果胶	1.1
食醋	24.0	芥末	0.8
柠檬原汁	4.0	辣椒粉	0.7
调味番茄酱	2.7	洋葱末	0.7
食盐	2.0	大蒜粉	0.7
黑胡椒	0.7	安赛蜜	0.05
水	48.0		

3. 骨汤调味料

传统面食中 90% 的"浓汤"对风味起着不可低估的作用，通常是通过熬制骨头汤来实现。在口味多样化的调味料中，最近出现了骨汤调味料，这一调味料的新口味不断地得到人们的认可。骨汤调味料对于吃腻了原来口味的消费者来说，无疑是一种全新的风味。

骨汤调味料是通过超音速气流粉碎技术使动物骨如猪骨、鸡骨等得以超微细化，然后经过一定的加工工艺提取浓缩而成的。与调味油并用，在复合风味调味料的风味形成方面，起到了非常明显的效果。

动物骨头是潜力很大的生物活性钙和蛋白质营养资源。近年来对动物骨在食品中的开发已在全世界范围内受到了广泛重视。骨味食品在日本已发展成为全社会高级营养保健品；在埃及，牛骨头是饮食汤料类和调味料的主要成分。动物骨在我国的利用率相当低，除小部分利用以外多被白白扔掉，因此在我国开发骨味的骨汤汤料具有丰富的原料来源和极好的市场前景。

4. 低盐保健化调味料

为预防胃癌及高血压等疾病，许多国家提出了 Na 的每人每日最大摄入量的劝告性限量。调味料的生产也在向低盐或减盐方面发展，以往在各种调味料中，食盐的含量是比较高的，各种味觉中，"咸味"是最明显的，因此，把食盐的含量控制在适当水平，可以降低 Na 的摄入量。在低盐调味料中，食盐可以用海藻浸提物代替，其工艺流程如下：

乙醇,30min   4℃ 水,24min

海藻→去杂→干燥→杀菌→浸泡→浸提物

在我国低盐化食品也受到了越来越多的关注，发展低盐化调味料具有广阔的市场前景。

四、使用范围扩展

外出就餐比例的提高、加工食品消费的增长使调味料的消费范围从过去一家一户为主，向以连锁餐饮、集体伙食单位、食品工厂为主转变。过去，人们只有在招待客人或节庆假日时才会去"下馆子"，随着生活水平的提高，这种习惯正在改变。

五、生产规模化

调味食品品牌效应凸显，部分企业通过生产技术、市场营销手段创新，借助资本力量，生产规模不断扩大，调味料市场以区域为主的传统被打破，部分行业实现快速集中，如酱油行业、味精行业、鸡精行业等。

六、存在的问题

调味料行业快速发展的同时也存在一些不容忽视的问题。首先是食品安全问题频繁发生，部分企业、个人受非法利益驱动，掺杂使假情况屡有发生，如苏丹红事件、毒花椒事件等，严重损害消费者权益，同时也破坏调味料行业声誉，给绝大多数守法经营企业带来难以估量的损失。食品安全问题成为整个社会都在关注的焦点，在此过程中部分不负责任的新闻报道，采用虚假和夸大的信息误导消费者，笼统地将假冒伪劣食品与食品安全问题划等号，造成食品行业被"妖魔化"，消费者对食品的安全感严重缺失。经营者应该诚信守法，政府监管应该公正透明，整个社会应发扬中华民族传统美德，相互关爱，共同营造和谐的社会环境。

2009年《食品安全法》出台以来，新的食品安全标准的制定和对原有标准体系的整合进展缓慢，与食品行业快速发展的情况难以适应。一些标准的制度由于缺乏意见征询和论证，严密性、准确性差，解读多有矛盾，存在诸多合理不合法、合法不合理的现象（如姜黄在GB 2760—2011中被列为着色剂，属于添加剂，而在药食同源名单中，姜黄被列为保健食品，不能作为普通食品的生产原料，GB/T 12729—2008把姜黄列为辛香料和调味料，可不限量使用，使生产企业无所适从）。应加快对多个标准体系共存的整合，食品安全标准的制定借鉴国际标准的同时也要立足国情，中华饮食文化历史悠久，源远流长，一些独有的工艺技术作为传统文化的一部分应予以保留。

第五节　食品调味料风味学的研究目的和意义

随着人们生活条件的改善，对食品的要求不再单纯满足果腹充饥，而是要求食品的色、香、味、形，要求风味更细致、更地道，以品尝美味、享受美味为饮食的需要。

随着城镇化、城市化的加快，越来越多的人成为产业工人，工作和生活节奏的加快，需要社会提供更方便、快捷的饮食服务，这也促进了复合调味料的发展。

调味料的多样性，决定其生产是综合技术的应用，涉及食品加工、食品机械、食品包装、微生物学、生物化学、基因工程、质量控制等多个学科，现代科技的迅速发展，让社会的整体加工的水平提高，保证了天然复合调味料的安全生产。

面对未来的发展，对食品调味料风味学研究的目的和意义体现在以下几个方面。

一、改变原料的粗加工方式

发达国家食用加工食品的比率高达 80％，而国内食用加工食品的比率不到 30％，调味料行业的原料的利用率也比较低，如川菜中大量使用的辣椒和花椒等都是原始的利用方式，未经过精细加工和充分利用，提高资源综合利用的水平和食物的出品率，尽可能做到"吃干榨净"，降低资源消耗，确保资源的合理利用和持续利用是我们从事调味料生产企业的责任。目前利用超临界 CO_2 提取技术，就可以提取花椒等香辛料中的呈味成分，同时将提取后的部分粉碎成粉状香辛料，就可以作为它用。

二、新技术的引入和应用

广泛引入其他的加工技术为调味料的生产服务，如蒸馏-萃取联用技术、超声波提取技术、微波提取技术用于植物呈味成分的提取；如挤压膨化反应和固相粉体反应用于美拉德反应增香增加特征味；如微波干燥技术用于形成新的香味物质；如基因工程和细胞工程技术，可以培育生产鲜味调味料所需要的新型原料和优良菌株；如超微细粉碎技术将调味料加工成微粉状食品，巨大的孔隙会形成集合孔腔，可吸收并容纳香气经久不散；如高压加工技术用于杀菌和灭酶，能够保持调味料原有的味道和色泽，而且节能，不对环境造成危害，符合简便、安全、营养、节能、环保的要求；如挤压膨化技术用于淀粉糊化、蛋白质降解，能够加快酶和酵母的作用进程，还能减少酵母用量，缩短酱油、食醋发酵周期，并能改善产品的风味；如电磁场技术利用频率为 2450MHz 的微波来对液体天然复合调味料灭菌，不仅可以代替防腐剂来杀灭和抑制霉菌，还可以加快液体调味料的成熟，使味道更加鲜美等。

三、将调味料功能化

在心血管病、糖尿病、高血压等所谓"营养病"的人群迅速增加，整个社会越来越注重营养和健康的形势下，低糖、低盐、低脂肪、高纤维、美容、减肥、抗癌是人们所追求的目标。在食用调味料的选择上，人们更加注重营养和保健功能，依据我国药食同源原理，特别是经典医学和民间配方，采用既是调味料又是中药的花椒、肉桂、八角茴香、丁香、桂皮、辣椒、砂仁、大蒜、豆蔻等为原料，依靠现代科学技术生产的药膳调味料和保健调味料。这种具有食疗功效的保健型天然复合调味料将是调味料发展的方向，如对心血管病有一定辅助疗效的醋蛋液，添加蒜、柠檬、姜、香辛料、水果汁的醋，补钙醋、多维醋、荞麦保健醋；添加八角茴香、当归、香菇、虾子、海鲜、鸡精的酱油，药膳酱油、铁酱油、碘酱油、维生素酱油等。

四、产品使用方便化

针对不同食物原料开发调味料，如鱼、肉、海鲜食品具有特定的风味，很多消费者不了解如何分别使用香辛料达到最佳效果，开发专用调味料可以极大地方便他们使用。

依据调味料的味型图，针对八大菜系特色风味和不同烹调方法开发调味料，如蒸菜调味料、腌渍调味料、凉拌调味料、煎炸调味料、烧烤调味料、煲汤调味料、速成汤料等等。

拓展产品的使用范围。任何一类加工食品都需要配合使用的专门调味料，如方便面调味料、火锅调味料、速冻食品调味料、微波食品调味料、小食品调味料、快餐食品调味料、盖浇饭调味料等。

总之，我们认为调味料的发展，一定要在中国特色风味的挖掘方面有所作为，要以负责任的态度，对祖国传统饮食文化遗产取其精华，在继承的基础上，加入现代的科学元素，秉承"天然提取、妙手调和、注重营养、突出风味、承前启后、袭古创新"的理念，做好调味料的开发，使之成为中国饮食文化和"中国味"的标志，而这只能依靠自主创新和全行业集成创新来共同完成。

第二章

食品调味料的香气化学

第一节　香气化学的概念

众所周知，香气是判断一种食品是否好吃和是否受消费者欢迎的一个决定因素，消费者在考虑吃某种食品之前，总会情不自禁地会去闻一下香气，如果香气好马上会产生想吃的欲望，不好的气味就会打消食欲。因此食品的香气好坏直接决定了该食品在市场上受欢迎的程度。食品的香气由多种呈香的挥发性物质组成，可通过嗅觉神经来分辨。香气是构成食品质量的重要因素之一。香气本身虽然主要是非营养性的，但是由于对食欲的推动作用，因而也就间接地对营养有好的影响。

一、食品香气来源

随着对食品香气的研究，香味物质的提取不再局限于传统地从含香的动植物体获得，而是越来越多地采用新技术。

1. 原料本身

大多数食品中本身含有香气物质，尤其在水果和蔬菜中。水果中的香气物质比较单纯，具有浓郁的天然香味，其香气物质以有机酸酯类、醛类和萜类为主，其次是醇、酮类及挥发酸。它们是植物体内生物合成而产生的。葡萄的主体香气成分是邻氨基苯甲酸甲酯，苹果的主体香气成分是乙酸异戊酯，桃的主体香气成分是醋酸乙酯和沉香醇酸内酯。

大多数蔬菜的总体香气较弱，但气味却多样。百合科和十字花科（葱、蒜、韭菜、芦笋、卷心菜、芥菜等）具有刺鼻的芳香，主要是含硫化物。例如：二丙烯基二硫醚物（洋葱气味的化合物），二烯丙基二硫醚（大蒜气味的化合物），硫醇（韭菜中的特征气味之一）。伞形花科蔬菜（胡萝卜、芹菜、香菜）具有微刺鼻的特殊芳香与清香，萜烯类气味物的地位突出，它们和醇类及羰基化合物共同组成气味贡献物。葫芦科和茄科中的黄瓜和番茄具有青鲜气味，有关的特征气味是 C_6 或 C_9 的不饱和醇和醛。

2. 香精香料

一方面，食品本身固有的香味，是食品原料自身存在的，是生物生长酶合成的产物。另一方面在食品加工、烹饪中添加了香料和香精，如面包焙烤加工中，制作奶油面包，除原料中面粉的自然气味外，面包中奶油香味，就是添加的人工合成香料，如添加的 2,3-己二酮合成香料，该物质具有奶油味结构式。

香精也称调香料，是由人工调配出来的各种香料的混合体，人们可以根据不同的需要选用香型。香精按香型可分为六类，分别为花香型，如玫瑰、水仙香型，多用于化妆品中；非花香型，多根据幻想而调配，如力士、古龙香型，多用于化妆品中；果香型，模仿果实的香气调配而成，如橘子、香蕉、苹果等，多用于食品和洁齿品中；酒用香型，如清香型、浓香型、酱香型、白兰地酒香型；烟用香型，如可可香型、桃香型、薄荷香型、茶花型；食品用香型，如方便食品中多用的肉香型、海鲜香型。

3. 热处理反应

一般食品在加热过程中会形成香气物质，这与美拉德反应和焦糖化反应有关。1912 年法国化学家发现了美拉德反应（Maillard reaction）。近几十年来，美拉德反应一直是食品化学、食品工艺学、营养学、香料化学等领域的研究热点。美拉德反应是加工食品中食品的色泽和浓郁芳香的各种风味的主要来源。美拉德反应是指氨基化合物和羰基化合物之间发生的反应。几乎所有含有羰基（来源于醛、酮、糖或油脂氧化酸败所产生的醛、酮）和氨基（来源于游离氨基酸、多肽、蛋白质、胺类）的食品在加热条件下均能产生美拉德反应。美拉德反应能赋予食品独特的风味和色泽。反应有复杂的机理，首先由还原糖与氨基化合物缩合（这一反应称为羰氨反应），然后通过一系列的缩合与聚合形成含氮的复杂的多分子色素，称为黑色素。美拉德反应过程可以分为初期、中期和末期，每一阶段又可细分为若干反应。通过选择氨基酸和糖类，可以有目的地合成含有吡嗪类、吡咯类和呋喃类的不同香型香精。

食品在加热过程中发生的美拉德反应会产生某些特有的食品风味，但也会使食品的营养价值降低，甚至还会产生毒性物质。反应物中的氨基酸、肽、蛋白质和还原糖类，是食品香味产生的主要来源之一，食品在蒸煮、焙烤及油炸过程中产生的食品香味，也即食品经过了热分解、氧化、重排或降解形成的香味前体，糖类是在反应中生成香味物质的重要前驱物，生成呋喃衍生物、酮类、醛类、丁二酮、吡嗪类化合物等，然后形成特殊的食品风味，食品的呈香就是美拉德反应产物的积累。如爆米花、烤面包、烤肉、酱香型白酒等食品所形成的香味。

4. 酶作用

酶是生物细胞产生的有催化作用的蛋白质。食品中的大分子物质如风味前体物质、蛋白质、脂肪等可在酶的作用下而产生特定的风味物质。

食品风味很大一部分来自于内源酶，它们能够赋予食品应有的特征风味。在食品加工过程中易导致内源酶活力的降低或丧失，而留下的底物仍然有效，所以采用酶制剂的形式添加到食品中可以改善和强化风味的形成，这种酶称为风味酶。另外，各种食品表现出风味的时间不同，蔬菜、水果在成熟后散发出浓郁的香气，在加工后却会变淡甚至产生异味，如香菜脱水后产生一些类似干草的气味，脱水生姜片产生焦煳味，喷雾干燥番茄有烤煳味，因此很多食品需要在加工后再添加风味酶以恢复其风味。人们最初是利用风味酶恢复脱水和冷冻食品的香气，例如：蔬菜中特有的香气成分是异硫氰酸酯类，这种酯类是通过黑芥子酶作用而形成的，当蔬菜脱水干燥时，黑芥子硫苷酸酶失去活性，这时干燥蔬菜复水也难以再现原来的新鲜香气，若将酶液加入到干燥的蔬菜中，就能得到其新鲜时的香味。

酶技术在肉类香精中的应用很广泛，主要体现在肉蛋白的水解中，产生高质量的肉蛋白酶水解物，进而生产出肉味更逼真、强度更高的天然肉类香精。用胃蛋白酶对鸡肉进行水解，将肉蛋白质水解成相对分子质量为 $2000 \sim 5000$ 的肽类，再对酶水解物加热，便可得到强烈的煮鸡或烤鸡肉味，肉味强度比传统方法产生的香味强 $80 \sim 100$ 倍。利用丹麦 Novozyme 生产的风味酶水解鸡肉蛋白，其水解产物具有明显的鸡汤香味，碎鸡肉中加入复合蛋白酶和风味酶，在 $55^{\circ}\mathrm{C}$ 下水解 8h，制得的酶解液与 HVP、酵母抽提物一起，再加入一些氨基酸和还原糖，$120^{\circ}\mathrm{C}$ 下加热 60min，进行美拉德反应产生关键性的烤肉味或鸡肉味化合物。脂肪在脂肪酶的作用下水解得到的游离脂肪酸对食品风味有重要影响。有时，游离脂肪酸会被转化为其他风味物质。短链脂肪酸（C_5 以下）有刺激性的烟熏味，与油脂的酸败味有关。中链脂肪酸（$C_5 \sim C_{10}$）有肥皂味，对食品风味影响最大。例如菠萝椰子朗姆酒有时会带有强烈的肥皂味，就是因为椰子中的脂肪在菠萝的耐热脂肪酶作用下，释放出十二碳脂肪酸。

5. 微生物发酵技术

传统的发酵类食品或调味料，如黄酒、面酱、食醋、豆腐乳、酱油等都是通过微生物作用于糖类、蛋白质、脂类及原料中某些风味前体而产生呈香物质，这些呈香物质是微生物的代谢产物，一般包括醇、醛、酮、酸、酯类等化合物。

吡嗪类为含 N 的杂环化合物，是加热食品中所具有的典型香味成分，谷氨酸棒杆菌是四甲基吡嗪的产生菌。将吡嗪类化合物加入到食品中，能够产生坚果味、咖啡味、巧克力味和香蕉香气。内酯化合物具有浓郁的香气，在各种具有水果味、可可味、奶酪味及坚果味的食品体系中都曾分离得到内酯。假丝酵母、细菌在含有丙酮液的培养液中具有产生内酯的能力；另外萜烯类化合物是赋予香精油特殊香味的重要组分，产萜烯类的微生物多为真菌，通过真菌发酵产生的萜烯类化合物主要有香茅醇（鲜玫瑰香）、香叶醇（玫瑰香、甜果香）、里哪醇（鲜花香、甜柑橘香）等；香兰素在食品中的应用很广泛，目前，通过微生物发酵技术制取香兰素已成为国内外研究的热点。

二、香气提取技术

1. 水相食品的香气萃取方法——液-液抽提法

水相食品如各种水果汁饮料或碳酸饮料以及含奶（脂肪酸）较少的乳品饮料类，都可以直接采用有机溶剂（纯乙醚）萃取法，然后浓缩进样到气-质联用仪（GC-MS），利用数据库进行检索定量和定性得到各个主要成分的含量和名称，从而为调香师的调香提供一个参考的数据。大多数液体类的食品都可以采用此方法。只是乳品类饮料在萃取过程中，沸点较高的脂肪酸类物质也会大量地转移到有机相中，从而在 GC-MS 图谱上的后端会有较宽的拖尾峰，严重的话会损害毛细管柱使之失效。另外所采用的有机溶剂应尽量用低沸点的纯乙醚，以免在浓缩时造成低沸点的香气成分损失。该方法的优点是设备简便可行，能较真实地反映抽提对象的香气组成，一般的实验室就能进行。缺点是需要大量的溶剂，溶剂的回收是个问题，且头香部分的香气成分会在溶剂的浓缩过程中损失掉。

2. 固相食品或辛香料植物香气的萃取方法——固-液抽提法

固相食品或辛香料等含水量和油脂较少的物质的香气成分的萃取可直接采用固-液抽提法，但是物料一定要粉碎，萃取液一定要经过精密过滤，否则在进样的时候有可能会堵塞毛细管柱或进样口。另外因为是直接用有机溶剂（如乙醚）萃取的，所以有机相中所含有的精油浓度较高，所以浓缩时不需要太高的浓度，可以抽取少量如 1mL 置于小样品中，直接用吹气法浓缩到所需要的浓度，然后进 GC-MS 分析。因为固体食品或辛香料中常含有一些易溶于有机溶剂的高沸点物质，在浓缩过程中通常会有结晶析出，所以在取样进样的时候应注意。该方法优点是简便可行，所需要的溶剂较少，能较真实地反映所抽提对象的香气成分，缺点是，不是香气成分的高沸点物质容易抽提出来，容易引起色谱柱堵塞或损害色谱柱。

3. 新鲜水果的香气萃取方法——减压水蒸气蒸馏法

对新鲜水果类如苹果、梨子、橙子、草莓、西瓜的香气成分进行分析时，除可以榨汁用纯乙醚液-液抽提外，还可以采用减压水蒸气蒸馏-有机溶剂萃取相结合的方法。先把水果用家庭用粉碎搅拌机打成泥浆状，加蒸馏水于玻璃容器中，减压蒸馏收集含有香气成分的头馏水，收集头馏水时一定要用−10℃以下的冷媒作冷却剂，抽气口接减压阀前一定要接液体氮气作为冷冻剂，才能保证香气成分不会被抽掉。回收头馏水和被液氮冷却下来的头香水，再用纯乙醚萃取、浓缩进GC-MS分析仪进行定量和定性的分析。该法优点是可以获得较为逼真的含有香气成分的水溶液。缺点是需要消耗的样品的量较大，而且需要液氮和冷却媒的温度较低。适用于水果类和植物花卉类的大量香气成分的抽提。

4. 耐高温油溶性食品的香气萃取方法——同步水蒸气蒸馏-溶剂萃取法

对于耐高温的油溶性食品来说，前面介绍的常规方法是行不通的，因为含油脂成分太多，直接采用液-液抽提的方法会把气-质色谱仪的毛细管柱弄坏。这里介绍一种行之有效的同步水蒸气蒸馏-有机溶剂萃取法，简称为SDE法。就是把含油的食品粉碎或直接放入圆底玻璃烧瓶中，加入适量的水，用电加热器加热使之沸腾。同时在另一侧的圆底烧瓶中放入乙醚作为萃取溶剂，用水浴加热，使有机溶剂沸腾。将两股蒸气同时引导到一个玻璃空间，空间上部接回流冷却装置，用冷媒（至少−10℃以下）进行冷却，空间的下部分别接两个回流管至两个不同的圆底烧瓶中，萃取的过程就在带有香气成分的水蒸气和乙醚蒸气混合的空间中进行，萃取完后的水相和乙醚按密度不同自然分层，分别通过不同高度的回流管回到原先的瓶中。经过一定时间的萃取后，回收乙醚层，浓缩后就可得到含有香气成分的样品。此方法适用于含油性耐高温食品的香气成分的萃取，优点是所需要的样品量和溶剂量较少，缺点是低沸点的成分容易损失掉，需要的设备较复杂。

5. 头香香气成分的萃取方法——固相微型抽提法

固相微型抽提法是目前国际上较为流行的简便可行的方法之一，样品不需要经过任何处理，抽提完后也不存在回收溶剂等任何处理过程，没有任何副产物产生。只需要将一定量的样品置于一个密闭的容器中，在容器的空间中插入针型的微型抽提针，经过一定时间吸附后（一般是10～20min），将吸附了香气成分的微型抽提针直接插入GC-MS分析仪的进样口中，进行定性和定量的成分测定。用SPME法进行抽提时可以是静态（static）的，也可以是动态（dynamic）的。静态抽提法就是将一定量的样品置于合适的容器中，容器不需要太大的，先将容器静止放5～10min，让样品挥发的香气成分充满空间，然后再插入针型微抽提器，吸附空间中的香气成分，完成后直接插入GC或GC-MS分析仪进行测定。动态抽提法就是在置有样品的容器中，导入一定流量的纯净氮气，在导出的氮气接口上插上微型抽提针，让吸附过程在动态的状况下完成，其优点是一些不容易自然挥发出来的中高沸点的香气成分也可以捕获到。

三、食品香气的综合评价技术

食品的香气是食品质量的重要指标之一，然而食品中的香气成分复杂、影响因素多，要控制食品加工中香气的形成，特别是香精香料的生产，保证其香气质量的统一性是十分困难的。食品香气的评价与食品香气质量的控制有着极大的关系。食品香气的评价有感官评价、现代仪器分析评价以及两者的结合。

1. 感官评定

食品中香气的感官评价是古老又直接的一种质量检查方法，即凭借人体的感觉器官主要是鼻子对食品的气味进行综合性的鉴别和评价。它不仅是人的感觉器官对食品的嗅觉刺激的感知，而且是对这些刺激的记忆、对比、综合分析的理解过程。因此，食品质量的感官评价需要生理学、心理学和数理统计学等方面的知识，才能保证该方法的科学性和可靠性。

感官评价可分为分析型感官评价和偏爱型感官评价，前者按感觉分类、逐项分类评分。该法对评价员、评价基准和感官评价室条件都有严格的要求。而后者则是测量人群对样品的感官反应，不规定统一的评价标准和评价条件，但是选择受试的人群要有一定的人数和代表性。

食品中的感官实验一般按照下列顺序进行：确定评价的目的→确定样品数量→决定评价方法→选定评价人员的类别和人数→设计感官实验、制作评价用表→进行感官评价→收集和分析数据→分析评价结果→出具评价报告。

在香气评价的感官实验过程中，外界的条件如实验室的噪声、光线、气味、样品的装盘、标号、外型色泽，评价员自身的条件如身体状况、心情、偏好等都对实验的结果有很大的影响。不过这些影响因素都可通过对实验条件的控制和评价员的选择来控制。嗅觉作为人的感觉的一部分与其他感觉如味觉、视觉甚至听觉等都有相关性。人的这种种感觉以及三叉神经间的相互关系称为联觉，这种影响在进行食品感官实验时是无法通过对实验条件和评价员的选择来控制的，而只能通过统计学的数据处理和模型的建立进行分析评价。进行感官检验与感官评价时，必须考虑感觉的联觉现象。

2. 现代仪器分析及评价

由于感官实验结果的不稳定性及其在评价标准化实施上的困难，决定它将朝着与现代仪器分析相结合的方向发展，即研究仪器分析的数据与感官特征之间的关系，用客观的数据来评价食品的香气质量。现代分析仪器以其在分析数据的客观性和分析结果的稳定性方面的优势，在食品的挥发性成分的分析方面得到了广泛的应用。气相色谱（GC）、气-质联用仪（GC-MS），已是现今食品香气成分的分析方法中最常用的工具了，而生物仿生技术的发展，使得电子鼻在食品香气分析中的应用正在逐渐兴起。仪器分析结果的可靠性是建立在其灵敏度之上的，但是它并不能直接评价食品中香气质量的好坏，必须依靠数据处理和建立相关的标准来评价。

（1）GC-MS GC-MS是色谱与质谱的联用，一方面利用色谱柱作为高效分离手段，分离出纯的或比较纯的化合物，送入质谱；另一方面利用质谱的高分辨定性鉴定手段，对色谱柱分离出的化合物进行定性。因此，气质联用技术可以发挥气相色谱和质谱的各自特点。而对 GC-MS 分析结果的评价，都是联用计算机系统对数据用相关的统计方法和数据处理软件进行分析的。

(2) 人工嗅觉系统（电子鼻）　人工嗅觉系统的研究是建立在对生物嗅觉系统的模拟基础上的，它由气敏传感器阵列和模式分类方法两大部分构成。气敏传感器阵列在功能上相当于嗅感受器细胞，模式识别器、智能解释器和知识库相当于人的大脑，其余部分则相当于嗅神经信号传递系统。其组成的关键部分有：①检测器，瞬时、敏感地检测微量、痕量气体分子，以得到与气体化学成分相对应的信号；②数据处理器，对检测得到的信号进行识别与分类，将有用信号与噪声加以分离；③智能解释器，将测量数据转换为感官评定指标，得到与人的感官感受相符的结果。

国内外对人工嗅觉系统的研究主要集中在酒类、茶叶、肉类、香精等食品气味的识别。一般是进行不同样品间的比较或是将样品与标准样品进行比较，按香气进行质量分级和新鲜程度的判别。但是，对人工嗅觉系统的研究大多数还处于实验室阶段，即使是已经商品化的产品如法国的智能鼻，也难以将测量数据转换成与人的感官感受相一致的结果。

3. 仪器分析和感官评价相结合的评价方法

(1) GC-O 法　该法是将制备好的挥发性成分样品依次进行两次气相色谱分析，两次色谱分析的条件一致，其中第二次分析的样品不进入色谱检测器，而是用于研究人员的感官嗅闻，并由研究人员记录各种气相流出物的香气特征。通过对比第二次流出物的香气特征图谱和第一次分析的气相色谱图，确定第一次分析的气相色谱图中单个峰对应的香气特征，从而确定对食品香气有重要影响的挥发性成分。由于进行感官评价的品尝人员在某些场合下是不稳定的，具有敏感性，因此，要得到有价值的感官评价结论必须由评比组进行评定，从而势必增加评比过程的劳动强度。但是该方法快速、直接、有效，所以在评价重要挥发性成分中应用最广泛。

(2) AEDA 法　AEDA 方法是由德国 W. Gmsch 教授及其研究小组在 1987年发明的。该法将香气提取物原液分别在两种不同极性的气相色谱柱（如极性的 DB-wax 柱以及非极性的 DB-5 柱）上进行 GC-O 分析。一般将香气提取物原液在极性的 DB-wax（或 DB-FFAP）柱上进行系列稀释吸闻，即 AEDA，找出所嗅出的气味活性化合物（odor-active compounds）对所测食品的香气贡献程度，再将香气提取物原液在非极性的 DB-5 柱上进行 GC-O 分析，然后根据公式，计算出每种嗅出物的 RI 值（在极性 DB-wax 柱以及非极性的 DB-5 柱），根据有关资料（书、网站），判断出每种化合物为何物。最后，在气质联机（GC-MS）上进行验证以及定量分析。选择几种该食品最有代表性的香气化合物组成标准溶液或模型系统（standard solution or model system），看看是否符合该食品的香气感觉，并在气相色谱上进行验证（所推断的化合物的 RI 值是否与标准化合物的 RI 值相符）。

第二节　食品调味料的香气种类

香与味是两个不同的概念，香是指通过嗅觉器官感受到的外界信息，而味是指通过味觉器官（舌上的味蕾）感受到的信息。曾有报道某人手或脚上有味蕾而能感知接触到的物品的"味道"，而从来没有听说人的其他器官有嗅觉功能。当挥发性物质的分子刺激嗅觉器官时，便会产生嗅觉，但有不少挥发性物质也会使口腔内产生味觉，因此食物的香和味常常很难区分。食品的气味一般都由许多种挥发性物质组成（表 2-1）。其中任一组分往往不能单独表现出该食品的嗅觉特征。嗅感物通常是指能在食品中产生嗅觉并具有确定结构的化合物。

表 2-1　几种食品中的主要嗅感成分含量　　　　mg/kg

组分	脂肪烃类	芳香烃类	杂环类	醇酚类	醚类	醛类	酮类	羧酸类	酯类	含硫化合物	含氮化合物
香蕉	—	—	—	49	1	9	13	40	81	4	—
草莓	23	8	—	40	1	36	12	30	100	2	—
番茄	7	6	3	25	3	26	16	6	12	1	2
炒咖啡	24	19	67	54	12	34	109	15	40	17	6
可可	4	18	17	44	6	29	30	18	87	8	11
红茶	2	—	2	32	—	22	18	14	16	1	3
啤酒	6	—	2	44	—	11	9	29	62	4	13

注：摘自《食品风味化学》。

一、气味的分类

嗅感物质种类极多，初步估计仅有香气的物质约有 40 万种，它们所引起的感觉千差万别，很不明确，要对这些物质的气味准确分类非常困难。目前主要有下列 3 种分类法。

1. 物理、化学分类法

最著名的是 Amoore 分类。根据描述 600 多种物质气味使用最多的词汇，将气味归纳为樟脑臭、刺激臭、醚臭、花香、薄荷香、涩香、恶臭（腐败臭）和甜香等 8 种"原臭"。不属于以上这 8 种"原臭"的任一种气味，则是由几种原臭同时刺激而产生的复合气味。

Harper 等人根据气味的品质将其详细分成水果味、肥皂味、醚味、樟脑味、芳香、香料味、薄荷味、柠檬味、杏仁味、花味、甜味、蒜味、鱼腥味、焦味、石炭酸味、汗味、草味、腐败味、粪味、树脂味、油味、腐臭味等。

2. 嗅盲分类法

嗅盲是指对某种气味没有感受能力，而对其他气味则与普通人有同样的嗅觉，所以也称特异嗅觉缺失。Amoore 从对色盲者的研究结果制定了三原色基础中得到启示，据此推断嗅盲者感受不到的气味也很可能是"原臭（基本臭）"。首先确定了 8 种"原臭"，并认为最终可能找出 20～30 种。这 8 种"原臭"都是有特殊官能团且结构紧密的极性分子，其中异戊酸、1-二氢吡咯、二甲胺和异丁醛4 个分子中的官能团绝对不能替代；而薄荷味和尿臭两个分子结构中的酮基较重要，但二级醇勉强可以取代；麝香和樟脑气味的嗅感似乎主要依赖于分子的大小及形状，其分子中的官能团被其他的许多官能团取代后似乎并不影响其嗅感。

3. 心理学分类法

这种分类法是让人闻了许多气味后，用某种基准来把感受到的印象判断和表达出来，然后根据分析结果确定气味的基本性质。采用的基准主要有两种．一种是使用语言的描述法，另一种是非语言的轮廓法。Schutz 让 182 人嗅了 30 种物质后，按"快适度"为基准评定气味性质，用多变量解释法分析评定结果，归纳为 9 种因子；同一年 Wright 等人采用 50 种气味与几种标准物质比较的方式，归纳为 8 个因子（表 2-2）。

表 2-2 Schutz 和 Wright 分类法的比较

嗅感因子	Schutz 分类法	Wright 分类法	嗅感因子	Schutz 分类法	Wright 分类法
A 因子	辛香味,是对三叉神经刺激的不饱和化合物	三叉神经产生刺激	E 因子	油脂味,含氮元素,属动物气味	苯丙噻唑样
B 因子	香味	香料味	F 因子	焦味	乙酸乙酯样
C 因子	醚味,含氧元素,属植物气味	树脂样	G 因子	烧硫黄味	不快感
D 因子	香甜味,如动、植物气味的结合	药味样	H 因子	臭树脂味	柠檬味
			I 因子	金属味	

注：摘自《食品调味技术》。

二、香气的分类

由于在日常生活中，特别是在食品中香气有突出的重要作用，人们对香气的研究非常重视，有许多种专门的分类，其中颇具特色的有如下一些分类法。

1. Rimmel 分类法

1865 年 Rimmel 将各种天然香料的香气特征归纳为 18 种香气类型。这种分类方法接近于客观实际，容易被人们所接受，利于天然香料的使用，有一定指导意义。

    a. 玫瑰香型：玫瑰、香叶、香茅。

    b. 茉莉香型：茉莉、铃兰、依兰。

    c. 橙花香型：橙花、金合欢、山梅花。

    d. 晚香五香型：晚香五、百合、水仙、黄水仙。

    e. 紫罗兰香型：紫罗兰、鸢尾根、木樨草。

    f. 树脂膏香型：香兰、香脂类、安息香、苏合香、香豆。

    g. 辛香型：玉桂、桂皮、肉豆蔻、肉豆蔻衣、众香子。

    h. 丁香香型：丁香、丁香石竹、康乃馨。

    i. 樟脑香型：樟脑、广藿香、迷迭香。

    j. 檀香香型：檀香、岩兰草、柏木、雪松木。

    k. 柠檬香型：柠檬、香柠檬、白柠檬、甜橙。

    l. 薰衣草香型：薰衣草、穗薰衣草、百里香、花薄荷。

    m. 薄荷香型：薄荷、绿薄荷、菩香、鼠尾草。

    n. 茴香香型：八角茴香、葛缕子、蔚萝、胡荽子、小茴香。

    o. 杏仁香型：杏仁、月桂树。

    p. 麝香香型：麝香、灵猫香。

    q. 龙涎香型：龙涎香、檬苔。

    r. 果香型：生梨、苹果、菠萝。

2. Crockor 分类法

1949 年克拉克和狄龙将"香"分为芳香（fragrant）、酸臭（acid）、焦臭（burnt）和脂臭（caprylic）4 个基本香，每种香料都具有这 4 种基本"香"。香气的强度用数字来表示，以 1 为最弱，以 8 为最强。称之为克拉克 4 位号码法（表 2-3）。

表 2-3 克拉克 4 位号码法

数位	千位	百味	十位	个位
代表香型	芳香度	酸臭度	焦臭度	脂臭度

注：摘自《食品调味技术》。

3. 三角形分类法

三角形香气分类法形象直观，使用方便，特别适用于初学调香者掌握和指导调香。三角形分类法如图 2-1。要点如下：

    a. 香气分为动物性香气、植物性香气和化学性香气三大类，分别位于三角形的 3 个顶点。

    b. 在三角形的同一边上的香气性质相似，相邻的香气更具类似性。如花香与果香相似，皮革香与奶香相似，苔香与木香相似等等。

c. 在三角形不同边上的香气性质相反。如皮革香与木香是不相类似的香气，奶香与花香具有相反的香气等等。

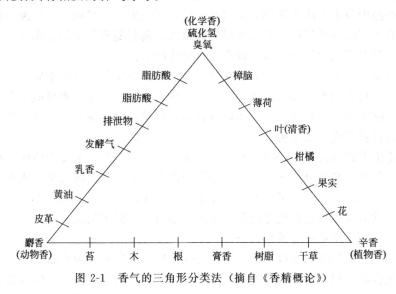

图 2-1　香气的三角形分类法（摘自《香精概论》）

三、食物的香味

食物在人进食前要经过眼、鼻、口三道关卡，只有经过这三道关卡检验合格的食物才会被人吃下去。视觉在其他方面的重要性远大于嗅觉，但在检验食物时则不如嗅觉了。苹果即使切成"苹果丁"，虽然外观已看不出是什么水果，但人们只要用鼻子鉴别确认是苹果后照样送进嘴里；而用塑胶制的苹果不管外观如何相似，成年人是不会吃它的。有些食品（例如咖啡）在吃前先欣赏一下它的香气，但是它的"滋味"仍要在口中品尝。

大多数水果都在成熟时散发出诱人的芳香，这是酯酶（特别是酯化酶）起的作用，例如把已经开始成熟的黄绿色香蕉果肉切片上滴加异戊醇，便迅速发生酯化反应生成乙酸异戊酯，未成熟的香蕉观察不到这种现象。苹果、草莓、桃、李、杏、柑橘、哈密瓜、葡萄、菠萝和香蕉的香味人所共知，而热带水果如荔枝、龙眼、番石榴、芒果、菠萝蜜、红毛丹、山竹、榴莲等大多香气强烈，有人不喜欢甚至厌恶之，这都是习惯的缘故。

对各种蔬菜的喜恶也是一样。蔬菜中有许多品种气味很淡，煮熟后方显出它的特征性香气来，但香气大多数还是弱的，萝卜、白菜、空心菜、马铃薯、各种瓜类都是如此。气味浓烈的蔬菜有芹菜、葱、洋葱、大蒜、青椒和各种菇类。

肉香，人们当然想起的是加热后牛肉或猪肉的香味，不会是生肉特有的腥膻气味，但人类在"茹毛饮血"的时代，一定喜欢生肉的腥膻味。使用了火以后，才开始喜欢熟肉味。

水产品的气味由鱼腥臭、酸臭和腐败臭等组成，挥发性成分根据鱼虾的鲜度、保藏、加工、烹调方法的不同，相应发生微妙的变化。但人们还是可以在煮熟的水产品中分出是淡水鱼还是海水鱼，是虾还是蟹，而且同牛、猪肉一样，不同品种有不同品种的气味。人们可以容许水果、蔬菜随着种植地、季节、收获的成熟程度而有不同的气味，却不敢食用有异味的肉。

烹调也是调香，虽然色、香、味都要考虑，但香味仍然是最重要的。烹调师可以把来自植物和来自动物的食物配成美味佳肴，也可以用辛香料掩盖牛、羊肉的膻味。闽菜中的"佛跳墙"连菩萨（和尚）都挡不住其诱惑，充分说明调制好的香味对食物来说多么重要。

巴甫洛夫曾说过："食欲即消化液。"味美香佳的菜肴，会使新陈代谢系统处于唾液和胃液的旺盛分泌所引起的促进作用之下，使整个新陈代谢功能充分地发挥。若是我们的食品既无诱人的香，又无可口的味，不仅引不起食欲，而且即使食用后，其结果也只会是使唾液和胃液的分泌减少到低于消化食品的需要量，从而使新陈代谢作用不能有效地进行。

除了无臭的气味和水以外，一切挥发性物质都应当被称为香味物质。有些香味物质在食品中相对地以较高的浓度存在着，有的虽然浓度不高，但因其香气强度大，也能产生很好的香气。食品中香味物质的总含量，大致在 $1 \sim 1000 \mathrm{mg/kg}$ 之间（水果一般为 $10 \sim 100 \mathrm{mg/kg}$）。

水果、蔬菜的香气主要由它们各自含有的几个具有特征香气的化合物产生；发酵食品的香气主要是各种发酵微生物活动的结果，有一部分原料成分在发酵过程中分解产生醇、醛、酸等香气成分；水产品在新鲜时气味较淡，腥臭味是随着新鲜度的降低而增强的；动物肉新鲜时气味也较淡，加热才产生我们熟悉的"熟肉味"。大部分食品加热时都有"美拉德反应"——颜色变棕，"生味"变"熟味"，这是食品中含有的糖类与氨基酸反应的结果。

四、食品调味料的香气的发展动向

各国在研发食用香料时一般有三种方式，一是研究和对比香料成分的旋光性（光学活性）。采用以往的合成法生产某种香气成分时，得到的经常是两个等量对映体的混合物，得不到想要的具有高质量气味的 R 体或者 S 体，就是说得不到对映体中的某一方。二是研究香气的前驱成分，这其中包括两个概念，一个是生物体内本身有的酶，由于酶的作用发生的香气，也就是酶反应的前驱物；另一个是非酶的美拉德反应，即由于加热产生的香气。三是研究如何利用生物催化的方法，也就是利用酶产生香气。

五、食用香辛料

食用香辛料一般指胡椒、八角茴香、肉豆蔻、肉桂、花椒、丁香、莳萝、甘牛至、砂仁等，也包括洋葱、大蒜、姜、柠檬、芫荽、芹菜、芝麻、薄荷、留兰香等。

食用香辛料是人类最早交易的项目之一，也是古代文明进化史的重要组成部分。东西方的文化交流，亦自香料交易开始。南宋赵汝适著的《诸蕃志》中，就将丁香、胡椒与珍珠、玛瑙并驾齐驱地列为国际贸易商品。福建泉州为世界闻名的海上丝绸之路，同时也是香料之路的起点，20世纪70年代在泉州发掘的宋代沉船中发现大量的香料，其中一大部分是香辛料。

古人早已懂得将几种香辛料调和在一起使用，避免使用单一品种口味单调的缺点，这就是早期的调香艺术，好的配方可以产生异乎寻常的赋香调味效果。例如众所周知的五香粉就是花椒粉、甘草粉、八角茴香粉、小茴香粉和桂皮粉按一定的比例调配而成的，有的还加入丁香粉、沙姜粉、砂仁粉、白胡椒粉和生姜粉等。咖喱粉则是用芫荽籽粉、八角茴香粉、芹菜籽粉、葫芦巴籽粉、白胡椒粉、辣椒粉、姜黄粉、姜粉、肉豆蔻粉、薄荷叶粉、丁香粉、小豆蔻粉、芥菜籽粉等调配而成的。

六、利用微生物及酶生产香气物质

用微生物生产香气物质可以不提供上面所说的生物变换中必须有的香气前驱物质，单单使用如葡萄糖等碳水化合物就可以生成各种香气成分。为了增加使用微生物生产香气成分的产量，还需要排除个别生成物对微生物繁殖的阻碍。

酶分解不饱和脂肪酸后可生成低分子的醇和醛类物质，这种反应在自然界是经常发生的：比如用手揉搓树叶后会产生一种叶子的生腥味，这是由于植物组织中存在的脂肪氧化酶和过氧化氢酶等作用于亚油酸和亚麻酸，生成顺式-3-己醇、反式-2-己醇等醇和醛类物质所致。若将这些物质作为香料添加于果蔬上可以增加水果和蔬菜的新鲜感，目前正在研究和开发利用植物本身的酶生产这类香料的技术。

微生物能产生许多种不同类别的香味化合物。

酯类：啤酒中含有各种各样的酯类化合物，有人曾经从中鉴定出82种不同的酯，这些酯大多数是通过发酵生成的，它们与酵母的类脂物代谢合成有关。类脂物代谢会产生各种酸和醇，这些酸和醇通过酶（也由微生物产生）的催化作用酯化而产生各种酯。

酸类：糖通过酵母发酵生成乙醇（酒精），乙醇由醋酸菌的作用再转化成醋酸；乳酸杆菌可以通过两种途径——同型发酵和异型发酵将乳糖和非乳糖转变为乳酸；葡萄酒发酵时L-苹果酸也会转化为乳酸；氨基酸在微生物的作用下会产生脱氨作用生成各种脂肪族（直链和支链）或芳香族的酸。

羰基化合物：乳品中的柠檬酸盐通过发酵降解为乙酸盐和草酰乙酸盐，然后再脱羧生成丙酮酸盐，丙酮酸盐再通过几种酶的共同作用生成丁二酮。丁二酮具有奶油、坚果样香气，是发酵乳品的重要香味化合物。但在发酵食品中，丁二酮是不稳定的，因为合成丁二酮的微生物也含有丁二酮还原酶，能将丁二酮还原为没有香味的3-羟-2-丁酮等。因此像酪乳等依靠丁二酮赋以香味的发酵食品，它的香味就有一个最适期或最高期，当丁二酮被还原后，酪乳的香味强度和品质就会下降。微生物通过酶的作用还可以将碳水化合物、脂类和氨基酸通过降解、氧化等反应生成多种羰基化合物。

醇类：酒精发酵是大家最熟悉的例子，糖类经过发酵后除了生成大量乙醇以外，还产生不少杂醇类。杂醇类可由碳水化合物代谢或氨基酸代谢形成，也可由相应的羰基化合物还原而生成。

萜类：有人将L-薄荷酮通过微生物作用转化为L-薄荷醇；一份美国专利提出，将麝香草酚通过微生物的作用氢化生成四种异构的薄荷醇；还有一份日本专利采用微生物发酵的方法将羧酸酯水解而得薄荷醇。这仅仅是许多类似的有商业价值的应用的开始。

内酯：酵母、霉菌、细菌的一些特定的种类都能将酮酸转化为内酯，在某些例子中转化率高至85%，日后可望用于商业生产。

吡嗪类：已发现有一些枯草杆菌能产生四甲基吡嗪，在成熟的干酪中也测出几种吡嗪类化合物，虽然其中某些吡嗪是通过美拉德反应生成的，但另一些看来则是通过微生物作用而生成的。

利用微生物作用制造各种各样的香料在今后会越来越受到重视和得到应用，因为它的产物被人们看作是"天然"的，比"合成品"安全可靠。

七、研究香气成分的新方法

食品被加热烹调之后所发出的香气与加热之前是截然不同的，这是因为食品在加热中其成分被分解，由高分子向低分子转化，以及出于各种成分之间的反应产生了有香味的化合物的缘故。这种反应是很早以前就确认了的美拉德反应（也叫做羰氨反应）所引发的，比如煮咖啡、烤面包、烤小甜饼干以及烤肉和烤坚果（核桃等）发出的烤香味就属于此。这些成分都是含O、N、S等的带杂环的化合物，但具体到每一种食品的香气成分构成又是十分复杂的，多种类的、生香的反应过程也是多种多样的。

最近的研究已确认，一般在加热食品之后所产生的香气成分多达百种以上。不仅对加热产生的香气，对自然界各种动植物所发出的香气，要尽可能详细地分析和鉴定出每一种成分，还要找出几种或十几种能够代表该食品香气特征的重要成分，然后根据这些成分的构成比例，以工业生产的原料再现这种香气，调制出香料来。

在研发果子香气的时候，是把某种水果的香气成分一个个地拼凑起来，也就是将构成果香的原料一个个拼加起来形成的。为此，必须知道构成某种果香的成分都有哪些，要完成这项工作以往所采用的方法是用 GC-MS，先测得气相色谱图上得到的某种成分峰的阈值，用阈值减去含量后，剩余数值最高的就是对香气贡献最大的成分。但这种方法的缺点是有些需要测定的单个成分的天然物原料不易找到，实行起来比较困难。1990 年由 Grosh 等人提出了一个新的分析方法，叫做 AEDA（aroma extract dilution analysis）法，意思是对天然香气浓缩物进行稀释的分析法。

第三节　食品调味料的香气对消费者嗜好性的影响

食品调味料是指在烹调中能够调和食品口味的烹饪原料，不仅可以赋予食品一定的滋味和气味，而且还能改善食品的质感和色泽。食品调味料来源多样、种类繁多、用途各异、特点突出。调味料说得上是一类奇妙的东西，它能给食品带来一种特殊的风味和香气。如果调味料用量恰当、组合合适，就能改善食品的色、香、味，促进人们的食欲。各种食品原本来自大自然，它们并不是专门供人食用的，所以食物的本味常常令人难以接受，例如水产品的腥味、牛羊肉的膻味、食肉动物的臊味、蔬菜类的青草味等。在烹调中，需要用加热和调味料来清除这些不愉快的原味，而突出鲜美味道和香气。用于食品调香的调味料主要是天然食用植物香料、天然原料热反应香料和合成食用香料。调味料可以是单体香料，但多数是由数种成分构成的，为达到一定目的，巧妙地调配而成。各种香味调味料有一个特点：即加热的条件下，其香气比不加热时更加浓郁，这是因为加热可以促进香气物质的挥发。因此，正确了解和使用香味调味料，可以使食品获得更好的香气，有助于进食者的食欲和嗜好性。食用调味料在食品中的赋香、矫臭、抑臭及赋予辣味等机能，不仅产生变幻无穷的美味，而且又有增进食欲的效果，使人胃口大开，更能成为人们的嗜好因子，甚至是地区、民族饮食的标志。

应用在调味料中的香气是复杂多样的，它可使菜肴具有芳香气味，刺激食欲，还可以去腥解腻。可以形成香气的调味料有酒、葱、蒜、香菜、桂皮、八角茴香、五香粉、花椒、芝麻、香糟，还有桂花、玫瑰、椰汁、白豆蔻等。利用热反应工艺能够对所要形成的风味进行设计，控制一定条件最终得到所希望的香型。热反应产生的香气有烤香型、焦香型、硫香型、脂香型等。洋葱、大蒜等香辛蔬菜类适合制成烤香味的产品。复合调味料中也可使用油脂为载体的香气原料，这种香味是以美拉德反应或者酶解等手段产生的，可以用于汤料、炒菜调味料、拌凉菜汁等。

中国菜肴常使用大葱，烹饪前的葱油炝锅是中国菜肴的经典风味，具有浓郁的香气，主要是巴豆醛和二硫化合物，可以激发人们的食欲。

姜具有特殊的芳香和强烈的辛辣气味，香气的来源主要是生姜醇、芳樟醇、生姜酮、生姜烯，用于去腥，在肉制品生产中常用于红烧酱制，广泛用于亚洲菜肴中。

蒜中含有的大蒜素、丙酮酸等可以溶解产生腥膻味的三甲胺，因此它可以掩盖各种腥味，增加特殊的蒜香风味，并使各种香味更柔和、更丰满，特征蒜味是不少人的嗜好，如山东人。

洋葱含有一种具有特殊气味的物质，主要是 S-丙烯基-L-半胱氨酸硫氧化物，在西餐中广为使用。

辣椒的辣味是灼烧热辣味感，而辣椒的香气主要是 2-甲氧基-3-异丁基吡嗪、芳樟醇、柳酸甲酯等，辣椒在火锅红油中的香气是四川、重庆人的最爱。

香菜具有独特的香味，能爽口开胃，做汤时加些香菜，可使汤散发出特殊的清香。香菜的香气主要来自芳樟醇，还有少量水芹烯和香叶醇等，清香并略含胡椒的风味，在中国和东南亚大受欢迎，如拌花生米、拌香干等民间小菜，更是印度咖喱的原料之一，另外墨西哥菜也常用到它。

芝麻具有油香气，可以用来制作芝麻酱，是涮火锅等的重要调味料。

酱油是以大豆或豆粕等植物蛋白质为主要原料，经过微生物的发酵作用，成为一种含有多种氨基酸和适量食盐，具有特殊颜色、香气、滋味的调味料。酱油中香气成分十分复杂，是由数百种化学物质组成的，按其化合物的性质分为醇、酯、醛、酚、有机酸、缩醛和呋喃酮等，按其香型可分为焦糖香、水果香、花香、醇香等。与酱油香气关系密切的是醇类中的乙醇，它是由酵母菌发酵己糖生成的，具有醇和的酒香气。有机酸与醇类物质经曲霉和酵母酯化酶的酯化作用，可生成各种酯。酱油中有机酸和醇类物质还可通过酯化反应生成酯。酯类物质是构成酱油香气的主体，具有特殊的芳香气味。组成酱油香气的另一类主要物质为酚类化合物，其中 4-乙基愈创木酚和 4-乙基苯酚是酱油香气的代表性物质。酱油的特殊香气使得它成为各地普遍使用的调味料。酱油是中国南方腌腊制品的主要调味料，也是红烧菜肴中必不可少的。

醋是各地人爱吃的调味料，中国有代表性的传统食醋如山西老陈醋、镇江香醋、四川麸醋和福建红曲老醋，各地的果醋如山楂醋、鸭梨保健醋、猕猴桃果醋。

黄酒又称料酒，是全世界最古老的酒之一，是烹饪中必不可少的调味料之一。黄酒具有越陈越香的特点，香气浓郁，适口性好。黄酒中的酒精是产生香气的重要因素之一，特别是烹饪动物性原料的菜肴时，黄酒具有较强的去腥除膻、增香调味的作用。

葡萄酒的香气包括两部分，一部分来自于葡萄本身，是葡萄酒的特征香气成分，另一部分则是葡萄酒发酵过程中产生的，和这种香气成分相关的化合物是一些内酯类。制作西餐菜肴，尤其是动物性原料为主的菜肴时，使用少量的葡萄酒，可使血腥味减少，增加香气；在西餐用的辣椒油中，有时也会加入一定量的葡萄酒，增加风味。香糟的香味很浓郁，带有一种诱人的酒香，醇厚柔和。按颜色分为白糟和红糟，主要用于动物性原料的增香。

麻油的香气组成较复杂，并且这种香气的呈香能力很强，香气成分中有愈创木酸、酚、糖醇、2-乙酰吡咯、2-甲基吡咯、3-甲基吡喃、乙酰吡啶等。其中乙酰吡啶是麻油香气中的主要成分。麻油用途十分广泛，用于各种热菜、凉菜、小吃的增香、调香。

香辛料的品种多，在我国既有原产植物香辛料，也有引种的植物香辛料；所取用的组织部位也不尽相同；在形态、气味、功效等方面各有所异。香辛料可以赋予食品令人喜欢的香气，也可以遮掩、消除令人厌恶的香气。香辛料一般具有自身的香气，但大多数香气不浓，而是通过加入食品中加热生成天然香精。由于原料制造工艺等问题导致风味欠缺，需用几种至十几种天然香辛料加以调香调味，改善品质，制成有特征性的特色食品。如河南道口烧鸡所用的香辛料有砂仁、肉豆蔻、丁香、草果、桂皮、良姜、陈皮、白芷等；重庆白市驿板鸭用的有桂皮、山奈、八角茴香、小茴香、草果、丁香、广香、花椒、干姜等；沙司用的香辛料有芥末、八角茴香、肉桂、辣椒、黑胡椒、丁香、生姜、小豆蔻、芹菜、芫荽、百里香、月桂、肉豆蔻等；香味酱油用的有丁香、肉桂、辣椒、胡椒、生姜、大蒜、茴香、花椒等。我国传统上用香辛料做各式肉制品调味料，如我国北方生产的各种酱制品使用的香辛料就有八角茴香、肉桂、陈皮、丁香、山奈、白芷、良姜、砂仁、草果等 18 种之多，其肉制品香味浓厚。各地方使用习惯和传统风味都有独特的香辛料配方，这就是香辛料的香气对于各地人们嗜好性的影响。日本人喜爱的烤鳗鱼中加入花椒，五香菜中加入芥末，寿司和金枪鱼做的生鱼片、鱼糕中加入辣根，鲤鱼酱要用生姜和大蒜调味。所用的香辛料多与当地特产有关，这是构成区域风味特点的基础之一和各地人民嗜好性的原因之一。

八角茴香是常见的调味料，其气味稍含丁香和甘草的芳香，香气主要来自于茴香脑，其他还有少量的茴香醛、水芹烯及柠檬烯等。烹饪中八角茴香属于基本香味调味料之一，用途极为广泛。在炖、焖烧及制作冷菜时都可用八角茴香来增香去异味，调剂风味。同时八角茴香也是配制五香粉的主要原料之一，在中餐中扮演十分重要的角色，可除去腥膻，增加肉香。而在南欧地区，除了各式汤类蔬肉烹调外，八角茴香被大量用作甜点酒饮的增香物。

肉桂具有强烈的肉桂醛香气，另外含有桂酸甲酯和丁香酚等物质。肉桂是五香粉的基本成分，是肉制品加工的主要调味香料，是烧鸡、烤肉及酱肉制品中特殊香气的来源。另外特别喜欢肉桂香的人，可以自制肉桂茶。肉桂在国外是配置咖喱粉的原料。

花椒的香气主要来自于花椒油香烃、水芹香烃和香叶醇等香味物质。生花椒炒熟后香味才溢出，是很好的调香佐料，主要用于酱卤制品，还可用于制作面点和调味小吃等的调香，对增强食欲有一定作用。花椒不但能独立调香，同时还可与其他调味料和香味调味料按一定比例配合使用，从而衍生出椒盐、怪味、麻辣、椒麻和胡麻等各具特色的风味，适用于炒、炝、烩、蒸、烧等多种烹饪技巧，具有散寒健胃和促进食欲等药用价值。

胡椒具有强烈的芳香，香气主要产生自胡椒碱、胡椒脂碱。特别是黑胡椒，在中西式的肉制品中是主要的调味香料。南宋时仅仅一个杭州的胡椒每年的消费量就达到 1500t，可见中国人自古以来对胡椒的喜爱。马可·波罗在《东方见闻录》中也记载了中国进口和使用胡椒的盛况。美国人喜欢黑胡椒而欧洲人喜欢白胡椒。

小茴香的香气主要来自茴香脑、茴香酮和茴香醛，带有樟脑般气味。在烹饪中以利用它的芳香为主，脱臭为次。小茴香在炖羊肉时，使羊肉更加鲜美和香气浓郁。小茴香常用于卤菜的制作中，往往与花椒配合使用，能起到增香味除异味的作用。

草果的香气主要来自挥发油中的芳香樟醇等香味成分。草果在烹饪中除了具有增香作用以外，还有一定的脱臭作用，常用于卤菜的制卤和一些烧菜，如烧猪肉和五香蛋的增香，还可用于烹制肉鱼菜肴的增香。

橘皮香气主要来自于柠檬醛和芳樟醛等香气成分。橘皮在烹饪中主要用于菜肴的调香，并用于生产糖果、果脯等，可增加酱卤制品的复合香味。民间还有在腌制萝卜干时添加橘皮，可使成品萝卜干具有一种特殊的清香味。陈制后是陈皮。

白芷的气味芳香，香气主要来自白芷醚、香柠檬内酯、白芷素等香气成分。有除腥去膻的功能，多用于肉制品，如山东菏泽地区熬羊肉汤习惯用白芷。

桂花是我国特有的芳香植物，民间传统用于做桂花糕或者浸制调配成桂花酒，有高雅的桂花芳香。

紫苏是紫苏植物的叶子或梗干，其种子具有一种特殊的香气，在烹饪中用于调香。利用紫苏的特异香气可以加工肉制品，可用于卤菜的调香。广东名菜炒溪螺必用紫苏，满足了广东人的嗜好，另外还常用于泰国菜。

月桂主要挥发性香气成分是丁香油酚、松节油萜等，整片风干的月桂叶可以为炖菜和肉类增添特殊的香气，广泛用于肉制汤类、红烧肉、红烧牛肉、烧烤汁、腌渍品等的调香。

牛至的主要香气成分为松油醇、松油烯、芳樟醇、香芹酚等，气味很重，极易盖过清淡的菜肴，但用在很多意式菜肴中却恰到好处。

迷迭香的主要香气成分有蒎烯、莰烯、桉树脑、莰醇和樟脑莰酮等。迷迭香在国外主要用于食品调味，通常在羊肉、烤鸡鸭、肉汤或烧制马铃薯等菜肴上加点迷迭香粉或其叶片共煮，可增加食品的清香味。在西式复配调味料、糖果、饮料、焙烤食品等食品中作为增香剂。虽然不能很好地与其他香草配合，但特殊的香气使其成为肉类、家禽或烧烤的首选配料。

马槟榔主要产于中美洲和地中海地区，可为沙司、调味汁和佐料增添辛辣的气味。

肉豆蔻主要含有右旋龙脑、左旋樟脑、莰烯，气味芳香，具有温暖的、微甜的口味，可去腥增香，常用于调味烘焙的食物、蜜饯、布丁、肉类、沙司、蔬菜和蛋奶酒。

丁香是丁香树结的花苞在未开放之前采摘下来的，其香气主要来自于丁子香酚、丁子香酚醋酸酯等，美国人常用来洒在烧烤类食品上，非洲人喝咖啡时，喜欢和丁香同煮，使咖啡中有丁香的香气。四川的丁香鸡、北京的玫瑰肉、美味的牛肉干等都是以丁香为主要香味调味料烹制而成的。另外，制作某些特殊风味的菜肴时也可用丁香，如醉蟹的制作。

葛缕子带有水果的清香，当与水果、蔬菜结合时，会产生少许的柠檬香气。

葫芦巴多在我国的安徽、河南、四川种植，葫芦巴全株都有香气，碾碎的种子更有芹菜般的甘香，可以用来制作咖喱粉。

香茅具有柑橘和柠檬的清香，干香茅通常用开水冲泡成草茶，只有新鲜的香茅可以用于烹饪，用于鱼、沙拉和汤品的调味料，在东南亚非常普遍。

中国人习惯用荷叶包裹食物或馅料蒸煮，在蒸的过程中，荷叶香会进入食物中，使得食物具有另外一番香气，如荷叶饭、荷叶排骨、荷叶蒸虾等。

百里香味道浓郁芳香，干燥的百里香粉或者叶片，可用于调味香料，与海鲜、肉类、橙叶酱汁十分相配，即使它经过长时间的烹调也不会失去香气，因此十分适合用于烘烤或者炖煮上。

薄荷的清凉香气来自薄荷脑、乙酸薄荷酯、薄荷酮等香气成分。薄荷在烹饪中使用的季节性很强，主要运用于夏季制作冷食、点心和清凉饮料等，用于菜肴很少，如夏季经常制作薄荷粥。

香椿主要含橙花酯、黄樟素、水芹烯等，所以香椿有特殊的浓郁香气，用在肉味和海鲜味调味料中。

砂姜又名山奈，含有龙脑、桉油精、香豆精等挥发性物质，具有浓郁的芳香味道。在炖肉卤菜时加入砂姜，可突出卤菜香的风味，特别是在鸡肉、狗肉加工和烹调中作为重要的增香香辛料，也可作为西式调味料之用。

砂仁以广东阳春砂仁最为有名，其干果气味芳香而浓烈，主要成分为右旋樟脑、龙脑、乙酸龙脑酯、芳樟醇、橙花椒醇等。砂仁用于食品调味具有增强香味、去除异味、增强食欲的作用，还可以作为酿酒、腌制品、糕点、饮料等的调味料。

孜然具有独特的薄荷、水果状香味，对去除腥膻味作用明显，应用于烹饪中去腥膻味和增香，如新疆烤羊肉串、韩国烤肉等。

莳萝具有强烈的似茴香气味，但味较清香、温和，主要香气成分为萜烯类化合物、莳萝醛、紫苏醛莳萝醇、莳萝酸等。莳萝籽大部分用于食品腌渍，加进汤、凉拌菜、色拉和一些水产品的菜肴中，有提高食物风味、增进食欲的作用。莳萝籽是腌制黄瓜不可缺少的调味香料，也是配制咖喱粉的主料之一。

香荚兰香气为清甜的巧克力、奶油香，国外已在食品中广泛应用作增香剂和调味剂。

总的看来，各种调味料都有自己独特的香气，适合不同人群的喜好，对消费者的嗜好性有着重要的影响。消费者可以根据自己的嗜好性选择各种不同的调味料烹饪食物，以达到对美食的追求。

第四节　食品调味料的香气评价及成分

食物中的化学成分由挥发性成分和不挥发性成分组成，它们其中的一些形成了食品的风味。自从发现挥发性香味成分是食品风味形成的主要原因以来，挥发性香味成分受到了很多人的重视。在风味物质研究的最初阶段，研究的重点放在了确定风味成分的化学组成上。由于一种简单食品的风味成分就有50～100种之多，而且含量很少，所以分析的工作是十分复杂的。研究风味成分复杂的食品就更难了。在过去的十年中，由于分析技术的进步，风味科学得到了极大的发展。在食品中，已发现超过 6000 种风味成分。最初，提取和蒸馏法与气相色谱法相结合测定出了食品中全部的挥发性成分。后来发现食品中包含的挥发性成分不能确切地反映出食品在空气中形成的风味，因为食品形成的风味还取决于食品和空气的相互作用。空气中的挥发性香味物质比食物中的更能说明问题，食品的风味主要由食品在空气中的挥发性香味成分来决定。因此，顶空分析法出现了，静态和动态的顶空分析法与感官分析结合后被广泛应用。只有挥发性物质中的一小部分才是构成食品风味的主要成分，由此引出了一个有趣的技术——嗅觉测量法-气相色谱联用。在气相色谱柱末端安装分流口，分流样品到 FID 检测器和鼻子，色谱峰、气味的相应关系由闻香师来确定。

一、香气评价参数

1. 阈值

嗅感的阈值就是嗅觉器官感觉到气味时，嗅感物质的最低浓度。和呈味物质一样，不同的嗅感物质产生的气味不同，相同的气味嗅感强度也不同。同样可以使用阈值的概念评价嗅感的强度。表 2-4 列出了一些物质的嗅感阈值。

表 2-4 一些物质的嗅感阈值

名称	嗅感阈值/(mg/L)	名称	嗅感阈值/(mg/L)
甲醇	8	乙醇	1×10^{-5}
乙酸乙酯	4×10^{-2}	香叶烯	16
丁香酚	2.3×10^{-4}	乙酸戊酯	5
柠檬醛	3×10^{-6}	癸醛	0.1
硫化氢	1×10^{-7}	2-甲氧基-3-异丁基吡嗪	2×10^{-3}
甲硫醇	4.3×10^{-8}	1,3-二硫杂戊苯并吡喃	4×10^{-4}
麝香气味	5×10^{-6}	乙醚	5.833

影响嗅感阈值的因素包括芳香成分的分子结构、物理性质、化学性质等本质和多少、集中、分散等量的因素，如吲哚在浓度高时呈粪便臭，而浓度低时则呈茉莉香；还有气温、湿度、风力、风向等自然环境因素和身体状况、心理状态、生活经验等因素。其中人的主观因素尤为重要，所以才有同一个香料有时会出现两个或更多的阈值。阈值既可以采用空气稀释法，也可以采取水稀释法测定，单位分别用 g/kg、mol/m³ 和 mg/kg、μg/kg 表示。

2. 浓度

虽然嗅感物质在食品中的含量远低于呈味物质浓度，但是在比较和评价不同食品的同一种嗅感物质的嗅感强度时，也使用嗅感物质的浓度。

3. 香气值

应该清醒地认识到，任一种食品的嗅感风味，并不完全是由嗅感物质的浓度高低和阈值大小决定的。因为有些组分虽然在食品中的浓度高，但如果其阈值也大时，它对总的嗅感作用的贡献也就不会很大。例如，用水蒸气蒸馏法从胡萝卜中所提取的挥发性组分中，异松油烯含量占 38%，但其阈值为 0.2%，它在胡萝卜中所起的香气作用仅占 1% 左右；而另一组分 2-壬烯醛的含量虽只有 0.3%，但其阈值仅为 8×10^{-6} mg/L，故它在胡萝卜的香气中所起的作用却占到 22%。因此在评价和判断一种嗅感物质在体系的香气中的作用时，应将嗅感物质的浓度和阈值综合考虑，故提出香气值（或嗅感值）的概念。

嗅感物质浓度与其阈值的比值就是香气值，即

$$香气值(FU) = 嗅感物质浓度 / 阈值$$

香气值是食品中各香气的浓度与该成分阈值的比值，香气值大于 1，说明该成分直接对食品的香气起着作用，若小于 1 则表明人的嗅觉器官对此成分的香气无感觉，香气值越大对食品的贡献度也越大，因此利用香气值能够客观地评价食品的香气特性。利用香气值可以从众多的香气成分中筛选出对食品香气起重要作用的成分，其中包括含量很少，但对食品香气贡献极大的成分。

二、关键香气成分检测技术

目前，GC-MS已广泛应用于挥发性、半挥发性样品的分析中，但它无法确定各个香气组分对香味的贡献大小，也就无法确定食品香味的关键风味（活性）成分。GC-O（GC-olfactometry）将GC的分离能力与人类鼻子的灵敏性结合起来，可对色谱柱流出物的风味同时进行定性和定量评价，使研究者能对特定香气成分在某一浓度下是否具有风味活性，风味活性的持续时间及其强度，香型等风味信息进行确定，在食品风味活性成分、生产控制、食品加工企业环境气体分析等研究中具有广阔的应用前景，但它在香气成分的结构分析上远远不能满足研究的需要。因而，GC-O与MS结合可相互弥补之间的不足，并发挥更大的优势。GC-O/MS（FID）现已较为广泛地应用于食品风味研究，并成为研究热点领域，相关的研究也获得了一定的进展。

GC-O最早是在1964年由Fuller等提出的，当时是以直接吸闻气相色谱毛细管柱的流出物这种最简单的形式进行的。到了1971年有人将GC流出组分与湿气相结合，通过薄层色谱后再进行吸闻。在20世纪80年代中期，美国Acree和德国Ullrich的研究人员几乎同时使用定量稀释分析法来进行风味强度的评价。而如今，GC-O已发展了许多更为先进的检测方法，如时间-强度法（time-intensity methods）等。

GC-O的原理非常简单，即在气相色谱柱末端安装分流口，将经GC毛细管柱分离后得到的流出组分分流到检测器［如氢火焰离子检测器（FID）或质谱（MS）］和鼻子。当样品进入GC，经由毛细管柱分离后，流出组分被分流阀分成两路，一路进入化学检测器（FID或MS），另一路通过专用的传输线进入嗅探口。嗅探口通常是圆锥形的，由玻璃或者聚四氟乙烯制成。加热传输线是为了防止被分析物在毛细管壁上凝结。将湿润的空气加到流出组分中，可防止评估人员的鼻黏膜脱水。目前，已有一些GC-O嗅闻检测技术可被用于鉴定气味活性成分，主要有稀释法、检测频率法和强度法。选择检测方法时，应根据研究目的、闻香人员的水平、分析对象的性质、分析时间等因素综合考虑。

1. 稀释法

稀释法即逐步稀释芳香提取物，分别进样到气相色谱，并对各香气成分进行感官评价，直至在嗅闻口不再闻到气味，其为风味活性物质检测中最常用的方法。稀释法以AEDA（aroma extraction dilution analysis）和CHARM（combined hedonic aroma response measurement）最常见，两种技术都通过嗅闻初始提取物经一系列稀释后的GC流出物，并评价GC流出物的香味活性，以各成分的香味检测阈值为基础，确定成分的OAVs值（odour activity values，香味活性值：香气成分的浓度与其香味检测阈值的比值），最后，根据各香气成分的OAVs值等信息确定其对风味的贡献。

稀释法虽然得到了较为广泛的应用，但仍有一些不足之处。如：分析时间长，特别是闻香人员较多时，所需时间更长，所以，参与感官评价的闻香人员数目通常是有限的，而这又会使感官评定结果的主观性增强，降低准确性。与检测频率法和强度法相比，稀释法分析时间最长，操作难度也最大。此外，稀释法认为，样品中各香气成分的风味活性与其浓度成正比，此假设具有一定的局限性。

2. 强度法

稀释法和检测频率法都是对各风味活性成分香味存在与否进行检测，而强度法（intensity methods）对活性成分的香味强度和持续时间都做了测定。强度法主要有两种：OSME（香味，希腊语），又称指距法（fingerspan method）；峰后强度法（posterio intensity evaluation methods）。强度检测法中，风味活性物质的香味定量理论较少。不过，Petka 等研究发现，应用 OSME 法获得的峰面积取对数后的值与样品中分析物的浓度呈现显著的相关性；Rossiter 发现，分析物的浓度取对数后的值与其香味强度有着显著相关的关系。

3. 检测频率法

检测频率法（detection frequency analysis，DFA）由 6～12 个闻香人员对分析样品中每一特定保留时间上的香气成分香味呈现与否进行感官评定，并记录相应的比率。闻香人员感官检出频率最高的香气成分，被认为对分析样品的风味影响最大。嗅味图上的风味活性区域（odour region）的风味活性可用 NIF（nasal impact frequency）或 SNIF（surface of nasal impact frequency）值进行量化。

DFA 可利用多个闻香人员检测出的香味图进行汇总，只在一个浓度的样品下进行，所以能用最少的时间来确定香味活性化合物；另外，闻香人员不需要经过专门的训练。与稀释法和强度法相比，DFA 操作最简便，花费时间最少，这是 DFA 最主要的优势之一。但是，需要较多的闻香人员，检测次数也应与闻香人员数相当，以使评定结果具有较好的重复性。此外，由于 DFA 是基于检测频率的一门检测技术，不是直接测定香气成分的香味强度，只要香气成分的浓度大于感官检测阈值，都能被检出，因而，在香味强度的分析方面具有一定的局限性。

三、调味料中的香气成分

调味料有很多种分类方法，如果将调味料的整体按其历史发展纵向梳理，可以分为传统型、提纯型和复合型三大类。提纯型（又称化学性调味料）和复合调味料的生产都离我们生活的年代很近，特别是复合调味料，近期在我国更是开始大量生产和销售。其中提纯型调味料问世于 20 世纪 50 年代中后期，由日本科学家用微生物发酵法确立了谷氨酸钠和核酸类调味料的工业化生产法。在此之前，要得到谷氨酸钠和核酸调味料是采用化学合成法，由于工艺复杂，又是化学合成，不仅成本高，而且给消费者的印象也不好，因此这两类"化学性调味料"未能大量生产。并且提纯型调味料主要是给食品增鲜用，所以此处不予讨论。

1. 传统型调味料

传统型调味料是指具有千百年发展历史的，传承至今的调味料。传统型中多为酿造产品，特别是酱油最具代表性。酱油不仅在我国，而且是东亚各国用于日常烹饪的主要产品，备受人们关注，对它的研究也最充分。传统调味料一般都属于非复合型调味料，又是基本调味料。传统型调味料一般具有如下特点：①采用初级加工的原料，经酶解和微生物发酵等工艺制成的液体、酱状或含固形物的半固体产品；②一般都具有基本调味料的属性，单一产品不能实现整体调味要求；③品种较少，产量较大，适用范围广；④不仅可用于食品加工，也可以直接用于终端消费。

尽管传统调味料有的也是用两种以上原料生产的产品，但仍不属于复合调味料的范畴，这是由于它们所具有的基本调味料的属性决定的。传统型调味料不具备专用性的特点，复合调味料的专用性特点则十分明显。传统型调味料区别于现代复合型调味料的另一重要特征，就是它不仅可用于食品加工，也可直接用于终端消费。而现代复合型调味料一般是不直接用于终端消费的，比如酱油粉、牛肉粉等一般不直接进入餐饮和家庭消费。传统型调味料主要包括酱油类、酱类、食醋类、豆豉类、鱼露、虾酱、蚝油和酒类等。

食醋是一种酸味调味液，主要成分是醋酸。醋有酿制醋和化学合成醋之分。酿制醋是以粮食、糖或酒为原料，通过微生物发酵而成，其营养成分有氨基酸、糖、有机酸、维生素、无机盐及醇类等，对人体新陈代谢有很大好处。化学合成醋（配制醋）则以冰醋酸为原料，加水稀释而成，没有任何营养成分，如果食用这种醋，对人体是有害的。

随着食品工业的发展，醋的品牌越来越多，尤以镇江香醋享誉海外。它具有"色、香、酸、醇、浓"的特点，"酸而不涩，香而微甜，色浓味鲜"。这是因为它具有得天独厚的地理环境与独特的精湛工艺。表2-5为镇江香醋中挥发性香气和香气阈值。

鱼酱油是另外一种传统发酵水产调味料，又名鱼露。在我国，鱼酱油被广泛应用于餐饮业以及调味料的生产。广东、福建两省为鱼酱油的主要产区，其中又以潮汕鱼酱油最为典型。鱼酱油是以低值海鱼和盐为原料，利用鱼体内源酶以及微生物共同作用，经过1～3年的自然发酵后过滤，最后形成色泽棕红透亮、香气浓郁的液体调味料。关于我国鱼酱油香气活性化合物的研究较少，J. Dougan等和R. C. Mclver等人分别于1975年和1982年对泰国鱼酱油中的一些风味成分进行了探讨，认为其风味由氨味、肉味和奶酪味组成。

表 2-5　镇江香醋中挥发性香气和香气阈值

序号	化学名称	香气描述	香气阈值/(mg/kg)
1	乙酸乙酯	似醚气味的果香	0.005
2	2,3-丁二酮	甜香的焦糖香	0.0023～0.0065
3	3-甲基丁醛	水果气味	0.0004
4	2-甲基丁醛	轻微的坚果香	0.001
5	3-羟基-2-丁酮	甜的脂肪气	0.8
6	三甲基唑	生坚果气味	1
7	糠醛	焦糖烘烤气味	3
8	3-甲基丁酸	奶酪香气	0.12～0.7
9	2,3-丁二醇二乙酸酯	果香气	0.011
10	三甲基吡嗪	有可可、土豆样气味	9
11	四甲基吡嗪	微苦咖啡样香气	10
12	5-乙基二氢-2-(3H)呋喃酮	甜的烤香、焦糖香气	0.00004
13	苯乙醇	清甜的花香	0.00001
14	2-甲氧基-4-乙烯基苯酚	辛香、木香味	0.003
15	苯乙酸	似蜜糖香气	0.1

　　鱼酱油发酵期间的主要变化就是蛋白质转化为小肽和游离的氨基酸。氨基态氮和总氮含量是鱼酱油质量和价格的主要指标。鱼酱油也含有许多维生素和矿物质，是一种较好的维生素 B_1 和 B_2 及矿质元素 Na、Ca、Mg、Fe、Mn 和 P 的来源。氨基酸和肽控制着鱼酱油的风味，不同的氨基酸给予鱼酱油不同的风味，例如谷氨酸产生肉味和芳香味。特征性的香味和口味基本都来自蛋白质及脂类的自动降解及发酵期间细菌酶的作用。Cha 和 Cadwallader 报道了凤尾鱼产品的主要挥发性成分包括醛、酮、醇、酯、芳香物质、氮和含硫化合物等。

　　用带捕集阱顶空制样提取潮汕鱼酱油的香气活性风味化合物，并利用气相色谱-质谱联用（GC-MS）对挥发性风味物质进行定性和定量分析，结合 GC-O 和定量描述分析法（QDA）分析，得到潮汕鱼酱油的关键香气化合物如表 2-6 所示。

2. 复合型调味料

　　现代复合调味料是由两种以上调味原料经混合、加热或反应等工艺处理后，形成的一种有特定调味功能的商品。复合调味料不是单一原料的产品，通常是由多种调味原料所组成的，也不是简单的原料组合，一般需要通过对原料的前处理、加热灭菌、生化反应、造粒、干燥等多种工艺，最后以合适的灌装和包装方式得到产品。

表 2-6 潮汕鱼酱油的关键香气化合物

序号	化合物名称	香 气 描 述	香气阈值/(mg/L)
1	3-甲硫基丙醛	刺激性硫化物气味,扩散性洋葱、葱、蒜、炸薯条气味及肉香气	0.2(在水中的气味阈值)
2	2-甲基三硫化物	二甲基三硫具有鱼香、肉香、洋葱以及蔬菜样香气	0.008(在水中的气味阈值)
3	2-甲基二硫化物	二甲硫基化合物常和胺类化合物以及 3-甲硫代丙醛一起构成海鲜类香精的头香	0.000005
4	丁酸	持久的、刺鼻的、酸败奶油气味	0.009
5	乙酸	刺激性酸味	22
6	3-甲基丁酸	酸臭味	0.015
7	2-甲基丁酸	刺鼻辛辣的奶酪气味,低浓度时有甜的水果气味	0.18
8	2-甲基丙醛	烧烤味	0.001
9	3-甲基丙醛	苹果香味	0.4(在水中的气味阈值)
10	2-甲基丁醛	强烈的烧烤味	0.001
11	三甲胺	鱼腥的氨气味	0.0001~0.00021
12	苯甲醛	强烈苦杏仁气味	0.35

复合调味料与传统型调味料相比主要有以下几方面不同:

① 复合调味料所使用的大多是经过二次以上加工的原料,不是初级加工原料。而传统调味料生产所使用的多是农产品等初级加工的原料。

② 复合调味料所使用的原料种类很多,但单个原料的使用量不一定很大,有的原料的用量很少。而传统型调味料所使用的原料一般具有种类少、单个原料的使用量大的特点。

③ 复合调味料的品种极多,但单品的生产量相对较小。而传统调味料一般具有品种少、单品产量大的特点。

④ 复合调味料大部分产品的专用性都很强,一般是只能用于一种或一类食品的调味,不能兼用,少部分产品在用途上具有一定的兼容性,但由于是极具个性化的产品,因此不能作为一般调味料使用。而传统调味料是基本调味料,适用范围极广,能够与多种食品的调味原料配伍。

复合调味料产生最根本的原因是人们饮食消费档次的提高,是人们追求口味多样化,适用方便快捷化的结果。传统以及提纯型调味料在味道的表现力上是有局限性的,它们只能在某种味道的表现上起协调作用,一般不能指望用某种单一的调味料完成对某种食物的调味,就像人们在家庭烹饪中必须同时使用多种调味料一样,其结果等同于使用了复合调味料,只不过这种复合调味的效果并非由人们事先设计好的复合调味料实现的,而是由数种单一型调味料叠加形成的。

复合调味料包括的产品范围很广,种类及品种极多,包装及形态各异,在味道表现上适应市场和消费的需要,变化多端。对复合调味料的分类标准不一,若按照中国已有的自己独特的饮食文化和习惯以及当前市场上已经形成的产品群划分类别，中国的复合调味料应有以下 5 大类：①汤料；②风味酱料；③渍裹涂调味料；④复合增鲜料；⑤复合香辛料。其中复合增鲜料是近几年发展较快的复合调味料，尤其是热反应型调味料。热反应型调味料是经酶解（或不酶解）及美拉德反应后得到的产品，是目前香精研究中的热点之一。表 2-7 为利用 SDE-GC-O 方法鉴定出的猪肉香精中的香味活性化合物。

表 2-7 SDE-GC-O 鉴定出的猪肉香精中的香味活性化合物

序号	化 合 物	气味性质	$\log_3 FD$
1	2-甲基丙醛	黑巧克力	3
2	2-丁酮	刺激,果香	1
3	3-甲基丁醛	黑巧克力	6
4	2-甲基丁醛	黑巧克力	<1
5	2,3-丁二酮	奶油味	4
6	二氢-2-甲基-3(2H)-呋喃酮	葱蒜	<1
7	噻吩	刺鼻,药味	1
8	2,3-戊二酮	奶油味	5
9	2-庚酮	甜	5
10	d-柠檬	酸的,淡的	3
11	3-甲硫醇丙醛	熟土豆味	<1
12	2-戊基呋喃	葱味,烤味	6
13	甲基吡嗪	烤味	1
14	2-甲基-3-呋喃硫醇	肉味,维生素味	6
15	2,6-二甲基吡嗪	烤味,杏仁味	<1
16	巯基丙酮	肉味,硫味	3
17	壬醛	清新,橘子味	1
18	三甲基吡嗪	土豆味	<1
19	1-辛烯-3-醇	蘑菇味	<1
20	2-糠硫醇	烤味	1
21	乙酸	酸味,醋味	6
22	糠醛	甜味	3
23	苯甲醛	杏仁味	<1
24	5-甲基-2-呋喃羧醛	奶味,花生味	1
25	丁酸	臭袜子	<1
26	苯乙酸	玫瑰香	<1
27	2-呋喃甲醇	花生	<1
28	反,反-2,4-癸二醛	油脂味,油炸味	<1
29	5-甲基-2-噻吩羧醛	清淡,花香	<1
30	苯甲醇	植物	<1

注：$\log_3 FD$ 表示以 3 的倍数稀释到闻不到气味的稀释次数。$\log_3 FD < 1$ 代表仅在原始提取液中能够嗅闻到该化合物的气味。

热反应型调味料迎合了人们对食品肉香味的喜爱；顺应了人们追求健康、营养和回归自然的时代潮流；满足了食品生产企业在增香调味方面不断求新的需求，因而成为了调味料领域发展极快的新型调味料。其应用范围已发展到众多食品加工领域，并正在进入家庭调味料的行列。

第五节 食品调味料的香气控制对其质量的影响

一、气味理论

"气味"是物质最重要的特征之一，最能代表物质的本质。它从概念发展到范畴以至形成学说，已成为调香理论体系中重要的组成部分，得到了广泛的应用。

鉴于气味物质在人们的化工工业、食品工业、香料工业、植保信息、医药卫生等方面发挥着重要作用，研究和探讨气味物质物理化学基础，对揭示天然气味物质的结构以及人工合成的香味物质具有重要意义。为此，本节旨在分析气味物质与有机体，特别是与嗅感器官相互作用的各种因素。由于这是一个跨学科课题，故需用物理化学、生物物理学以及生物化学的知识给予阐明。

1. 气味物质的化学基础

空气中飞散的气味分子所呈气味并非一成不变，它随着温度、浓度以及环境的变化而有所改变，不但其强度有所变化，并且香臭亦因之而异。

(1) 气味物质所具备的条件 1959 年，日本人小幡弥太朗在总结前人理论的基础上，概括了有气味的有机化合物必须具备的条件为：

① 这种物质必须具有挥发性。只有易挥发的物质分子才易到达鼻黏膜，从而产生气味。

② 分子量在 29～300 的有机物才有可能产生气味。

③ 必须是脂水双溶。

④ 分子中具有发臭基团，常见的发臭基团主要有：羰基（$>C=O$）、醛基（—CHO）、甲醇基（—CH_2OH）、酯基（—CO_2R）、氨基（—NH_2）、醚基（—O）、羧基（—CO_2H）。

⑤ 折射率 n_0^{25} 在 1.5 左右。

⑥ 拉曼效应测定的波数在 1400～3500cm^{-1}。

以上条件可以作为判断分子有无气味的依据。

(2) 气相中的气味物质

1) 气味物质的蒸气压 一般认为，世界上没有绝对不挥发的物质（在热力学零度－273℃以上时），因此任何物质都有气味产生。由于物质的挥发性，在液体（或者固体）的表面存在着该物质的蒸气，这些蒸气会对液体（或固体）表面产生一定的压强，我们称之为该液体（或固体）的蒸气压。比如，水的表面就有水蒸气压，当水的蒸气压达到水面上的气体总压的时候，水就沸腾。我们通常看到水烧开，就是在100℃时水的蒸气压等于一个大气压。蒸气压的大小不仅与物质的性质有关，还会随着温度的变化而变化。即蒸气压是在特定温度下置于空气中的液态（或固态）化学物质所产生的压力，用毫米汞柱（mmHg）表示。标准大气压是760mmHg。在室温（25℃）下，蒸气压高于760mmHg，即沸点在25℃以下的化合物是气体，一给定的气味物质在空气中产生的蒸气压，与它在真空中所产生的蒸气压是相等的。关于气味物质的挥发性通常人们用蒸气压来表示。表2-8列出了若干气味化合物在25℃时的蒸气压。

表 2-8　气味化合物在 25℃ 时的蒸气压

气味物质	蒸气压(25℃)/mmHg	分子量	气味物质	蒸气压(25℃)/mmHg	分子量
三甲胺	1700	59.00	苯	94.8	78.11
吡啶	20.00	79.00	甲苯	28.4	92.14
异丁酸异丁酯	4.2	144.00	1,2-二甲苯	6.6	106.16
1-芹香酮	0.12	150.00	1,3-二甲苯	8.29	106.17
苯乙醚	0.022	170.00	1,4-二甲苯	8.84	106.16
d-氯乙酰苯	0.0075	155.00	1,4-苯二甲酸	9.20×10^{-6}	166.13
w-十五烷内酯	4.5×10^{-4}	240.00	溴甲烷	1620	94.94
麝香酮	2.1×10^{-6}	294.00	1-戊烯	635	70.13
2-氯-1,3-丁二烯	215.27	88.54	1-辛烯	17.4	122.21

2）浓度单位　如果25℃（298K）时气味物质的蒸气压是 p，分子量为 M，则在25℃与气味物质处于平衡的空气相中的气味物质，其浓度可由下式计算：

$$\left(\frac{p}{760}\right)\left(\frac{273}{298}\right)\left(\frac{M}{22.4}\right) = pM(5.38 \times 10^{-5} g/L)$$

这一计算是根据1mol的任何气体在0℃、760mmHg时其体积均为22.4L。对于大多数有机化合物而言，用 g/L 表示其终浓度，其数值都太小而且很不方便。因此，习惯上把它转换成三种广泛应用的浓度单位，即：

① 将该数字乘以 10^6 转换成 mg/m^3；

② 将 mg/m^3 乘以 $22.4/M$，转换成体积分数（10^{-6}）；

③ 将 mmHg 表示的蒸气压乘以1320，则可直接变成体积分数（10^{-6}）。

(3) 液相中的气味物质

① 气味物质的溶液　气味物质常以溶液，如水、植物油、乙醇、硝基苯、溴苯、四氯化碳、氯仿、溴代烃、乙二醇、丙三醇等液态的形式存在或被使用。因此溶解度 S 的概念也被用来描述气味物质的浓度。溶解度是指在一定的温度

下，某物质在 100g 溶剂（通常是水）里达到饱和状态时所溶解的质量（g），通常表示为 g/L（每升溶液中溶质的质量）。如 20℃ 时，食盐的溶解度是 36g，氯化钾的溶解度是 34g。这些数据可以说明 20℃ 时，食盐和氯化钾在 100g 水里最大的溶解量分别为 36g 和 34g；也说明在此温度下，食盐在水中比氯化钾的溶解能力强。由于在室温下，有许多气味物质能以任意比例与水和（或）其他溶剂相溶，所以溶解度概念的应用是有限的。

② 浓度单位　对于典型的气味物质，除去给出的数值很低的 g/L 浓度之外，比较通用的是 mg/L 浓度，后者在数值上与体积质量（10^{-6}）相等。如果用水做溶剂，则其几乎可以等于体积质量（10^{-6}）。

(4) 相间气味物质分布

① 空气-水分配系数　分配系数是指在气味物质-水两相体系达平衡状态时，气味物质在空气和水中的浓度的比值。分配系数反映了气味物质在空气和水相间的迁移能力，是描述气味物质在水环境中行为的重要物理化学特征参数。分配系数与组分、流动相和固定相的热力学性质有关，也与温度、压力有关。如果气味物质仅微溶于水（S 小于 10g/L），则下面的计算就很适用。将过量的液态气味物质加到含有水与空气的带瓶塞烧瓶中，振摇片刻，静置，这时在水相和气相形成第三相，该相必定与水相和空气相平衡（即饱和）。气相中的气味物质浓度除以溶液中气味物质的浓度，得该气味物质的空气-水分配系数 k_{AW}。

$$k_{AW} = \left(\frac{p}{S}\right)M(5.38 \times 10^{-5})$$

空气相与水相中的浓度应在相同温度，如 25℃ 测定。由于平衡时空气中的浓度可根据蒸气压估计，水中浓度可由其溶解度估计，故此计算是可用的。表 2-9 列出若干戊碳化合物在 25℃ 时的空气-水分配系数。显然官能团对分配系数（其值相差达 10^6）有重大影响。戊胺可无限溶于水，其分配系数可用气相色谱法测定，其空气-水分配系数的计算值与试验值一般是相符的。

表 2-9　若干戊碳化合物在 25℃ 时的空气-水分配系数

化合物	蒸气压/mmHg	在水中的溶解度/(g/L)	分子量	分配系数
戊烷	520	0.038	72	52
戊硫醇	15	0.16	104	0.55
丁酸甲酯	32	15	102	0.011
戊醛	16	12	86	0.0063
2-戊酮	16	54	86	0.0013
戊胺	28	∞	87	0.0013
戊醇	2.5	23	88	0.00052
戊酸	0.29	50	102	0.000031

② 油-水和空气-油分配系数　分配系数与气味物质在不同溶剂中的溶解度有

关。在以水为其中的一相时，测得的分配系数称为油-水分配系数。在科学文献或物理参数手册上较常收载的分配系数是物质正辛醇，特别是与代表油相的 n-辛醇或橄榄油所组成的油-水体系的分配系数。气味物质分配系数的大小是反映气味物质经生物膜转运的重要物理参数，细胞膜是具有亲脂性的脂质双分子层，一般而言，具有较大油-水分配系数的气味物质更容易穿透细胞膜转运和吸收，但分配系数过大的药物则相对不易分配进入水性体液。因此对于分配系数较小即水溶性较大的气味物质而言，影响气味物质向体内转运的限速过程主要是从水性体液向细胞膜分配的过程。相反，对于分配系数较大即难溶性的气味物质，影响其转运的限速过程主要是在水性体液中的溶解。

由于细胞膜，包括神经末梢在内，含有一层脂层，并被一层水膜覆盖，故气味分子在空气、水和油间的分布必定对其穿透细胞膜的能力有某些影响。各种气味物质的油-水分配系数 k_{OW} 也在一个相当大范围变动，这取决于油的性质。即该油是极性的（如橄榄油）还是非极性的（如矿物油），如果一给定的气味物质，其空气-水和油-水分配系数为已知，则其空气-油分配系数可由下式进行计算：

$$k_{AO} = \frac{k_{AW}}{k_{OW}}$$

将含有许多气味物质的香精配方溶解在不同溶剂中时，其改变了的各成分的分配系数必将变更与溶液平衡的气相中气味物质的比例，导致改变气味的素质。已知分配律与 Henry 法则可应用于稀的（1%或低于1%）气味物质的水溶液或油溶液，值得注意的是，即使被稀释，这些溶液也并不是热力学意义上的理想溶液，故不能依据气味物质和溶剂的蒸气压与分子量来计算分配系数（拉乌尔法则）。

(5) 气味物质的稳定性

① 能离子化的气味物质　物质成为离子或"离子化"的现象，多在水溶液中发生，这也是电解在阳极上发生的现象之一。假设一种弱酸（或弱碱）的气味物质溶于水，则该气味物质会在一定程度上解离或离子化，此解离程度与该酸的解离常数（pK_a）及溶液的 pH 值有关。若调节溶液的 pH 值使之有 5%离子化，与空气相中气味分子的蒸气相平衡的，只有溶液中的未离子化部分。

溶液 pH 和气味物质的 pK_a 值以及气味物质溶解度之间的这种关系可用 Henderson-Hasselbalch 方程表示。Henderson-Hasselbalch 方程指出了气味物质溶解度与溶液 pH 及气味物质解离常数三者之间的关系，所以又称为溶解度方程。

该方程可表达如下：

对于弱碱性药物，有 pH＝pK_a＋lg[B]/[BH$^+$]

对于弱酸性药物，有 pH＝pK_a＋lg[A$^-$]/[HA]

式中，[B]、[BH$^+$] 分别为弱碱性气味物质分子型和离子型的浓度；[HA]、

[A$^-$] 分别为弱酸性气味物质分子型和离子型的浓度。

由该方程可知，将乙酸一类弱酸溶液的 pH 值增加一个单位。pH 值由 4.8 变至 5.8，则溶液中未离子化酸及其在蒸气中的摩尔浓度将减至原浓度的 1/5 左右，然后酸碱度每增加 1 个 pH 单位，蒸气浓度下降 10 倍。将乙胺一类弱碱的 pH 从 10.7 减至 8.7，其蒸气浓度将下降 50 倍。这就可以解释：如果适当地调节其 pH 值，则弱酸和弱碱类气味物质能低强度地在溶液中保持很长时间。

若令溶液中气味物质的总浓度为 S，分子型气味物质的浓度为 S_0，则离子型气味物质的浓度为 $S-S_0$，所以 Henderson-Hasselbalch 方程可以写作：

对于弱碱性药物，有 $pH = pK_a + \lg S_0 / S - S_0$

对于弱酸性药物，有 $pH = pK_a + \lg S - S_0 / S_0$

显然，在气味物质的饱和溶液中，式中，S_0 即为气味物质的特性溶解度；S 则是某 pH 条件下气味物质的表观溶解度。对于在酸性和碱性条件下均发生解离的两性气味物质分子，后两式分别表示了溶液 pH 低于和高于气味物质等电点时溶解性的变化。

② 吸附作用　吸附作用是指各种气体、蒸气以及溶液里的溶质被吸着在固体或液体物质表面上的作用。具有吸附性的物质叫吸附剂，被吸附的物质叫吸附质。某些固体表面对有机化合物包括许多气味物质有很高的亲和力，挥发性分子既可从气相中也可从水相中被这些固体表面吸附。活性炭具有极大的吸附中性气味物质的容量。卷烟的过滤嘴，特别是添加有活性炭的复合滤嘴，有较强的吸附能力。由于仅有部分吸附位置是有效的，因此气味物质被表面吸附的量 Q 总是按比例地低于气相或溶液中的浓度 C。固体吸附等温线最常见的一般形式如图 2-2 所示。纵轴为吸附量 Q，单位为 mg/g；横轴为吸附质在溶液中的浓度 C，可用浓度的一般单位表示。

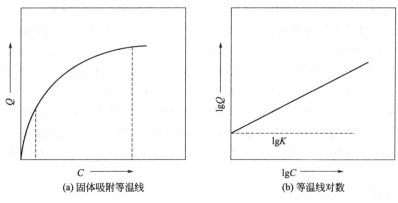

(a) 固体吸附等温线　　　　(b) 等温线对数

图 2-2　Freundlich 吸附等温线

对于曲线的第Ⅱ段，即非直线区段中的吸附规律，在实际工作中常用 Freundlich 吸附等温式来表示，即

$$Q=KC^{\frac{1}{n}}$$

式中，K 及 n 都是在一定范围内表示吸附过程的经验系数。

若取对数值，上式可改为

$$\lg Q=\lg K+\frac{1}{n}\lg C$$

以 $\lg Q$ 及 $\lg C$ 为坐标绘图［图 2-2（b）］，得到一条直线，它在纵坐标上的截距即为 $\lg K$。因此 K 值是浓度 $C=1$ 时，即 $\lg C=0$ 时的吸附量，它可以大致表示吸附能力的大小。直线的斜率即 $\tan\alpha=1/n$，它可以表示吸附量随浓度而增长的强度。气味物质当暴露于干净的空气或纯溶剂中时，被吸附的气味物质即缓慢地从表面脱吸附（解吸），该过程在加热时则较迅速，被吸附于烟丝的外加香味物质，有助于保留并在燃吸时缓慢地释放出芳香气味。

③ 固定剂 固定剂是香水中的一种成分，可以让香水的香味持久，也可以让香水中其他的成分留存得比较久。通常这种成分都是胶体、树胶和香脂（比如没药、白松香等）。卷烟制造过程的调香、加香后，成品烟在贮存时也希望香气常驻，因此固定剂是大多数香水的重要成分。固定剂通常是油性或蜡性材料，溶于乙醇，但当乙醇从皮肤或衣物完全蒸发逸散后，能使大部分芳香化合物长留，在几小时以内缓慢地释放香气。最好的固定剂是天然固定剂，包括麝香、灵猫香、海狸香和龙涎香。与麝香和龙涎香有关的合成化合物，也有一定的固定能力。油性及蜡性固定剂对许多气味物质有较强的亲和力，即其气-油分配系数很低，因此固定剂能保持住高浓度的挥发性气味物质，并缓慢地释放它们。然而，最好的固定剂所具有的保持力，要高于用分配系数能予以解释的程度，因此需要假定有一种特殊的相互作用，这种作用更像是在分子水平上吸附，而有助于保留芳香。

(6) 气味的影响因素

① 温度对气味的影响 由于气味分子多为挥发性，故气味与温度密切相关。温度偏高时散入空气中的气味分子多，所以其呈味也浓；温度低时则反之。温度在食品气味中尤为重要，例如黄酒烫着喝才够味，啤酒冰镇才过瘾，就是这个道理。

② 浓度对气味的影响 浓度对物质的气味也有重要影响，如香精是臭的，将它稀释几千倍乃至几万倍就变成了香水，便成为芳香扑鼻的香味了。丁醇在臭味中是很有名气的，在极稀薄情况下则呈水果香。乙酸乙酯浓时是喷漆的味道，在稀薄情况下则呈水果香或梨香。再如，硫化氢浓时是臭鸡蛋、臭豆腐的臭味，但在稀薄情况下与其他香味成分共同组成松花蛋的香气，更加稀薄时，与其他成分共同组成新稻谷米饭的香气。如果将其硫化氢除去，顿时失去新稻谷的米饭香了。

③ 气味的易位现象 有的气味物质在某种食品中是不可缺少的重要香气组

分，但在另一种食品中它竟成为难以接受的臭味了。例如双乙酰，它是奶酪的主体香气，又是白酒、威士忌酒、卷烟、茶的香气成分，但它却是啤酒、黄酒的大敌。啤酒中双乙酰如果超标，使人难以下咽。又如三甲胺是鱼虾的腐败臭，使人厌恶，俗称其为"粪臭素"，但是在卤虾油、臭虾酱中如果没有点三甲胺可就大煞风景了。此外，气味的表现评值还会因人而异，而且气味的阈值根据化合物的种类会有很大变化，所以想定量地表示出香气试验的结果是很困难的。

2. 香气强度

各种调味料有不同的香气，是由所含香气成分的不同和多寡而确定的。所谓调味料的主香气成分是该成分在此调味料中含量占优，或该成分有很大的香气强度。

香气强度的测定至今仍无好的方法，很难以数字表示其绝对值，只能全靠人的嗅觉来比较、判断气味的强弱、有无异臭。表现气味强度的方法之一为阈值试验，阈值（threshold value）是以空气、水之类的无味无臭物质为溶剂，稀释一定量的试样进行试验，所能感知的最小可嗅量的倒数。

食品香精香料可将其含于口中来进行试验，即将一定量加入水或糖浆中而试验（稀释试验）也可加入对象食品中试吃后最后判定（附香试验）。食品香精香料的香味因食品的基质而显著不同，所以附香试验为最重要的判定手段。为了获得客观性强的结果，样品的选定与数据的统计、处理很重要，实用上采用2点比较法、3点比较法及顺位法。

除了应用上述概念值外，还可以用以下几个概念值来描述气味的强度。

(1) 香比强值　香比强值是把香料或香精的香气强度用数字来表示的一种方式。先把苯乙醇的香气强度定为10，再把其他各种香料、香精拿来与苯乙醇进行比较，根据它们各自对比的香气强度拟定一个数字，如香叶醇的香气强度大约是苯乙醇的15倍，我们就把香叶醇的"香气强度"定为150。

香比强值最为直观地反映一个香料或香精的香气强度，能直接看出一个香料或香精对加香产品的香气贡献，计算简便，已逐渐成为调香工作、香料和香精研发、贸易的重要依据。

香比强（度）值可以用香料的香比强值和配方计算出来，举一个茉莉花香的例子，如表2-10。

表 2-10　各种香料的用量和香比强值

香　料	用量/%	香比强值	香　料	用量/%	香比强值
乙酸苄酯	50	25	苯甲醇	10	2
芳樟醇	10	100	水杨酸苄酯	4	5
甲位戊基桂醇	10	250	吲哚	1	600
苯乙醇	10	10	羟基香茅醛	5	160

其香比强值为 $(50 \times 25 + 10 \times 100 + 10 \times 250 + 10 \times 10 + 10 \times 2 + 4 \times 5 + 1 \times 600 + 5 \times 160) \div 100 = 62.9$。

香比强值的应用是很广的，对于用香厂家来说，最重要的一点就是可以直观地知道香精的"香气强度"，因为"香气强度"关系到香精的用量，从而直接影响到配制成本。加香的目的是盖臭、赋香。要把未加香的半成品、原材料的某些"异味"掩盖住，香气强度当然要大一些。如用一个已知香比强度的香精加到未加香的半成品中，得出至少要多少香精才能"盖"住"异味"，间接提出这种半成品的"香比强值"，其他香精要用多少就可以很容易地计算出来了。这样能让许多用香厂节省很多试验的时间，少走弯路。

(2) 留香值　香料的"留香值"就是该香料蘸在闻香纸上留香的天数，也就是朴却提出的"留香系数"。

同"留香系数"相似的概念，还有"挥发时间"，其测定方法是用闻香纸蘸取香料，称量，达到"恒重"时的时间，以小时计，超过999h以999算。

"留香值"的计算方法与"香比强度"相同，举一个茉莉花香精的例子，见表2-11。

表 2-11　各种香料的用量和留香值

香　料	用量/%	留香值	香　料	用量/%	留香值
乙酸苄酯	40	5	安息香膏	5	100
芳樟醇	19	10	水杨酸苄酯	10	100
甲位戊基桂醇	10	100	卡南加油	10	14
丁香油	1	22	羟基香茅醛	5	80

其留香值为 $(40 \times 5 + 19 \times 10 + 10 \times 100 + 1 \times 22 + 5 \times 100 + 10 \times 100 + 10 \times 14 + 5 \times 80) \div 100 = 34.52$。

香料的留香值与香精的计算留香值用途非常广泛。调香师在调香的时候，可利用各种香料的留香值预测调出香精的计算留香值，必要时加减一些留香值较大的香料使得调出的香精留香时间在一个预期的范围内。用香厂家在购买香精时，先向香精厂询问香精的计算留香值是否符合自己加香的要求，是非常有必要的。

(3) 香品值　所谓"香品值"，就是一个香料或者香精"品位"的高低，由于这是一个相对的概念，需要一个"参比物"，而且这个"参比物"应该是大家比较熟悉的，如"茉莉花香"。要给一个"茉莉香精"定"香品值"，就要把它的香气同天然的茉莉鲜花进行比较，如果人为地限定最低分为0分，最高（就是天然茉莉花香的香气）100分，让一群人（至少12人）来打分，去掉一个最高分和一个最低分，然后求得的平均值就是这个茉莉香精的"香品值"了。

香精的"香品值"可以按配方中各个香料的香品值、用量比例计算出来，计算方法同香比强值、留香值一样，计算出来的香品值称作"计算香品值"，它同

"实际香品值"（香精让众人评价打分后，取平均值）有差距。调配一个香精，如果它的实际香品值小于计算香品值的话，可以认为调香是失败的。实际香品值超过计算香品值越多，调香就越成功。因为所谓"调香"就是"极大地提高香料的香品值"。

综合分是由三值相乘再除以 1000 得到的。

(4) 香气值 丁耐克引入香气值（FU）这个概念，他认为，食物所产生的气味一般都由许多嗅感物质所组成（表 2-12）。其中的某一组分往往不能单独表现出该食品的整个嗅感。嗅感物通常是指能在食物中产生嗅感并具有确定结构的化合物。

表 2-12　几种食品中嗅感物质的组成

组　分	香蕉	草莓	番茄	咖啡	可可	红茶	啤酒
脂肪烃类	—	23	7	24	4	2	6
芳香烃类	—	8	6	19	18	—	—
杂环类	—	—	3	67	17	2	2
醇酚类	49	40	25	54	44	32	44
醚类	1	1	3	12	6	—	—
醛类	9	35	25	34	29	22	11
酮类	13	12	15	102	30	18	9
羧酸类	40	30	5	15	18	14	29
酯类	81	100	12	40	87	15	62
含硫化合物	4	2	1	17	8	1	4
含氮化合物	—	—	2	5	11	3	13

不同类的嗅感物质所产生的气味不同，就是能产生具有类似气味的嗅感物质，其嗅感强度也有很大的区别。各嗅感物质的嗅感强度也可用阈值来表示（表 2-13）。

表 2-13　某些嗅感物质的阈值

名　称	阈值/(mg/L)	名　称	阈值/(mg/L)
甲醇	8	乙醇	1×10^{-5}
乙酸乙酯	4×10^{-2}	香叶烯	15
丁香酚	2.3×10^{-4}	乙酸戊酯	5
柠檬醛	3×10^{-6}	癸醛	0.1
硫化氢	1×10^{-7}	2-甲基-3-异丁基吡嗪	2×10^{-3}
甲硫醇	4.3×10^{-8}	1,3-二硫杂戊苯并吡喃	4×10^{-4}

注：空气中为 mg/L，水溶液中为 mg/kg。

一种食品的嗅感强度，既不是由嗅感物质组成含量决定，也不是由其阈值大小所单一决定的。因为有些组分虽然在食品中的含量很高，但如果该组分的阈值也很大时，它对总的嗅感作用的贡献也不会很大。判断一种嗅感物质在体系内的香气中作用的大小，可以用香气值（或嗅感值）来表示，它是嗅感物质的浓度与其阈值的比值：

$$香气值(FU)＝嗅感物质的浓度/阈值$$

如果某物质组分的 FU 小于 1.0，说明该物质没有引起人们嗅觉器官的嗅感；FU 值越大，说明它是特征的嗅感化合物。

(5) 香气强度的定性评价　香气强度也称香势，是对香气本身强弱程度的定性评价。香气强度可粗分为五级，其评价方法见表 2-14。

表 2-14　香气强度的定性评价

级别	强度	浓度界限	级别	强度	浓度界限
1	特强	稀释至万分之一时,能嗅辨者	4	弱	稀释至十分之一时,能嗅辨者
2	强	稀释至千分之一时,能嗅辨者	5	微	不稀释时,能嗅辨者
3	平	稀释至百分之一时,能嗅辨者			

香气是芳香成分在物理、化学上的质与量在空间和时间上的表现，所以在某一固定的质与量、某一固定的空间或时间所观察到的香气现象，并不是其真正的香气全貌。有些香辛料在冲淡后香气变强，使人易低估它们的强度；有些香辛料在冲淡后香气显著减弱，使人易高估它们的强度。如果没有丰富的经验，对香气强度的定性判定就容易形成错觉。各种香辛料在香气强弱变化程度上的区别是很大的。香气强度不仅与气相中有香物质的蒸气压有关，而且与该有香分子的结构和性质，即分子对嗅感细胞的刺激相关联。风味分子对嗅感细胞的刺激因人而异，需要足够长时间的训练和实践。

以干留兰香的香气强度为 100，各香辛料的香气强度对比见表 2-15。

表 2-15　各香辛料的香气强度对比

香辛料	香气强度	香辛料	香气强度
新鲜的红辣椒	1000	干玉桂	400
干红辣椒	900	新鲜洋葱	390
新鲜的辣根	800	干白胡椒	390
芥子粉	800	胡葱	380
干丁香	600	干八角茴香	380
新鲜大蒜	500	干肉豆蔻	360
干月桂叶	500	肉豆蔻衣	340
干姜	500	干葛缕子	320
干黑胡椒	450	干芹菜子	300
干中国玉桂	425	干枯茗子	290

续表

香辛料	香气强度	香辛料	香气强度
干小茴香	280	干莳萝叶	95
新鲜细香葱	270	干罂粟子	90
咖喱粉	260	甘牛至	90
干众香子	250	干百里香	85
芥菜子	240	干甘牛至	85
新鲜薄荷	230	干紫苏	80
芫荽子	230	干欧芹	75
干姜黄	220	干甜罗勒	70
新鲜留兰香	200	干香薄荷	65
干莳萝子	160	干茴香子	65
干薄荷	150	干细叶芹	60
干小豆蔻	125	干洋葱	60
干龙蒿	115	干菜椒	50
干留兰香	100	干番红花	40
干迷迭香	95	干芝麻子	20

(6) 香气的定量评介 通常用阈值来对香气进行定量评价。阈值是嗅觉器官在嗅觉香气时，香气物质的最低浓度值，又称最少可嗅值。一般来说，阈值愈小，表示该物质的香气愈强；阈值愈大，表示香气强度愈弱。表 2-16 为部分香辛料中香成分在水介质中的香气阈值。

表 2-16 部分香辛料中香成分在水介质中的香气阈值　μg/kg

香气物质	香气阈值	香气物质	香气阈值
丁香酚	4×10^{-2}	桉叶油素	12
芳樟醇	6	丁香甲醚	820
肉豆蔻酸	10000	香叶醇	40~75
大茴香醚	50	薄荷酮	170
香茅醇	40		

　　阈值的测定方法有空气稀释法和水稀释法两种，阈值的单位用空气中含有香物质的浓度表示。

　　由于阈值与香气物质的物理性质、化学性质、化学结构、浓度以及自然环境和人为因素有关，所以阈值很难非常客观地用一个数值定量表示某香气物质的香气强度。对于同一个香气物质，有时也会出现两个或多个阈值。

　　鉴于以上原因，在调配复合香辛料时，要注意香辛料之间香与味的和谐和统一，不能过分突出某些香辛料或某个香辛料，这样就对食品的风味产生副作用。

常用香辛料在复合调味料中的用量见表 2-17。

表 2-17　常用香辛料在调味料中的用量　　　　mg/kg

香辛料	用量	香辛料	用量
黑胡椒	690	白胡椒	2700
八角	96～5000	肉豆蔻	100
肉桂	100	丁香油	55
丁香油树脂	14～40	小茴香	50
姜油	13	姜油树脂	10～1000

蒜葱类挥发成分的阈值都很低，见表 2-18，使用它们时要十分注意。

表 2-18　洋葱及其挥发成分的阈值　　　　µg/kg

成　分	阈值	成　分	阈值
洋葱油	0.8(0.1～2.1)	3,4-二甲基噻吩	1.3(0.2～2.7)
甲基-(1-丙烯基)二硫醚	6.3(2.7～3.1)	2,4-二甲基噻吩	3
二丙基二硫醚	3.2(2.3～4.0)	2,3-二甲基噻吩	5
1-丙烯基丙基二硫醚	2.2(0.3～2.7)	2,5-二甲基噻吩	3
二丙基硫代硫酸酯	1.5(0.3～2.7)	2-甲基噻吩	3
甲基丙基硫代硫酸酯	1.7(0.3～2.7)	3-甲基噻吩	5

二、化学结构对香气的影响

由于香气是一种化学物质，香气化合物的香味与其结构、性质有密切的关系。研究香气的化学物质组成和结构，是开发香精香料的钥匙，近代有机化学的最杰出成就之一就是能推断出种种令人愉快、刺激人们嗅觉的天然化合物的结构。

芳香物质的化学结构对香气的影响因芳香物质的不同而不同，分子结构与香气之间的关系，一直是人们感兴趣的研究课题。只有积极地探索和认识这种微妙关系的客观内在规律，寻找并揭示其内在联系的奥秘，化学家们才能从中发现和找出许多自然界里不存在的致香化合物。但是由于致香化合物分子结构本身的复杂性和鉴定器官的主观性影响，如果仅仅靠了解其已知的普遍性规律来研究其分子结构和香气之间的深层关系是远远不够的。因此，必须先将这些化合物按其不同结构特征进行有序的科学分类，再分别研究这些特定结构体系的化合物分子结构和香气之间的复杂关系，才更具有实际意义。如果说，由于技术进步极大地提高了对天然产物的剖析水平，从中发现了许多新的致香化合物，进而为化学合成提供了研究目标；那么，研究分子结构和香气关系取得的理论成果，则可认为是为合成工作者指明了研制的方向。毫无疑问，研究成果的价值，可以为开发乃至预测至今无人知晓的、蕴藏着的致香化合物提供科学的依据。然而到目前为止，这一重要理论课题研究进展并不令人高兴。要在有机化合物分子结构与香气之间，确定一种能肯定地预测某种新化合物香气特征的理论，到目前为止还没有得到成功。致香物质分子中必须有一定种类发香基团，发香基团决定气味种类。单纯的碳氢化合物极少具有怡人香味。此外，不同化合物的香气强度不同，影响香气强度的因素主要有蒸气压、溶解度、扩散性、吸附性、表面张力等，这些都影响着香气气味的强度。利用上述这些不同性质差异开发出香气分析方法，使一系列多组分香气之间分离和鉴定成为可能。气味物质必须具有一定的挥发性，且既是水溶性又是脂溶性的。因此，如果分子量太小，脂溶性太小，就不能通过嗅觉细胞膜的脂层；分子量太大，蒸气压太小，则不能扩散到鼻黏膜。这些化合物都不能被嗅觉细胞感受，因而没有气味，因此有人提出分子量在50～300之间的有机化合物才有气味，至今还没有发现分子量大于294的气味物质。在此只能简单地分析有机化合物分子的结构，例如碳链中碳原子的个数、不饱和性、官能团、取代基、同分异构等因素对致香化合物香气产生的影响。这些因素对香气的影响虽然尚不能从理论的高度加以解释，但对致香化合物的合成，还是有一定的指导作用的。

1. 碳原子个数对香气的影响

致香化合物的分子量一般在50～300之间，相当于含有4～20个碳原子。在有机化合物中，碳原子个数太少，则沸点太低，挥发过快，不宜作香料使用。如果碳原子个数太多，由于蒸气压减小而特别难以挥发，香气强度太弱，也不宜作香料使用。碳原子个数对香气的影响，在醇、醛、酮、酸等化合物中，均有明显的表现。在此，举几个具有代表性的例子加以说明。

脂肪族醇类化合物的气味，随着碳原子个数的增加而变化。C_1～C_3的低碳醇，具有轻快的酒香香气；C_6～C_9的醇，除具有清香果香外，开始带有油脂气味；当碳原子个数进一步增加时，则出现花香香气；C_{14}以上的高碳醇，气味几乎消失。

在脂肪族醛类化合物中，低碳醛具有强烈的刺激性气味；随碳原子增加，刺激性减弱而逐渐出现愉快的香味。尤其是C_8～C_{12}的醛，具有花香果香和油脂气味，高倍稀释下具有良好的香气，常用作香精的头香剂；C_{16}的高碳醛几乎没有气味。α-、β-不饱和醛具有臭味。

脂肪酸：低分子者气味显著，但不少具有刺激性异味和臭味；C_{16}的高碳以上者一般无明显气味。

碳原子个数对大环酮香气的影响也是很有趣的。它们不但影响香气的强度，而且可以导致香气性质的改变。从C_5～C_{18}，其香气特征由类似薄荷的香气转为樟脑香直至麝香香气的特征（表2-19）。

表 2-19　不同碳原子数的环酮及其香气特征

环酮碳原子数	化合物结构式举例	香气特征	环酮碳原子数	化合物结构式举例	香气特征
$C_5 \sim C_8$	=O	类似薄荷的香气	C_{13}	=O	木香香气
$C_9 \sim C_{12}$	O	类似樟脑香气	$C_{14} \sim C_{18}$	=O	麝香香气

2. 不饱和性对香气的影响

同样的碳原子个数，而且结构非常类似的有机化合物，不饱和键的存在与否，位置处于何处，对化合物的香气均可产生影响。一般来说：①不饱和化合物比饱和化合物香气强；双键能增加气味强度；三键的增加能力更强，甚至产生刺激性。如丙烯醇 $CH_2 =\!\!= CHCH_2OH$ 的香味比丙醇 $CH_3CH_2CH_2OH$ 要浓，桂皮醛 $C_6H_5CH =\!\!= CHCHO$ 香味温和，苯丙炔醛 C_6H_5CCCHO 具刺激味。②分子中碳链的支链，特别是叔、仲碳原子的存在对香气有显著影响。如乙基麦芽酚比麦芽酚的香味强 $4 \sim 6$ 倍。以醇和醛为例稍加比较，见表 2-20。

表 2-20　不同碳链结构化合物与其香气特征

结构式	名称	香气特征
⌇CH₂OH	己醇	弱果香,油脂气
⌇CH₂OH	顺-3-己烯醇	强清香,无油脂气
⌇CHO	己醛	弱果香,酸败气
⌇CHO	2-己烯醛	清叶香,无酸败气

3. 官能团对香气的影响

很久以来，人们已注意到气味物的官能团与气味间存在着某些相关性，在市售致香化合物分子中，几乎都具有 1 个官能团，甚至 2 个或 2 个以上的官能团，官能团对有机化合物香气的影响是到处可见的。香气物质必须具有能够产生香味的原子或原子团，即发香团，发香原子位于周期表的ⅣA、ⅤA、ⅥA、ⅦA族（表 2-21）。同系物中低分子量化合物香味决定于分子中发香基团，发香的基团主要有：—CHO、—NO₂、—CN、—OH、—C₆H₅、—COOH、—CHO、—COOR、R—O—R 和内酯等。例如：乙醇、乙醛和乙酸，它们的碳原子个数虽然相同，但是官能团不同，香气则有很大差别；再如：苯酚、苯甲酸和苯甲醛，它们都具有相同的苯环，但取代基官能团不同，它们的气味相差甚远（表 2-22）。

表 2-21 发香原子在周期表中的位置

族	ⅣA	ⅤA	ⅥA	ⅦA
原子	C	N	O	(F)
	Si	(P)	(S)	Cl
	Ge	(As)	Se	Br
	Sn	(Sb)	Te	I
	Pb	Bi	Po	

注：其中 P、As、Sb、S、F 是发恶臭原子。

表 2-22 不同官能团结构化合物及其香气特征

结构式	名称	香气特征	结构式	名称	香气特征
CH₃CH₂OH	乙醇	酒的气味和刺激性辛辣味	CHO⬡	苯甲醛	有苦杏仁气味
CH₃CHO	乙醛	具有刺激性气味			
CH₃COOH	乙酸	具有刺激性酸味			
OH⬡	苯酚	有特殊臭味和燃烧感	COOH⬡	苯甲酸	微有安息香气味

另外：

① 在苯环上引入吸电子基团—CHO、—NO₂ 或—CN 时，产物的气味彼此相似，取代苯都具有苦杏仁味，取代茴香醚都具有八角茴香气味，取代亚甲基邻酚醚都具有洋茉莉气味。

② 分子的几何异构和不饱和度对气味存在着较强影响，如顺式脂肪族烯醇（或醛）多呈现清香，而它们的反式异构体常呈现脂肪臭气。

③ 取代基的差别对某些同类化合物的气味也有很大影响。例如吡嗪、2-甲基吡嗪、2,3-二甲基吡嗪和 2-异丁基-3-甲氧基吡嗪的气味分别是芳香中带有氨气味、稀巧克力香、刺激的巧克力香和强青椒香。

④ 化合物的旋光异构体之间有的并无气味差别，有的却有明显差别，如桃金娘烯醛的一对旋光异构体分别具有辛香和药香。大环酮的碳数差异也表现出对气味的影响，其中主要的是萜类及其衍生物（含氧类萜化合物）。表 2-23 列出植物中的萜类化合物。

4. 取代基对香气的影响

取代基对香气的影响也是显而易见的，取代基的类型、数量及位置，对香气都有影响。在吡嗪类化合物中，随着取代基的增加，香气的强度和香气的特征都有所变化。基本结构完全相同，相差取代基的化合物，它们的香气有很大区别，可见表 2-24 中实例。

表 2-23　植物中的萜类化合物

萜类化合物名称	分子组成	实例	说明
单萜	两个异戊二烯	橙皮油中 α-苧烯、γ-萜品烯、α-水芹烯	在常压下,沸点多在 170～200℃,室温下散发气味
单萜类化合物	两个异戊二烯含氧	薄荷油中薄荷醇、黄蒿萜酮;橙皮油中 α-沉香醇;柠檬油中 α-柠檬醛;α-香茅醛	
倍半萜	三个异戊二烯	佛手油中 γ-甜没药烯;芹菜油中 β-芹子烯;柚子中圆柚酮	在常压下,沸点多在 250～280℃,香味比单萜弱
高级萜类化合物	四个异戊二烯以上	柠檬苦素单环酯	苦味物质
		叶绿醇	叶绿素、维生素 E 组成成分

表 2-24　取代基与化合物的香气特征

结构式	名称	香气特征	香气阈值/(mg/kg)
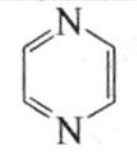	吡嗪	强烈芳香,弱氨气	500000
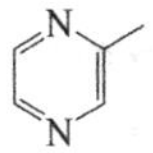	1-甲基吡嗪	稀释后巧克力香	100000
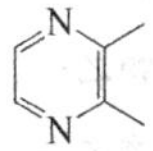	1,2-二甲基吡嗪	巧克力香,刺激性	400
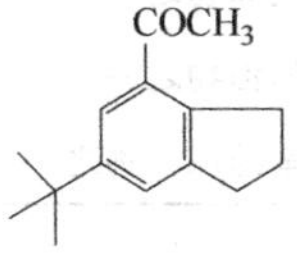 COCH₃	4-乙酰基-6-叔丁基茚满	无麝香香气	—
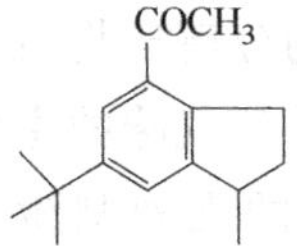 COCH₃	1-甲基-4-乙酰基-6-叔丁基茚满	麝香气味很淡	—
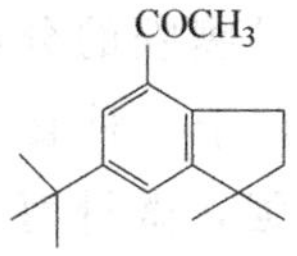 COCH₃	1,1-二甲基-4-乙酰基-6-叔丁基茚满	麝香气味极其强烈	—
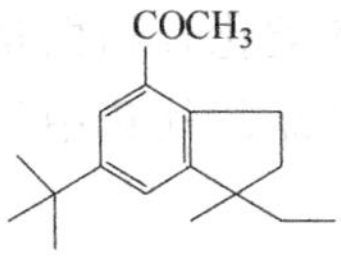 COCH₃	1-甲基-1-乙基-4-乙酰基-6-叔丁基茚满	麝香气味明显减弱	—
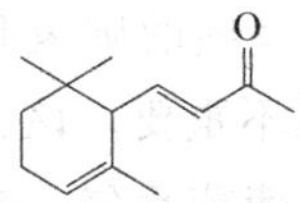 O	α-紫罗兰酮	紫罗兰花香	—
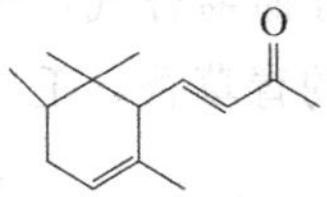 O	α-鸢尾酮	鸢尾根香	—

5. 不同结构对香气的影响

对于气味物质的结构和气味间的关系，虽然还没有取得更理性化的认识，但这类关系越来越明显，下面对几类主要香气化合物加以说明。

(1) 含硫化合物 有机含硫化合物和硫化氢有强烈的臭味，当浓度低到一定程度，与其他多种挥发性有机物共存时，化合物协同效应赋予物质以香味。

挥发性含硫化合物大多数在一些食品中仅微量存在，尽管这样，由于它们嗅感很强，依然是一些食品气味的主要贡献成分，如煮蛋产生的香气，调理甘蓝菜时产生的气味均与此类物质有关。作为气味主要贡献成分的一些含硫化合物如表2-25所示。

表 2-25 香气中含硫化合物成分

名 称	结 构	对食品气味贡献
甲硫醇	$CH_3—SH$	萝卜气味物之一
甲硫醚	$CH_3—S—CH_3$	海藻气味物之一
甲基丙基二硫醚	$CH_3—S—S—C_3H_7$	卷心菜气味物之一
二-1-丙烯基二硫醚	$CH_3CH=CH—S—S—CH=CHCH_3$	洋葱气味物之一
二-2-丙烯基二硫醚	$CH_2=CH—CH_2—S—S—CH_2—CH=CH_2$	大蒜气味物之一
β-甲巯基丙醛	$CH_3—S—CH_2CH_2CHO$	甘蓝气味物之一
2-丙烯基异硫氰酸酯	$CH_2=CH—CH_2—NCS$	大蒜催泪物之一
γ-甲巯基丙基异硫氰酸酯	$CH_3—S—(CH_2)_3—NCS$	萝卜辛辣风味物之一

硫醇类多具有恶臭，该气味随分子量增加而增强，如胱氨酸的分解产物硫甘醇具有蒜臭味；硫化丙烯类物质是韭菜、葱、蒜、洋葱等特有的香辛气味的主要成分；芥子油类的主成分 RNCS（异硫氰酸烯丙酯）具有催泪性的强烈刺激辣味；噻唑类化合物也具有较强的气味，如维生素 B_1 的米糠气味是噻唑的分解物；含硫杂环化合物中噻吩类气味物气味极强，微量而广泛存在于多种食品中，多具有焦香、肉香、坚果香或葱、蒜气味；噻唑类气味也极强，微量而广泛存在于多种食品中，多具有鲜菜、烤肉或坚果香气；多硫杂环类化合物微量出现在某些食品（如肉、香菇和蒜）中，由于气味强，在这些食品的气味中贡献较大。

(2) 脂肪族化合物 具有特征香气的脂肪醇列于表2-26，但该族的碳氢化合物具有一定石油气味，与食品香气不相调和，故与食品香气关系不重要。该族醇类气味至 C_{10} 为止随分子量而增加，此后则渐减至无味。庚醇有葡萄香气，辛醇及壬醇有蔷薇香气。具有双键的醇类香气较强，己烯醇有强烈的青草香，壬二烯醇有黄瓜香气。

表 2-26　具有特征香气的脂肪醇

名　称	结 构 式	沸点/℃	香气
庚醇	$CH_3CH_2(CH_2)_4CH_2OH$	176	葡萄香气
辛醇	$CH_3CH_2(CH_2)_5CH_2OH$	194	蔷薇香气
壬醇	$CH_3CH_2(CH_2)_6CH_2OH$	215	蔷薇香气
叶醇(3-己烯醇)	$CH_3CH_2CH{=}CHCH_2CH_2OH$	156~157	青草香气
黄瓜醇(2,6-壬二烯醇)	$CH_3CH_2CH{=}CH(CH_2)_2CH{=}CHCH_2OH$	无	黄瓜香气
香茅醇(3,7-二甲基-2,6-辛二烯醇)	$(CH_3)_2C{=}CH(CH_2)_2C(CH_3){=}CHCH_2OH$	224~225	玫瑰香气
橙花醇(反-3,7-二甲基-2,6-辛二烯醇)	$(CH_3)_2C{=}CH(CH_2)_2C(CH_3){=}CHCH_2OH$	224~225	玫瑰香气
香叶醇(顺-3,7-二甲基-2,6-辛二烯醇)	$(CH_3)_2C{=}CH(CH_2)_2C(CH_3){=}CHCH_2OH$	229~230	玫瑰香气
沉香醇(芳樟醇,3,7-二甲基-1,6,-辛二烯-3-醇)	$(CH_3)_2C{=}CH(CH_2)_2C(CH_3)(OH)CH{=}CH_2$	198~199	百合花香

　　羰基化合物多具有较强的香味,这类化合物在食品中,尤以发酵食品中的香气为多。酮类有特殊的香气。如丙酮有类似薄荷的香气;2-庚酮在丁香、肉桂的香气中存在,有梨的风味,可用以配制苹果、香蕉以及果浆类的香料;2-辛酮存在于木樨中,可以配制杏、梅、李等香料;2-十一烷酮在柠檬、橙等中存在。

　　双乙酰(2,3-丁二酮)为挥发性黄绿色液体,稀释后有奶油香气,在多种食品中存在,如咖啡、可可、啤酒、奶油、蜂蜜等。但该气味与酒的香气不相协调,酿造酒在贮藏期间因变质而引起不良气味就是因为该物质的存在。

　　醛类有多种香气,发酵食品及调理食品的香气中均有。单纯的醛类有刺激性气味,但微量的醛在食品中可使香气更加醇厚。乙醛、丁醛、戊醛等均有助于发酵食品香气的形成。己醛、辛醛、壬醛、癸醛等在各种香油中均有微量的存在而形成芳香。具有特征香气的一些不饱和醛如表 2-27 所示。香茅醛、柠檬醛有柠檬样的香气,可配制柠檬香精。2-己烯醛有青草气味。酯类由低级饱和脂肪酸与醇类化合而成,具有各种果实香味。

表 2-27　具有特征香气的一些不饱和醛

名　称	结 构 式	嗅感
叶醛	$CH_3(CH_2)_2CH{=}CHCHO$	青叶气味
甜瓜醛	$(CH_3)_2C{=}CH(CH_2)_2CH(CH_3)CHO$	甜瓜香气
黄瓜醛	$CH_3CH_2CH{=}CH(CH_2)_2CH{=}CHCHO$	黄瓜气味
香叶醛	$(CH_3)_2C{=}CH(CH_2)_2C(CH_3){=}CHCHO$	柠檬,蜂花气味
橙花醛(反-2-柠檬醛)	$(CH_3)_2C{=}CH(CH_2)_2CH{=}CHCHO$	柠檬香气
香茅醛(顺-2-柠檬醛)	$(CH_3)_2C{=}CH(CH_2)_2CH{=}CHCHO$	柠檬香气

　　(3) 芳香族化合物　此类化合物多具有芳香味。邻位和对位有相似的香

气,前者较强,间位则香气稍异,或近乎无味。芳香族醇中苯乙醇存在于发酵食品中,有蔷薇香气,氧化后则成为苯乙醛,有蜂蜜香气。酚类及酚醚中,多有强烈的香气,属香辛料的香气成分。芳香族醛类也是食品中的重要香气成分。芳香族酮类多有芳香味,但与食品的香气成分无关。芳香族酯类有较强的香气,但多应用于香水及化妆品等。与食品有关的有香菇香气成分中的桂皮酸甲酯。

(4) 环烃族化合物 此类碳氢化合物主要为萜烯化合物。该族醇中的薄荷醇具有薄荷的芳香味,且有凉的感觉。该族酮类化合物多具有类似薄荷的香气。内酯类化合物也具有特殊的香气。香豆素有樱花或枯草似的气味。芹菜籽油内酯为芹菜香气的主要成分。

(5) 含氮化合物 在食用香料中,除常见的醛类、酮类、酯类、醇类、醚类、羧酸类、环烃族化合物、芳香族化合物等香味化合物外,含氮化合物正悄然崛起,脂肪胺、含氮杂环化合物是食品风味物中的最大家族,它们的香气种类复杂多样、气味强烈,以极微量存在于香味混合物中,以至于一般的分析方法难以将其检出。由于一般均具有极高的气味强度、极低的嗅觉阈值(可低至 $0.002\mu g/kg$)以及独特的嗅觉特性,作为特效化合物,是理想的食品增香剂。

呋喃类的香气因取代基不同而异,常见香气有肉香、焦糖香、坚果香、果香或谷香;吡咯类微量存在于一些通过烤、炒、炖、炸工艺加工的食品中,例如坚果和面包中,香气特征多样;吡啶类化合物微量而较广泛存在于食品中,它们阈值低,香气多样,以青香和烘烤香较常见;吡嗪类化合物是十分重要的食品风味物,微量而广泛存在于食品中,香气非常突出,大多具有咖啡、巧克力、坚果或焙烤香气。一些天然吡嗪对蔬菜的清鲜气味贡献突出。

特征香气成分与有机杂环化合物有十分密切的关系,一方面迄今为止发现的香米特征香气成分均属于杂环化合物,另一方面许多杂环化合物与香米的香气十分相近。

在食品加工过程中,肉、脂肪和家禽产品、蔬菜、蘑菇、水果、坚果、种子、谷物和面粉制品经酶作用和美拉德反应形成香味。表 2-28 中列出了几类常见的香味杂环化合物。它广泛存在于牛奶和乳制品、烟草、酒精饮料和无酒精饮料、香精油、鱼类和其他海产品中。

在上述六类香味杂环化合物中,吡啶衍生物对食品香味的巨大贡献早在 20 世纪 70 年代就引起人们的注意,随着越来越多的吡啶衍生物在食品中的检出,如 2-乙酰基吡啶、2-吡啶甲硫醇等在调香上有着广泛使用前景的化合物出现,更增加了人们对它的兴趣。在表 2-29 中列举了已被美国食用香料和萃取物制造者协会批准可安全使用的几个吡啶衍生物的香气特征和用途,在一些文献中也可查阅到其他一些吡啶衍生物的天然存在和香气特征。

表 2-28 常见的几种香味杂环化合物的香气特征和用途

化合物	母核	食品中检出数	香味特征	用 途
呋喃衍生物	(结构式)	广泛存在	水果香、焦糖香、肉香、烤香、酱油香	肉汤料、谷物制品、口香糖、烘烤食品
吡嗪衍生物	(结构式)	>100	坚果香、烤香、青香、爆玉米花香	快餐食品、蔬菜香精
噻唑衍生物	(结构式)	>30	青菜香、番茄香、肉香、坚果香	蔬菜香精、调味料
噻吩衍生物	(结构式)	>50	坚果香、洋葱香、烤香	调味料、肉用香精、坚果香精
吡咯衍生物	(结构式)	>50	甜香、烤香、米香	坚果香精、烤香精
吡啶衍生物	(结构式)	>50	爆玉米花香、坚果香、青香、焦香、肉香	汤类香精、腌渍品调味料、糖果、谷类食品

表 2-29 部分吡啶衍生物的香气特征和用途

化合物	结构式	FEMA的序列号	香气特征	天然存在	用 途	使用量/(mg/kg)
吡啶	(结构式)	2966	辛辣味	咖啡、烟草、颠茄	烘烤食品、软饮料	0.4～1.0
3-乙基吡啶	CH_2CH_3	3394	爆玉米花香	咖啡	肉汁、汤类、烘烤食品	0.05～0.06
2-(2-甲基丙基)吡啶	$CH_2CH(CH_3)_2$	3370	—	腌渍品、汤类	0.2～0.5
3-(2-甲基丙基)吡啶	$CH_2CH(CH_3)_2$	3371	—	—	糖果、烘烤食品	0.1～0.5
2-戊基吡啶	$(CH_2)_4CH_3$	3383	烤羊肉香	炸牛肉、炒西班牙花生	汤类、腌渍品	0.1～1.0
2-乙酰基吡啶	$C-CH_3$	3251	爆玉米花香	炒马铃薯	谷物制品、乳制品	3.0～5.0
3-乙基吡啶	$C-CH_3$	3424	焦香	炒榛子	糖果、烘烤食品	2.0～3.0
2-吡啶甲硫醇	CH_2-SH	3232	烤猪肉香	—	肉制品	2.0
2,6-二甲基吡啶	H_3C, CH_3	3540	青香	大米、茶叶	谷物制品、饮料	3.0～10.0

6. 结构的形状和大小对香气的影响

高分子量香气化合物的气味除化学组成外还取决于分子结构形状大小,气味的本质因素与偶极矩、空间位阻、红外光谱、拉曼光谱、氧化性能存在一定的关系,例如:某些化合物共有的特殊结构区域与某些特征气味相关。例如麦芽酚、异麦芽酚、甲基环戊烯醇酮、羟基呋喃酮都具有环状 α-二酮的烯醇式结构,它们都具有焦糖香气。气味立体化学学说使人们对气味物结构与气味的关系有了进一步的认识。例如,苯乙酮、苯乙醇、苯乙醛和环己基乙醛分子的形状和大小相似,它们都具有花香;莰烯、2-莰醇和 1,8-桉树脑彼此结构也极为相似,它们都带有樟脑气味。

在致香化合物分子中,由于双键的存在而引起的顺式和反式几何异构体,或者由于含有不对称碳原子而引起的左旋和右旋光学异构体,它们对香气的影响也是比较普遍的。如紫罗兰酮和茉莉酮,都各有一对几何异构体,其香气特征各有所不同;在薄荷醇、香芹酮分子中都含有不对称碳原子,因此具有旋光异构体,其左旋和右旋异构体香气有很大区别(表 2-30)。

表 2-30 化合物异构体及其香气特征

结构式	名　称	香气特征	结构式	名　称	香气特征
	反-α-紫罗兰酮	紫罗兰花香		l-薄荷醇	强薄荷香,清凉感
	顺-α-紫罗兰酮	柏木香		d-薄荷醇	强薄荷香,不清凉
	反茉莉酮	无茉莉香,油脂气		l-香芹酮	留兰香香气
	顺茉莉酮	茉莉花香,油脂气		d-香芹酮	黄蒿香气

食用香料是复合调味料及食品加工中的重要原料之一,在许多情况下可以决定某种新开发食品的成败。在食品开发当中,要让未经过特殊加工的食品具有某种只有经过加工或烹调之后才能有的香气,或者是要强调某种食品的特殊香味的时候,一般是使用食用香料来实现的。有了食用香料和赋香剂就可以轻而易举地开发出各种人们所喜爱的食品,因此对香料的研发越来越受到重视。

三、食用香料和香气成分控制的研究

1. 食品香料的研究动向

食用香料有许多种，除了以动植物（包括香辣粉）为原料，采用溶剂提取法、油脂提取法、水蒸气蒸馏法等提取的水溶液、精油以及油脂的产品以外，还有采取化学催化（使用化学的和微生物酶催化剂）等方法，通过精细分离、过滤和浓缩等方法得到的产品。生产这类产品的原料不仅包括可生香的物质，也可以只使用碳源和氮源等一般性原料，通过化学的或酶等的催化作用，将含有特定成分的原料转化成香气成分，制成香料。下面就这类香料的研发状况做些介绍。

近年来，各国在研发食用香料时一般有以下方式，研究香气的前驱成分，这其中包括两个概念，一个是生物体内本身有的酶，由于酶的作用发生的香气，也就是酶反应的前驱物；另一个是非酶的由美拉德反应，即由于加热产生的香气。近年来对由酶产生香气的研究比较多。在研究香气的前驱物质方面可以提到茶。红茶是茶类中发酵程度最高的一种，红茶的香气随着发酵的进行而增强，是因为红茶叶中含的配糖体（香气前驱物质是糖苷配基）在加工过程中受核苷酶的作用，游离出了糖苷配基发出了香气。糖苷配基包括里哪醇、苯甲醇等成分。在利用生物催化法生产香气物质方面，许多人都知道若先提供香气的前驱物质，然后向其中添加生物体则可以得到许多变换物。比如在有丁醇的环境中放入白兰瓜的果实体，可以得到如丁醛、酪酸等物质，香气也得到了强化。

2. 食用香料制备技术中香气的控制

（1）酶 酶是一种具有生物催化活性的蛋白质，是一种生物催化剂。它具有催化反应条件温和、作用高度专一及催化效率高的特性。

影响酶催化反应的因素主要有以下三个方面。

① 温度 温度是影响催化作用的最重要因素之一。在一定条件下，每种酶都有一个最适温度，在此温度下，酶活力最高，作用效果最好，酶也较稳定，酶催化反应的速度增加和酶活力的热变性损失达到平衡。每种酶还有一个活性稳定的温度，在此温度下，在一定的时间、pH 值和酶浓度下，酶较稳定，不发生或极少发生活力下降，这一温度称为酶的稳定温度。超过稳定温度进行作用，酶会急剧失活。温度对酶作用的影响还与其受热的时间有关，反应时间延长，酶的最适温度会降低。另外，酶反应的底物浓度、缓冲液种类、激活剂和酶的纯度等因素，也会使酶的最适温度和稳定温度有所变化。

② pH 值 pH 值能改变酶蛋白和底物分子的解离状态。每种酶仅在较窄的 pH 值范围内才表现出较高的活力，该 pH 值即是酶作用的最适 pH 值。一般来说，酶在最适 pH 值时表现稳定，因此酶作用的 pH 值也就是其稳定的 pH 值。酶反应 pH 值过高或过低，酶都会受到不可逆的破坏，其稳定性、活力下降，甚

至失活。温度或底物不同，酶作用的最适 pH 值不同，温度越高，酶作用的稳定 pH 值范围越窄。因此，在酶催化反应过程中须严格控制反应的 pH 值。

③ 底物浓度和酶浓度　底物浓度是决定酶催化反应速率的主要因素，在一定的温度、pH 值及酶浓度的条件下，底物浓度很低时，酶的催化反应速率随底物浓度的增加而迅速加快，两者成正比。随着底物浓度的增加，反应速率减缓，不再按正比例升高。底物浓度 S 和酶催化反应速率 v 之间的关系，一般可用米氏方程式表示。有时底物浓度很高，还会因底物抑制作用造成酶反应速率下降。当底物浓度大大超过酶浓度时，酶催化反应速率一般与酶浓度成正比。此外，如果酶浓度太低，酶有时会失效，使反应无法进行。在食品加工中所进行的酶催化反应，虽然酶用量一般比底物量少许多，但也要考虑酶的成本因素。

此外，还有激活剂和抑制剂，分别具有保护、增加和减弱、抑制酶活性的作用。

(2) 美拉德反应

① 美拉德反应产生的芳香化合物　Hursten 将在美拉德反应中的挥发性香味归成三组，为考察在食品中由美拉德反应得到的挥发性化合物的原始组成提供了一种简便方法。

a. "简单的"糖脱氢-裂解产物，呋喃类、吡喃酮、环式烯、羰基化合物、酸；

b. 一般的氨基酸降解产物，醛、含硫化合物（如硫化氢、甲硫醇）、含氮化合物（如氨、胺）；

c. 由一步相互作用产生的挥发性物质，吡咯、噻唑、吡啶、噻吩、三硫杂烷、咪唑、二噻烷、三噻烷吡唑、呋喃硫醇、3-羟基丁醇缩合物。

所有这些美拉德反应产物均能用于下一步反应中，美拉德反应的随后阶段包括糠醛、呋喃酮和二羰基化合物与其他活泼物质，如胺、氨基酸、硫化氢、硫醇、胺、乙醛和其他醛，这些附加的反应将生成美拉德反应芳香产物分类中最后一组中的许多重要种类产物。

美拉德反应第一步生成 N-醛糖胺。Hodge 的传统机制认为，这一反应包括在醛糖开链结构中的羰基与氨基酸、肽链和其他 α-氨基之间的加和反应。虽然许多学者认为环状呋喃糖或呋喃糖的结构（这是水溶糖中最常见的结构）很可能被包含在其中，但是，发生在开链糖之间的反应还是很方便的。随后的脱水和分子重排生成 1-氨基-1-脱氧-2-酮糖（Amadori 产物）。相同次序的反应发生在酮糖的生成上，先生成 N-酮糖胺，N-酮糖胺再经过 Heynes 重排得到相关的 2-氨基-2-脱氧醛糖。

这些 Amadori 和 Heynes 法生成的中间产物本身并不能发出香味，但它们是形成香味物质的重要前体。它们对热不稳定，经过脱水和脱氨生成糠醛、还原酮及其分裂产物，如二羰基产物。在反应条件下，产物的性质决定于 Amadori 产物中氨基取代基团的性质。在低 pH 值下倾向于生成 1,2-烯醇，从 1,2-烯醇的异构体脱氢得到 3-脱氧酮，脱水和环化生成糠醇。在高 pH 值下倾向于生成 2,3-烯醇，再脱氨基生成 1-脱氧酮。进一步的脱水和分子内环化可以从戊糖得到 5-甲基-4-羟基-3(2H)-呋喃酮，或从己糖得到 2,5-二甲基同系物。麦芽酚(2-甲基-3-羟基-4HR-吡喃酮)、5-羟基-5,6-二氢麦芽糖和异麦芽糖 [1-(3-羟基-2-呋喃基)-乙酮] 都是重要的己糖脱水产物。

含硫氨基酸是许多能使食物发出特殊香味的含硫杂环化合物的重要来源，在 Strecker 降解半胱氨酸时，生成硫化氢、氨和乙醛，同时得到预期的 Strecker 醛、硫基醛和氨基醛。这些化合物作为重要的活泼中间体，生成许多具有低浓度阈值的含氮、含硫化合物，它们在许多食物风味形成中起重要作用，其中肉味的形成就是最好的例子。

美拉德反应的初始阶段生成许多氧化糖降解产物，这与含有一个或更多羰基糖的焦化反应得到的产物相似。但是，在美拉德反应中，它们是在比糖焦化反应低的温度下反应生成的，可以用于进一步反应。其他的活泼产物，比如 Strecker 醛、氨气和硫化氢也同时生成，它们也是生成与食物特殊香味有关产品的中间产物的基本来源。

② 影响美拉德反应的因素　美拉德反应的产物既与参加反应的氨基酸和单糖的种类有关，又和受热温度、时间、体系的 pH 值、水分等工艺因素有关。一般说来，反应的初级阶段首先生成 Strecker 醛，进一步相互作用生成有特征香气的内酯类、呋喃和吡喃类化合物等嗅感物质，属于反应初期产物（包括受热温度较低、时间较短）；随着反应的进行相继生成有焙烤香气的吡咯类、吡啶类化合物等，属于反应中后期产物（包括受热时间较长、温度较高）。巧克力和可可的香气中的 5-甲基-2-苯基己烯醛也被认为是美拉德反应生成的醛类相互作用的产物。单糖受热后的葡萄糖环化是生成苯酚类化合物的途径。

在香味形成的美拉德反应中，大部分的研究都是在由一种单一的氨基酸与还原糖或糖的降解产物组成的模拟系统中进行的。在很多情况下，反应在水溶液中进行。即便在这样"简单"的系统中，挥发产物的数量还是非常大的。对结果的解释只能限于香味形成的假定机理和对感官效用的评估，而对美拉德反应中香味化合物的生成过程缺乏有力的数据。在模拟研究中得到的情况很可能适用于其他的食物加工系统。把氨基酸和糖的混合物冷却保存能显示美拉德反应逐渐变色的迹象。反应随温度上升迅速加快，与烹调有关的目标香味和褐色深浅是随着烹调时温度的上升而逐渐形成的。一般认为，温度低反应缓慢，温度高反应加速，一般在 100～160℃，最高不超过 180℃。

在美拉德反应中，水分是必需的，但是水分过多又会抑制反应。一般是在原料溶解情况下进行反应，含水量通常在 90% 以下。人们认为水分活度在 0.65～0.75 时，美拉德反应能达到最大的反应速率。当水分活度变化范围为 0.32～

0.84，在不含脂肪的牛奶中对吡嗪形成作动态研究，Leshy 和 Reinecems 发现，当水分活度大约为 0.75 时，吡嗪的生成速度达到最大值。在其他种类挥发物中，水分活度对反应速率上升或下降的影响取决于它们的形成是否需要水的参与。

pH 值偏酸性时会抑制反应进行，pH 值偏碱性时会加速反应进行。当 pH 值大于 7 时，美拉德反应颜色生成得很快。因为在低 pH 值时，由于氨基的反转而使美拉德反应中间产物变得不活泼，从而得不到大量的类黑糖（色素）。同样可以说明随 pH 值的增大，吡嗪在模拟系统中的生成速度加快。当 pH 值小于 5.0 时，反应得不到吡嗪。一般控制 pH 值在 8 以下，加入磷酸盐和柠檬酸盐使反应加速。

还原糖的种类不同，则反应速率也不同。实验发现，在 37℃ 下，含水量 15% 时的反应顺序为：木糖＞阿拉伯糖＞葡萄糖＞乳糖和麦芽糖＞果糖。葡萄糖的反应活性是果糖的 10 倍。蔗糖只有在较高的温度时才水解出单糖而发生反应。

糖和氨基酸的结构不同，美拉德反应的产物也不同。果糖、麦芽糖分别与苯丙氨酸反应产生的是一种令人不快的焦糖味和令人愉快的焦糖甜香，而前一个产物在有二羟丙酮存在的条件下则生成紫罗兰香气。葡萄糖和甲硫氨酸反应产生烤焦的土豆味，而二羟丙酮与甲硫氨酸可形成类似烤土豆的气味。在葡萄糖的参与下，脯氨酸、缬氨酸和异亮氨酸会生成好闻的烤面包香味；而改为蔗糖等非还原二糖时，则产生不愉快的焦炭气味；但用还原二糖麦芽糖替代葡萄糖时，则形成烤焦的卷心菜味。研究表明，核糖与各种氨基酸共热也能产生丰富多彩的嗅感变化（见表 2-31）。而在同样条件下只加热含硫氨基酸仅产生硫黄气味。

表 2-31　核糖与氨基酸加热时产生的嗅感特征

嗅感特征＼温度＼氨基酸	100℃	180℃
甘氨酸	麦焦气味	烤糖气味
脯氨酸	面包瓢气味	烧烤气味
丙氨酸	柔和麦焦香	甜麦芽焦糖味
色氨酸	油腻的糖甜味	油腻的甜味
缬氨酸	不快的甜味	烤巧克力气味
组氨酸	微苦麦焦太妃糖味	微焦的麦芽香
亮氨酸	苦杏仁味	烤面包味
异亮氨酸	不快的芳香味	烤奶酪味
赖氨酸	焦黄气味	面包气味
精氨酸	烤糖气味	苦的烤糖味
苯丙氨酸	尖辣的花香	芬芳的麦芽花香
甲硫氨酸	硫黄味,臭鸡蛋味	烤肉的外皮香气
酪氨酸	微麦焦气味	弱的烤糖味

续表

嗅感特征／温度 氨基酸	100℃	180℃
半胱氨酸	硫黄味,臭鸡蛋味	硫黄味、香辛肉气味
胱氨酸	煮硬的鸡蛋黄味	硫化氢臭气
丝氨酸	甜肉汤味	焦糖气味
天冬氨酸	面包碎屑气味	焦黄面包气味
天冬酰胺	愉快的烤糖香	奶油苦糖味
谷氨酸	微甜肉香,有后味	烤肉香气
谷酰胺	烤糖焦香	苦浓汤味
肌酸	微咸	微焦甜味
牛磺酸	太妃糖香气	不快的辣烤麦芽味
α-氨基丁酸	不快的烤糖味	槭树气味
β-氨基丁酸	烤糖气味	槭树气味

注：本表摘自《食品风味化学》。

另外，不同种类的氨基酸参与美拉德反应的难易程度不同，在同样的反应温度下降解的程度不同。在120～135℃范围内羟基氨基酸降解率最高，到150℃芳香族氨基酸降解速率最大，而脂肪族氨基酸的降解速率在上述的温度范围内都是最低的。葡萄糖与氨基酸加热1h后的降解率见表2-32。

表 2-32 葡萄糖与氨基酸加热 1h 后的降解率

降解率／温度 氨基酸	120℃	135℃	150℃
直链 AA	20%～28%	40%	45%
侧链 AA	—	42.5%	
羟基 AA	42%	—	90%
芳香 AA	23%		60%
酸性 AA	36%		51%
含硫 AA	41%		52%
碱性 AA	20%～29%	40%～45%	—

(3) 微胶囊技术

① 微胶囊的释放机理 微胶囊所含的芯材既可以立刻释放出来，也可缓慢释放出来。如要使所有的芯材立刻释放出来，可采用机械法（如加压、揉破、毁形或摩擦等）、加热下燃烧或熔化法以及化学方法（如酶的作用、溶剂及水的溶解、萃取等）。在芯材中掺入膨胀剂或应用放电或磁力方法也可使微胶囊即刻释放。而缓慢释放则是在环境中芯材缓慢释放出来，一般不需要外加条件。食用香精经常要求缓慢释放，以提高作用效果。芯材的释放有下面三种机理。

a. 活性芯材物质通过囊壁膜的扩散释放。这是一种物理过程，芯材通过囊壁膜上的微孔、裂缝或者半透膜进行扩散而释放出来。微胶囊遇到水会逐渐吸胀，水由囊壁膜渗入开始溶解芯材，此时出现了囊壁内外的浓度差，水的继续渗入会使芯材的溶解液透过半透膜扩散到溶剂中，扩散过程持续进行到囊壁内外浓度达到平衡或整个囊壁溶解为止。

b. 用外压或内压使囊壁膜破裂释放出芯材。此类方法也是使芯材得以释放的一种有效方法，一般而言，借助各种形式的外力作用使囊壁破裂释放出芯材，或在内部靠芯材的自身动力使囊膜降解而释放出芯材。

c. 用水等溶剂浸渍或加热等方法使囊膜降解而释放出芯材。如对一些用在像焙烤食品中的微胶囊化香料或酸味剂来说，就是利用在一定温度下囊壁的熔化而释放出芯材来发挥其作用。

② 影响微胶囊囊芯释放的因素

A. 微胶囊囊芯释放的理想化模式。理想化的模式是为了在理论探讨时使问题简单化，这一模式是将胶囊壁当作一种囊壁厚薄一致，连续均匀成一体，而且在囊芯释放过程中都保持尺寸大小不变的圆球形状。将这样一种理想化的微胶囊样品浸到含有大量介质水环境中，这时在微胶囊上依次发生三种过程：环境中的水透过胶囊壁材进入到胶囊核心，囊芯物质溶解到进入的水中形成水溶液，溶解的囊芯水溶液从胶囊内高浓度区扩散到胶囊外的水相中。按照这种模式，囊芯向外扩散时遇到三种阻力，一是溶剂（水）穿透胶囊壁进入胶囊内所遇阻力，二是囊芯溶解在进入水中的阻力，三是囊芯水溶液通过胶囊壁材内外扩散所遇阻力，总阻力为这三个阻力之和。一般认为，水穿透胶囊壁和囊芯溶解到水中是较容易的，而囊芯向外扩散所遇的阻力最大。根据反应动力学原理、一个由几步过程串联组成的反应中，总的速率是由各步速率中最慢的一步速率所决定的，因此，囊芯扩散速率决定于囊芯透过囊壁向外扩散的速率。研究囊芯从胶囊缓释的速率时，只需求出其渗透扩散速率。

B. 囊壁结构对囊芯释放的影响。

壁材膜厚度的影响。与理想状况不同，在实际生产中，由于微胶囊种类和制作工艺的不同，制成的微胶囊大小和囊壁的厚度不同。即使同一批产品，其中胶囊的大小及囊壁的厚度也不可能都完全一样；即便同一个微胶囊，在其壁膜的不同部位也有不同的厚度。胶囊壁厚薄的不一致造成了囊体扩散速率的不一致。囊壁厚，则扩散速率慢。

囊壁上孔洞的影响。微胶囊壁并非均匀连续的结构，囊壁上是具有孔洞的，囊芯可以通过囊壁上的孔洞向外扩散，而且通过孔洞向外扩散的速率要大于通过连续体扩散的速率，因此，孔隙率高的囊壁释放速率高。

壁构变形的影响。在实际环境中，有些微胶囊的壁材会因吸水而溶胀，改变了壁上的孔隙率，甚至吸水膨胀成一种胶状层，阻止了囊芯向外扩散（如明胶）；有的壁材受水相中 pH 值的影响，如邻苯二甲酸醋酸纤维素酯在 pH 值超过 5.5 时，壁材从不溶变为可溶，使囊芯迅速扩散。这些结构变化都会导致囊壁对囊芯扩散阻力的改变，影响其扩散速率。

壁材结晶度的影响。固体囊壁中有结晶区和无定形区结构，囊芯一般不能通过紧密排列的结晶区向外扩散，只能通过无定形区向外扩散，因此，高聚物壁材的结晶度不同会影响其囊芯扩散的阻力，结晶度高的壁材阻力大。

壁材性质的影响。壁材种类不同，形成的微胶囊释放速率也不同，在其他条件相同的情况下，部分壁材的释放速率为：明胶＞乙基纤维素＞乙烯-马来酸酐共聚物＞聚酰胺。

明胶可与负电荷的聚电解质（如果胶、褐藻酸钠、阿拉伯树胶等）凝聚形成微胶囊壁膜，其中明胶与果胶形成的壁膜释放速率较慢，而明胶与褐藻酸钠形成的壁膜释放速率较快。有些微胶囊在制备中使用了交联剂，使胶囊壁硬化，囊芯溶液只能通过交联的网眼向外扩散。因此，交联度越大，对囊芯扩散的阻力也越大。有些囊壁中混有填料等添加剂，囊芯只有绕过它们才能扩散出去；如果壁材中加有增塑剂，则囊壁硬度会降低，玻璃化温度下降，而使囊芯易于扩散。

C. 囊芯的物理特性对释放速率的影响。除了壁材的各种因素之外，囊芯本身的物理特性对释放速率也有重要影响。

溶解度。囊芯形成的水溶液浓度与胶囊外水相的浓度差是推动囊芯物质向外迁移的推动力，对于易溶于水的囊芯（固体或液体），因很快地能在进入的水中溶解，并在核心内达到饱和浓度，因此它透过壁材向外迁移的推动力很大，不会影响囊芯释放的总速率，而对于难溶于水的囊芯物质，由于其在微胶囊内的溶解度很低，核心内浓度与胶囊外浓度差别小，向外迁移的推动力小，其溶解阻力就可能成为囊芯向外扩散三种阻力中的主要阻力，即囊芯在水中的溶解速率成为控制囊芯向外扩散速率的关键因素。

扩散系数。一般物质在水介质中的稳态扩散速率遵循费克第一定律，在单位时间内，物质通过指定平面向低浓度区扩散的质量与这一平面处的浓度梯度及面积成正比。囊芯的扩散有水中扩散和膜中扩散两个阶段，而易溶囊芯在水中扩散较快，在壁膜中的扩散速率才是囊芯释放速率的决定因素。

分配系数。囊芯不仅可以溶解在水相中，还可以溶解在固体胶囊壁材中，因此，囊芯通过壁材膜的释放速率实际上受其在壁膜中溶解度的影响，溶解度大的释放速率也大。囊芯在壁膜中的溶解度可从它在水相和膜相中的分配系数来估计。

第三章

食品调味料的滋味化学

第一节 滋味化学的概念

滋味是由口腔中的水溶性分子与舌头上的受体相互作用所产生的一种感受。这些水溶性化合物可以被描述为有滋味的或有风味的物质,简单地被称为味感物质。这些化合物可能具有某些呈味的基团。气味是由气态的挥发性物质接触嗅觉系统黏膜上的受体而呈现出的一种感受。这些气态挥发性物质被描述为有气味的物质,简单地被称为嗅感物质。味道是由化学物质所引起的,但对味道的化学本质的理解需要多学科的背景。这种从介绍味道的普通化学知识开始,并兼有生理学和物理学方面衍生出来的知识,所产生的一门学科被称为滋味化学(taste chemistry)。

一、味觉生理基础与形成过程

人的味觉感受组织是舌头。舌面上共有 50 多万个味觉细胞,每 40～60 个味觉细胞组成一个味蕾,味蕾上分布着许多味觉神经末梢。当饮食或抽烟时,食物或烟气进入口腔,首先与唾液混合,然后与味蕾上的味觉神经末梢接触引起刺激,传递到大脑中枢,产生味觉。

由此可知:①无味蕾区就无味觉,如舌头上面的中部和舌头下面无味蕾,因此这些区域不会产生味觉;②缺少唾液的口腔以及不能溶于唾液的物质,往往不能引起味觉。

二、味觉的四种属性

味觉的四种属性使得每个人对味觉的感受都不一样:品性、强度、瞬时性和空间分布性。

品性（quality）是一个描述性名词，用于对味感分类。现有 5 种主要的味觉品性：甜、酸、咸、苦和鲜。味感的品性是其单一的最重要的特征。

强度（intensity）是由呈味物质在一定时间内产生的味觉大小的量度。一个鲜味物质的味感强度可以与其浓度作图，得到味感曲线（图 3-1）。强度也是味觉的一个重要属性。啤酒中 5mg/L 和 100mg/L 异 α-酸所产生的味感强度的差异非常明显，100mg/L 会使啤酒的味道产生一种强烈的不愉快感。

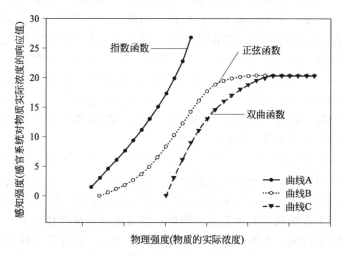

图 3-1　精神物理学曲线的三种例子

曲线 A 是来自于听觉系统的一条理论型的精神物理学曲线；曲线 B 和 C 均是来自于味觉系统的一条理论型精神物理学曲线。听觉强度随着增加的分贝呈指数函数递增，味觉感知强度则在味觉强度最大时达到饱和状态

瞬时性（temporal）是指某一物质的味感强度具有时效性。例如，异 α-酸具有较长时间的苦味，而脲的苦味则相对较短。

空间分布性（spatial patterns）是指味觉的感受区域在舌头和口腔的分布具有空间区位性。例如，异 α-酸强烈刺激舌根部的苦味感受区域和喉部区域，但对舌前区域则相对无影响，而喹啉盐酸盐产生的苦味则刺激舌头的侧面以及舌头的前、后区域。

第二节　食品调味料的滋味种类

一、基本味觉

人们通常都接收有限的基本味道，这些基本味道组成了所有食物的味道。和基础颜色一样，这些基本味道只对应人类的感受器。21世纪之前，人们认为这些味道可以分为四种。直到最近，第五种味道"鲜"才被这一领域的大量作者所提出。因此可以认为，目前被广泛接受的基本味道有五种，包括苦、咸、酸、甜以及鲜味。

1. 苦味

苦是味觉中最敏感的一个，许多人将其理解为不愉快的、锐利的或者无法接受的感觉。常见包含苦味的食物和饮品包括咖啡、原味巧克力、南美的巴拉圭茶、橘子酱、苦瓜、啤酒、浓生啤、橄榄、橘皮、十字花科的许多植物、蒲公英嫩叶以及莴苣等。在金鸡纳树树洞积水中发现的奎宁因为其苦味出名。其他物质引起苦味的阈值通常与奎宁作比较，奎宁的苦度被定义为1。比如，马钱子碱的苦度是11，这意味着比奎宁更苦，并且在更低的阈值下即可识别出苦味。而目前已知最苦的物质是苦度为1000的人造化合物苯甲地那铵，被用作厌恶剂加入有毒物质中以避免误食。这是1958年研究一种局部麻醉剂利多卡因的时候，被苏格兰爱丁堡的麦克法伦·史密斯发现的。

一般认为苦味物质分子中必须存在分子内氢键，即分子中有氢供给基和氢接受基，它们之间的距离（分子内氢键距离）在1.5Å以内。分子内氢键的形成使整个分子的疏水性增高。一般苦味物质的呈味阈值比酸、甜、咸味物质要低得多，这就是由于苦味物质大多是疏水物质，容易吸附在味受体膜上。另外，像奎宁这样的苦味生物碱，在中性条件下大都带有正电荷，由于味受体膜表面带有负电荷，这样带正电荷的苦味物质就特别容易吸附于味受体膜上，因此呈味阈值就非常低。

研究表明，TAS2R（味觉感受器类型2）系列的感受器，例如TAS2R38是与G蛋白味导素耦合来得到人类所尝出苦味能力的。他们除了通过尝出不同的苦味配体之外，还通过感受器本身的形态（表面、单体）来获得这种尝出苦味的能力。研究人员用两种人造物质苯硫脲（PTC）以及丙硫氧嘧啶（PROP）来研究苦味感受器的相关基因。对于某些人来说，这两种物质都是苦的，而对于其他一些人来说则似乎尝不出来。而有些人则被认为是超级品尝家，这些人认为PTC和PROP都是极端发苦的物质。人们对这两种物质的苦味敏感度差异来自于TAS2R38的两种常见等位基因上。对于研究遗传学的人来说，这种品尝苦味能力的基因差异已成为一种非常有吸引力的研究领域。此外，对于研究进化论以及研究健康学的人来说，也是一个有趣的领域，因为PTC的品尝能力和品尝其他众多自然苦味化合物的能力是有关的，其中许多被认为是有毒的。而能在低阈值下品尝出这些苦味有毒的化合物，是一个很重要的保护机制。在人类的世界里有许多食物处理技术，这些技术能去除原本不宜食用的食物中的有毒物质，并让其变得更加可口。近年来，研究人员推测这种对TAS2R族有关基因的选择性限制被弱化的现象，与这部分基因的高突变和（或）假基因化概率有关。

　　食品中有不少苦味物质。单纯的苦味人们是不喜欢的，但当它与甜、酸或其他味感物质调配适当时，能起到丰富或改进食品风味的特殊作用，如苦瓜、莲子的苦味被人们视为美味，啤酒、咖啡、茶叶的苦味也广泛受到人们的欢迎。呈苦味的物质数量非常多，其结构也多种多样。植物性食品中常见的苦味物质是生物碱类、糖苷类、萜类、苦味肽、氨基酸等；动物性食品常见的苦味物质是胆汁和蛋白质的水解产物等；其他苦味物质有无机盐（钙、镁离子）、含氮有机物等。

　　常见包含苦味的食物和饮品包括咖啡、原味巧克力、南美的巴拉圭茶、橘子酱、苦瓜、啤酒、浓生啤、橄榄、橘皮、十字花科的许多植物、蒲公英嫩叶以及莴苣等。

2. 咸味

　　物质的咸度是以氯化钠作为基准的（就如拿奎宁作为苦度的基准一样），其值为 1。钾盐，例如氯化钾，也是盐物质的重要组成之一，其咸度为 0.6。而其他的一价阳离子如氨盐，以及元素周期表中碱土金属族的二价阳离子如钙离子，通常会激发苦味而不是咸味，虽然它们能够通过离子通道进入舌头的细胞中，并激发动作电位。

　　咸味通过味觉细胞上的离子通道感知，主要是由钠离子引起的。其他碱金属离子也可以使人尝出咸味，不过离钠越远的咸味越不明显。比如锂离子和钾离子的大小和钠离子的大小最接近，因此也和钠离子的咸度最接近。与此相反，铷、铯离子的大小超大，因此其咸味相对会有差异。

　　在自然界存在许多具有 NH_4^+、Na^+、K^+、Ca^{2+}、Mg^{2+} 等阳离子的盐，食盐的咸味仅 NaCl 具有，其他的盐都呈不同的味感。例如，与 NaCl 阳离子相同的盐 Na_2SO_4 和 Na_2HPO_4，其味感与 NaCl 大不相同。另外，与 NaCl 阴离子相同的盐如 KCl 等也与 NaCl 呈不同的味感。这些都说明咸味的味感决定于阳和阴两种离子。尽管咸味是中性盐呈现的味感，但除 NaCl 外，其他中性盐的咸味均不够纯正。

3. 酸味

　　引发酸味的物质的酸度以稀盐酸为基准的，该基准值为 1。作为比较，酒石酸的酸度为 0.7，柠檬酸为 0.46，碳酸为 0.06。检测酸味的机制和检测咸味的机制类似，细胞表面的氢离子通道检测组成酸和水的水合氢离子（H_3O^+）浓度。

　　酸是一种检测化学酸的机制。酸味就是氢离子的味，但是在同一 pH 条件下，由于酸的阴离子不同，酸味的强度也不一样。在相同 pH 下不同酸的强弱顺序为醋酸＞甲酸＞乳酸＞草酸＞盐酸。在相同 pH 时一般有机酸的强度大于无机酸。酸味物质中的阴离子对酸的强度的影响是由于酸对味细胞的吸附方式不同所引起的。Beidler 认为由于有机酸比无机酸容易吸附于味细胞膜，吸附在膜上的有机酸的负电荷中和膜表面的正电荷，结果膜表面的正电荷减少，从而减少对氢离子的排斥力。

氢离子可以穿透氨氯吡脒敏感通道，但这并不是唯一的检测酸味大小的手段，其他通道已经在相关文献中提出。氢离子还会钝化能够超极化细胞的钾离子通道。酸通过摄入氢离子（使得细胞被反极化），并且钝化超极化通道，使得味觉细胞发起一次神经刺激。此外，对于如碳酸这样的弱酸而言，存在碳酸酐酶将其转变为碳酸氢离子，以辅助弱酸的转运。

食品中常用的酸味物质有醋酸、柠檬酸、苹果酸、酒石酸、乳酸、抗坏血酸、葡萄糖酸、磷酸。

包含酸味的常见自然食品是水果，例如柠檬、葡萄、橘子以及某些甜瓜。酒通常也含有少量某种酸。如果牛奶没有被正确保存，也会因发酵而变酸。除此之外，中国山西的老陈醋也是以酸著称。

4. 甜味

甜通常指那种由糖引起的令人愉快的感觉。某些蛋白质和一些其他非糖类特殊物质也会引起甜味。甜通常与连接到羟基上的醛基和酮基有关。甜味是通过多种 G 蛋白耦合受体来获得的，这些感受器耦合了味蕾上存在的 G 蛋白味导素。要获得甜的感觉，至少要激活两类"甜味感受器"，才能让大脑认为尝到了甜头。因此，能让大脑认为是甜的化合物必须是那些能够与两类甜味感受器或多或少相结合的物质。这两类感受器分别是 T1R（2＋3）（异质二聚体）以及 T1R3（同质二聚体），它们对于人类和动物来说负责对所有甜味感觉的识别工作。

1967 年 Sehallenberger 等人首先提出 AH-B 理论，认为在甜味物质的分子中都存在着氢供给基（AH）和氢接受基（B），并且两者的距离为 2.5～4.0Å（平均为 3Å）。接受甜味物质的味觉受体也同样有 AH 基和 B 基，甜味物质的 AH 基和 B 基与受体的 AH 基和 B 基间以氢键结合，从而引起甜的味感。后来 Kier 进一步发展了 AH-B-X 理论，即对于强的甜味物质分子还必须存在第三个结合部位（X），并认为 X 一般为疏水基团，它与甜味受体的疏水部位结合，从而稳定甜味物质与甜味受体之间的结合。糖精、环己基氨基磺酸钠低浓度就具有甜味就是因为在这些物质的分子中存在 X 部位。

甜味物质的检出阈值是以蔗糖作为基准的，蔗糖甜度设定为 1。人类对蔗糖的平均检出阈值为 0.01mol/L。对于乳糖来说，则是 0.03mol/L，因此其甜度为 0.3（在甜味剂列表中指出为 0.35），5-硝基-2-丙氧基苯胺（超级甜味剂，可能有毒，在美国被禁用）则只需 $2\mu mol/L$（甜度约为 4000）。

甜味物质除了以蔗糖为代表的糖类以外，还有各种各样非糖类的物质，如氨基酸、肽、蛋白质、配糖体等。

5. 鲜味

1907 年池田菊苗发明了味精（谷氨酸单钠盐）这种食品添加剂，它能产生极强的鲜味。鲜味是由如谷氨酸等化合物引发的一种味觉味道，通常能在发酵食品中发现。在英语中会被描述为肉味（meatiness）、风味（relish）或者美味（savoriness）。日语中则来自于指美味可口的 umai（旨い）。中文的"鲜"字，则是来自于鱼和羊一同烹制特别鲜，而将此两字组合指代鲜味的这一传说。中日两国的烹饪理论中，鲜味是一个很基础的要素，但在西方却不太讨论这一感觉。

在 ISO 3972：1991 中，首次将鲜味作为基本味觉。主要的鲜味物质有氨基酸和核苷酸类。代表性的氨基酸类有谷氨酸钠（MSG，也称为味精）；核苷酸类有 5′-肌苷酸（5′-IMP）、5′-鸟苷酸（5′-GMP），这些物质所呈现的鲜味稍有差异但相互之间非常相似。

人类存在接受氨基酸刺激的特殊味觉感受器。某些鲜味味蕾对于谷氨酸的响应方式和其对糖所引发的甜味的感受方式相同，谷氨酸能和许多不同的 G 蛋白耦合受体结合。

氨基酸是蛋白质的基础组件，它们在肉类、奶酪、鱼等富含蛋白质的食品中都可以轻易被发现。例如，牛羊肉、意大利奶酪、羊乳干酪、生抽、鱼露中存在谷氨酸。在钠离子（食盐的主要成分）的共同作用下，谷氨酸是最鲜的。含有鲜味和咸味的酱料在烹饪中非常受欢迎，例如在中餐中常用的生抽、鱼露，在西餐中则常用辣酱油。

除此之外，鲜味还可以通过核苷酸类的肌苷酸和鸟苷酸来获得。它们在许多富含蛋白质的食品中都可以找到。肌苷酸在许多食品中的含量都很高，例如用来做日本鱼汤的去骨吞拿干鱼片。鸟苷酸则在香菇中有很高的含量，而香菇正是许多亚洲菜的原材料之一。谷氨酸单钠盐、肌苷酸和鸟苷酸这三种化合物以一定的比例混合，可以互相增强其鲜味。

二、其他味觉

舌头其实可以获得有关食物的其他感觉，而不是仅仅局限于化学引起的味道，甚至仅局限于 5 种基本味道。还有很多舌头感受到的味觉是和触觉系统有关的。

1. 辣味

诸如胡椒碱和辣椒素等物质可以通过刺激三叉神经引起烧灼感，并同时刺激其他平常味觉感受器来获得。辣所引起的热感是通过激活神经中的 TRPV1 和 TRPA1 两个通道引起的。从辣椒中提取的辣椒素，以及从黑胡椒中提取出的胡椒碱，是两种主要的能引起辣味的来源。

这种感觉在技术上并不认为是一种味道，因为它是通过与化学感受器细胞锁链神经无关的另一组神经传递到大脑的。虽然在此时味觉神经也会被激活，但辣味中引起灼热感的实际是舌头上感受热量和痛楚的那组神经受到刺激所引起的。身体多数暴露的黏膜组织例如鼻腔、指甲缝以及伤口，尽管没有任何味觉感受器，也可以通过暴露在相同的热感配体下得到类似的热感。

将辣味物质放在老鼠的舌头上，其味觉神经没有反应，为此，有人认为辣味不是纯粹意义上的味，辣味感只是来自辣味物质刺激口腔黏膜引起的痛觉。尽管存在这种观点，在实际生活中辣味仍被人们看作是一种非常重要的味，要讨论食物的滋味，是不可能将辣味除外的。对辣味产生机理的研究甚少，但是对辣味物质的化学结构有较多研究。

按化学结构可将辣味物质分为：①酰胺类，如辣椒中的辣椒素、胡椒中的胡椒碱；②异硫氰酸酯类，如芥末中的辣味物质；③硫化物，如葱、蒜中的二丙烯基二硫化物；④邻甲氧基酚基化合物，如生姜中的姜酮、姜酚、姜醇。

辣椒、花椒、生姜、大蒜、葱、胡椒、芥末和许多香辛料都具有辣味，是常用的辣味物质，但其辣味成分和综合风味各不相同，分别有热辣味（如辣椒素）、辛辣味（姜酚、姜酮等）、刺激性辣味（如异硫氰酸酯）等。

2. 清凉

某些物质可以激活冷感三叉神经感受器，人们可以通过诸如绿薄荷、薄荷醇、乙醇或者樟脑来获得这种清凉的体验。这其实是食物中的化学物质激活了神经中的 TRPM8 离子通道，因此引发了冷感。不像某些代糖所描述的那样，这些物质并非真的使得温度下降，而只是一种被诱发的幻觉而已。

3. 涩味

某些食物，如含有单宁或草酸钙的未熟水果，会在口腔黏膜或者牙齿上引起一种微苦或者粗糙的感觉。有类似味道的食品还包括茶、红酒、生柿子以及生香蕉等。当舌头表面的蛋白质与单宁等化合物作用而产生凝固时会引起收敛的感觉，此时感到的滋味便是涩味。食品中的涩味物质通常对食品风味产生不良影响，如香蕉、柿子未成熟时含有较多的多酚类物质，食用这些未成熟水果时会使人感到不舒服。但也有涩味的存在有益于形成食品的风味，如茶水的涩味是茶的风味特征之一，是由可溶性单宁形成的。葡萄酒是同时具有涩、苦和甜味的酒精饮料，不过通常不希望葡萄酒的涩味太强。除了单宁等多酚类可以产生涩味外，一些金属（如铁）、醛类等物质也会产生涩感。

在英文中这类感觉有很多种说法，例如干（dry）、糙（rough）、躁（harsh，用于评论酒）、酸涩（tart）、略酸（rubbery）、辣（hard）和收敛的（styptic）。

在印度的传统中，这是 6 种基本味道的其中一种（甜、酸、咸、苦、辣和涩），而日本文化中的第六种味道是鲜。

4. 油腻

近期的研究发现可能存在一种称为 CD36 感受器的味觉感受器，它能对脂肪产生反应，更具体的说是脂肪酸。这种感受器在家鼠中被发现，也很可能存在于其他的哺乳类动物。在实验中，存在某种阻碍该感受器发挥作用的基因缺陷的家鼠，对于含脂肪酸的食物不像普通家鼠那样特别青睐，并且在进食脂肪或油的时候，其消化系统无法应激产生胃酸等消化液。这一发现对油类食物的各种行为研究提供了更好的理解，尽管还需要更多的实验来证实 CD36 感受器和识别脂肪之间的关系。

5. 麻

除了中国四川地区之外，图巴巴卡人的菜品种也包含了一种麻的味道，这种发麻的刺激感觉是由诸如花椒等香料引起的。川菜和印尼北苏门答腊省地区菜系通常将这种味道和辣椒引起的辣味相结合，制造一种麻辣的感觉。

6. 金属味

主要是由 Cu^{2+} 或 $FeSO_4 \cdot 7H_2O$ 所产生的金属离子的味道。或者以日常的场景说，口腔因某种情况下出血的时候，或者把单块铁质硬币放在舌头上，都会尝到（注意：将不同金属的两块硬币置于口中，会因为电位差导致味觉响应，这并非金属的味道）。这时候不仅仅是味觉在发挥作用，同时嗅觉感受器也在发挥作用（Guth 和 Grosch，1990 年）。这种能力并非为了让人们去品尝真正的金属，而是因为血液中含有铁离子（某些生物的血淋巴则以铜离子来替代铁离子的氧气运输功能），拥有这种能力能让肉食动物分辨猎物位置，或者让捕食动物热衷于含血的新鲜肉类食物。金属味很多人都知道，但是生物学家不太愿意将其归类为一种基本的味道。其中一个重要的原因是，它通常和我们日常吞食的食物没有什么关系。而支持者则对此提出抗议，认为人们确实可以轻易分辨出这种味道，因此金属味应该被认为是一种通过化学感受器获知的基本味道。在 ISO 3972：1991 中，首次将金属味列入了基本味觉。

三、味觉系统组成与产生的机理

味觉是指食物在人的口腔内对味觉器官化学感受系统的刺激并产生的一种感觉。不同地域的人对味觉的分类不一样。在五种感觉当中，人们对味觉的了解最少。味觉是人体重要的感觉器官，我们把味觉分为广义的味觉和狭义的味觉。广义的味觉是指食物从口腔进入消化道的过程中的感觉，包括心理的、物理的和化学的三种味觉；狭义的味觉即化学味觉，是口腔内舌面上的味蕾所感受到的味觉。本书中主要阐述化学味觉。

1. 味觉系统的组成

（1）舌部结构 谈到味觉系统，人们首先会想到舌头，因为舌头有辨别味道的功能。这种功能与它的结构密切相关。舌由表面的黏膜和深部的舌肌组成（图3-2）。舌肌由纵行、横行及垂直走行的骨骼肌纤维束交织构成。黏膜由复层扁平上皮与固有层组成。舌根部黏膜内有许多淋巴小结，构成舌扁桃体。舌背部黏膜形成许多乳头状隆起，称舌乳头（tongual papillae），可分为四种。

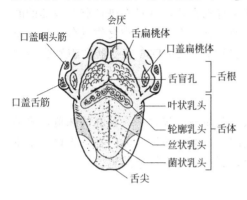

图 3-2　舌部结构

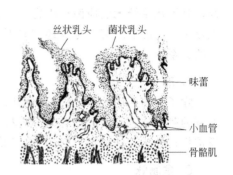

图 3-3　丝状乳头和菌状乳头结构

① 丝状乳头　丝状乳头（filiform papillae）数目最多，遍布于舌背各处。乳头呈圆锥形，尖端略向咽部倾斜，浅层上皮细胞角化脱落，外观白色，称舌苔。

② 菌状乳头　菌状乳头（fungiform papillae）数目较少，多位于舌尖与舌缘部，散在于丝状乳头之间。乳头呈蘑菇状，上皮不角化，含有味蕾。固有层中有丰富的毛细血管，使乳头外观呈红色（图 3-3）。

③ 轮廓乳头　轮廓乳头（circumvallate papillae）有 10 余个，位于舌界沟前方。形体较大，顶端平坦，乳头周围的黏膜凹陷形成环沟，沟两侧的上皮内有较多味蕾。固有层中有较多浆液性味腺，导管开口于沟底，味腺分泌的稀薄液体不断冲洗味蕾表面的食物碎渣，以利味蕾不断接受物质刺激（图 3-4）。

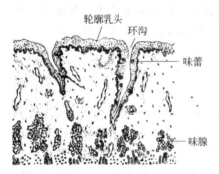

图 3-4　轮廓乳头结构

④ 叶状乳头　叶状乳头（foliate papillae）位于舌体后方侧缘，形如叶片整齐排列，乳头间沟的两侧上皮中富有味蕾，沟底也有味腺开口。兔的叶状乳头很发达，人的叶状乳头已近退化。

（2）味觉系统组成　味觉系统可以认为由下面三部分组成：一是用于转导化学信号的受体元素；二是用于收集和传送化学神经信息的末端感觉神经系统；三是用于分析传导过来的感觉神经信息的一种复杂的中枢神经系统。

转导化学信号的受体元素有两种，分别是味蕾和自由神经末梢。

① 味蕾　味蕾（taste bud）为卵圆形小体，主要分布于舌侧缘和舌尖部，

多位于轮廓乳头（circumvallate papillae）的沟里和菌状乳头（fungiform papillae）的两侧，少数散在于软腭、会厌及咽等部上皮内。成人的舌约有味蕾 2000～3000 个。味蕾一般由 40～150个味觉细胞构成，大约 10～14 天更换一次。味觉细胞表面有许多味觉感受分子，不同物质能与不同的味觉感受分子结合而呈现不同的味道。在显微镜下观察染色的舌部，可在菌状乳头上看到许多小蓝点，这就是味孔（taste pore），即味蕾管（到达味蕾的导管）。口腔和咽部黏膜的表面也有散在的味蕾存在。儿童味蕾较成人为

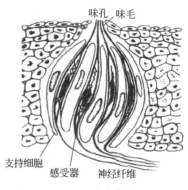

图 3-5　味蕾结构

多，老年时因萎缩而逐渐减少。每一个味蕾由味觉细胞和支持细胞组成。味觉细胞顶端有纤毛，称为味毛，由味蕾表面的孔伸出，是味觉感受的关键部位（图 3-5）。

口腔中不同部位的味蕾受不同的脑神经支配。舌前部的味蕾由面神经（Ⅶ）鼓索支刺激支配；腭部的味蕾由第Ⅶ对神经的最表浅的硬腭支刺激支配；轮廓乳头的味蕾由舌咽神经（Ⅸ）刺激支配；叶状乳头的味蕾常规地被认为由舌咽神经刺激支配，不过至少有一部分是由第Ⅶ对与第Ⅸ对神经共同刺激支配；喉部的味蕾由迷走神经（Ⅹ）刺激支配；除了味觉刺激外，舌前部的味蕾由三叉神经刺激支配；在舌后部，味觉由舌咽神经（Ⅸ）传递；菌状乳头上以及前软腭上的味蕾受位于面部膝状神经节内的感觉神经刺激支配（图 3-6）。

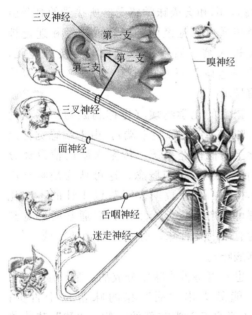

图 3-6　脑神经支配味蕾

② 自由神经末端　自由神经末端是指可以在光学显微镜下区分出来，且不具有辨别受体或囊状物包着的神经末端。这些自由口腔内提供化学受体的末梢感觉神经系统位于四种不同的头部神经节内。这四种神经节为三叉神经节、面部膝状神经节、颞骨岩部神经节和迷走神经节（图 3-7）。

三叉神经节含有提供口腔所有部位的自由神经末端的感觉神经，另三个神经节支配着味蕾。生理学和生理物理学对这些不同神经和神经节的功能性的研究表

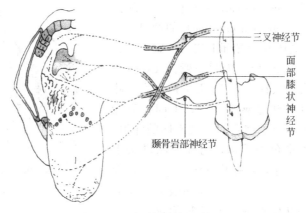

图 3-7　三种不同类型的神经节

明：在不同神经节上的化学感觉系统，对化学物质不同的化学性能方面有选择性的反应。

2. 味觉产生的机理

舌前 2/3 味觉感受器所接受的刺激，经面神经鼓索支传递；舌后 1/3 的味觉由舌咽神经传递；舌后 1/3 的中部和软腭，咽和会厌味觉感受器所接受的刺激由迷走神经传递。味觉经面神经、舌神经和迷走神经的轴突进入脑干后终于孤束核，更换神经元，再经丘脑到达岛盖部的味觉区。图 3-8 为味蕾传递味觉信号示意图。

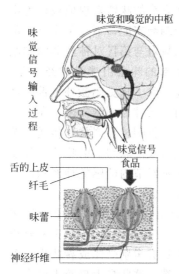

图 3-8　味蕾传递味觉信号

产生味觉的化学物质（也称刺激物）刺激受体元素（味蕾及自由神经末端），由末端感觉神经系统转导至中枢神经系统。传至大脑的信息经分析、判别便产生了味的概念，这可认为是味觉产生的基本机理。统计数据表明数以千计的不同化学成分都可以产生味觉，然而我们通常所感觉到的却仅为有限的几种味，分别为甜、酸、咸、苦、鲜（氨基酸味）。

人们也一直将舌头味觉分成甜、酸、咸和苦 4 个区域。能品尝出"甜"味的味蕾位于舌尖；"咸"味味蕾位于舌头前部的一侧；"酸"味味蕾在"咸"味味蕾的后面；"苦"味味蕾在舌头的后半部分。这些即人们常说的味觉地图（图 3-9）。

这个味觉地图蒙蔽了人们的味觉达一个多世纪之久，直到 1974 年才被证明是错误的。现在舌头能品尝出五种基本味道［甜、苦、咸、酸、鲜（氨基酸味）］

已经得到确认。舌头的任何部分都具备几乎一样的品尝出这些味道的能力。近些年第六味觉"油味"引起了研究者的注意。科学家发现在味蕾区存在 CD36 蛋白质，CD36 蛋白质除了扮演清道夫受体用于结合多种蛋白质和脂蛋白外，还可以转运脂肪酸，通过对 CD36 精确定位，发现它们存在于味蕾细胞的顶面，在这里细胞可以感受到饮食中的油味。那么，味究竟怎样产生（从化学信息变成感觉信息）的呢？这个问题目前尚未定论，主要趋向两种理论解释。

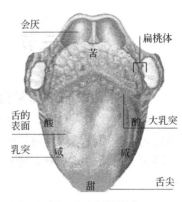

图 3-9　味觉地图

1965 年，埃瑞克逊（Erickson）等从神经生理学和心理学的观点出发提出了与上述理论不同的观点。埃瑞克逊对用描述视觉中三原色那样去假定味觉仅有四种基本味的观点提出质疑。他们使用某种溶液刺激整个舌部，并通过对解剖的个体神经元进行记录，报道了许多所谓的个体神经元对多种味呈现敏感性。有些神经元对糖和盐呈现反应，另一些对苦味物质起反应，另有一些对四种基本味觉的刺激物均有反应。

埃瑞克逊发展起来的是一种统计模拟系统。根据埃瑞克逊的观点，我们的大脑通过神经传输可以接受大量杂乱的信息，进入大脑的信息中包含有味觉品质的信号，大脑复制下信息寻找不同神经元的信号，这样就决定了交叉神经元的刺激形式，交叉神经纤维或交叉神经单元的形式决定了味的品质，交叉神经元是通过将刺激信号转换成味觉品质的信号而确定味的。

1974 年，以卡尔·帕夫曼（Carl Pfaffmann）为首的研究小组提出了味通道理论。他们认为：人存在一套四种味觉通道与四种基本味相对应，无论分子具有什么样的化学构型，分子都以不同的强度刺激一种、两种、三种或所有四种通道。占主导地位的或具最强刺激作用的将决定味的品质，即决定是哪种味觉。所有其他的各种味觉都起源于基本味的结合。一些对不同味物质敏感性的电生理学的研究支持了该理论。

帕夫曼的观点也称信息通道理论，它的实质是认为人确实存在有基本味，甜、酸、咸、苦代表了原始味产生的基本过程，这些基本过程发生于味信息的感觉编码中。我们感觉到的味品质信息直接与味觉系统所具有的有限的味信息通道相对应。这 4 种基本味觉的换能或跨膜信号的转换机制并不一样，如咸和酸的刺激要通过特殊化学门控通道，甜味的引起要通过受体、G 蛋白和第二信使系统，而苦味则由于物质结构不同而通过上述两种形式换能。和前面讲过的嗅觉刺激的编码过程类似，中枢可能通过来自传导四种基本味觉的专用神经通路上的神经信号和不同组合来"认知"这些基本味觉以外的多种味觉。

第三节 味觉的分子生物学基础

一、味蕾细胞与味觉信号传导

食物及饮料入口后，味物质与舌上皮味蕾、味细胞及味受体相互作用，遂产生特定的味原初感觉，随后由感觉神经传导到大脑，经神经系统综合及整理，最后得到了所谓的味知觉，像鲜美、醇甜等等，这就是从味觉发生到传导的基本过程。

1. 视觉、嗅觉的分子生物学

在分子生物学中，光线及气味物质的感应，属于外部"第一信号"（第一感），经视感受细胞与嗅感受细胞界面初级受体的感受，将信号传导到细胞内并进行信息转换，产生了"第二信号"（第二感），第二信号激活相应的离子通道，然后神经细胞再以电信号的方式传导到大脑。具体来说，第一信号感受是通过七跨膜型受体（呈锯齿形立体结构的一类蛋白质）发生的，并与 G 蛋白（由 α、β、γ 三类亚基组成，被认为是细胞信息传递的重要受体）相偶联。在一系列效应物的磷酸化作用后，遂形成第二信号（第二感），并对第二信号的强弱起调节作用。传导信息的离子通道，也存在于细胞膜中，它们是离子通过时对膜电位变化有促进作用的一类蛋白质，对于视觉与嗅觉在细胞中极为活跃着的传导机构（图 3-10）是相同的。从生理学及生物化学角度，目前推测味觉发生的机制与上面叙述的基本相同。

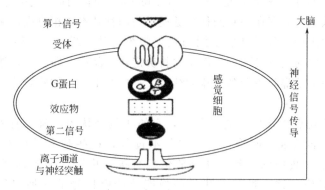

图 3-10 视觉与嗅觉感觉细胞内信号传导共同的分子机制示意

2. 味觉受体系统——味蕾细胞

根据口腔生理学，舌表面上具有有廓乳头、蕈状乳头、叶状乳头组织。用显微镜可以看到乳头，由许多纺锤状细胞所组成的味蕾，颇似花苞样的微细组织，有着整齐的排列，它吸容进入口腔的味物质。味觉接受功能存在于味蕾细胞之中。但目前对其分子实际情况尚不甚了解。

用小白鼠舌上皮切片进行体外特定核酸序列扩增反应（PCR），用七跨膜型受体予以纯系化，得到约 60 个克隆系株（Cloning），沿此结果又进行 cDNA 纯系化，同样也得到了几乎完全相同的克隆系株。选用其中之一（命名为 GUST27）进行详细结构分析后，得知它是由 312 个氨基酸组成的七跨膜型蛋白质肽链（图 3-11）。

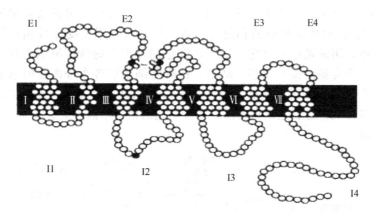

图 3-11 GUST27 蛋白质的立体结构图

E1～E4：细胞膜外部分； I～Ⅶ：跨膜部分；I1～I4：细胞膜内部分；
黑点：胱氨酸残基；灰色点：脯氨酸残基；斜线点：亮氨酸残基

接着又找到了 GUST27mRNA，并用体外杂交（Hybridizalization）技术进行检测，发现了味蕾上的一些特异现象。又通过蛋白质抗体染色检查，在味蕾中明显检出了 GUST27 蛋白质（图 3-12），从而证实它即是味觉受体。

七跨膜型受体蛋白也并不单只是视觉、味觉、嗅觉所固有的受体，它是一个受体家族。对于我们身体中的激素、生长因子、神经传导物质以及其他重要的生理活性物质，它也是信号的受体。这个受体家族在分子结构上有许多的相似性，不同点在于某些氨基酸的排列有一定的差异。

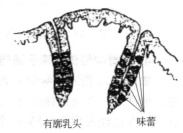

有廓乳头　　味蕾

图 3-12 味蕾上荧光抗体
染色显示出 GUST27 的存在

3. 味觉相关 G 蛋白质

七跨膜型受体的另一个特征是与 G 蛋白偶联协同作用。在 G 蛋白质家族中，有 Gs、Gi、Gq 等多种类型，其作用方式也是多种多样的，有的是激活增强作用，有的是抑制减弱作用。例如 Gs 是激活腺苷酸环化酶的活性，加速 cAMP 的产生；而 Gi 则是抑制腺苷酸环化酶的活性，导致 cAMP 水平下降；Gq 激活磷脂酶 C-β 的活性，调节肌醇-3-磷酸的生成，从而增加第二信号的浓度。总之，味觉刺激反应的细胞过程中，G 蛋白通过不同的效应物调节第二信号使 cAMP 的增减行为，是一个核心的问题。现将味觉生理学和生物化学知识加以整理综合绘成图 3-13，使其更清晰明了，更具有系统性和逻辑性，一目了然。遗憾的是，对于味觉特异性蛋白质，时至今日也仅仅是对属于 Gi 亚族的味蛋白（gustducin）有稍微清晰的了解。在此基础上，研究者对在味蕾中发现的 G 蛋白质进行了系统的研究，从中又新发现了 Gs 亚族，并在味蕾细胞中也发现了味蛋白（gustducin）。于是研究者又将味蕾组织掏碎，悬浮分散后分别吸取单细胞（约 50 个），用荧光抗体法对 G 蛋白进行检查。其方法是用免疫的 G 蛋白制成各种特异性抗体，用荧光色素对它标记后，将它们与相应的味蕾细胞进行免疫学反应，最后在荧光显微镜下观察。结果，在味蕾细胞簇各个分离出的单个味细胞中，也有不含 G 蛋白的。现已分辨出 3 种 G 蛋白缺失类型，这表现了细胞内味觉传导的多样性。这就是饮食物品呈味多样化的根本原因，也是味觉分子生物学的物质基础。

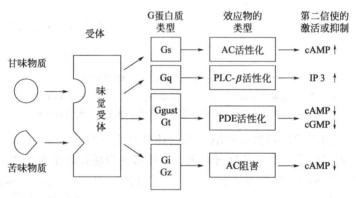

图 3-13 味觉信号传导中 G 蛋白的类型及相应的功能（一个推测）

4. 味觉神经传导离子通道

如图 3-13 所示，味觉刺激蛋白受体偶联系统的变化，这种变化诱导细胞膜电位的涨落，并促使神经递质的释放和传导，在这时离子通道处于极其重要的位置。现在已经发现由 cAMP 等激活的味蕾中特异离子通道蛋白（cyclic nucleo-tide-gated，CNG）称为 CNG-gust，是由 611 个氨基酸残基组成的，具有六跨膜结构特征。

在细胞工程常用的细胞株 HEK293 中也发现了一种蛋白质，它与 CNG-gust 的氨基酸残基的相似性达 50%～80%。用膜片箝法研究它们的电生理性质时发现，添加 cAMP 时，膜电流与添加的浓度同步变化，此时膜电流与膜电压呈直线关系，表现了 CNG 离子通道所特有的性质。同时，CNG-gust 的这种行为，也在舌上味蕾细胞中发现和证实。

为了验证 CNG-gust 在舌面的具体位置和分布，制作了它的抗体，将小白鼠有廓乳头切片，进行抗体免疫学染色反应检测，弄清了它的准确位置，特别是在构成味蕾的味细胞接近于味孔处有极强的反应信号。又将舌咽神经切断进行观察，在有廓乳头上的味蕾用人为的方法使其退化，于是就看不到 CNG-gust 抗体的染色反应。由此可证实 CNG-gust 对于味觉反应的特殊作用。

如上所述，现已查明味蕾细胞中 CNG-gust 在 CNG 离子通道中具有重要的意义，并且味觉信息传导是通过第二信号 cAMP 的调节功能来实现的。这就是说，从味蕾细胞开始，味觉信息的神经传导是与 CNG 离子通道紧密相关的。

二、脊椎动物味觉传导的普遍机制

近年来，有关味觉传导机理方面的研究取得了很大进展。

味觉属于化学感觉，味物质与味受体的结合是味觉产生的关键一步，味觉的产生仅仅是某种化学诱导效应的结果，是由化学信号诱导产生的神经信号导致的一种生理感受。

咸味物质如氯化钠的钠离子通过味细胞顶端微绒毛上的离子通道时会激发味细胞。当钠离子积累到一定程度时，导致味细胞去极化，钙离子内流。胞内钙离子的增加引起囊泡释放神经递质（化学信号），神经元接受信号并向大脑传送。随后，味细胞钾离子通道开放，钾离子外流而复极化。

酸味是由溶液中的氢离子产生的。酸味物质以三种方式作用于味觉细胞：直接进入细胞、阻断微绒毛上的钾离子通道或结合到微绒毛其他阳离子通道上并使之开放。细胞内阳离子增多使细胞去极化，引起神经递质的释放。

甜、苦、鲜三种味物质并不进入细胞，而是触发味细胞内的级联反应。它们结合到味细胞表面的 G 蛋白偶联受体（G-protein coupled receptors，GPCR）上，促使 G 蛋白 α 亚单位与 β、γ 亚单位分离，激活胞内的效应酶 PLCβ2（一种在味细胞中特异表达的磷酸酶 C），从而生成 IP3（1,4,5-三磷酸肌醇）等第二信使，第二信使的形成触发胞内（如内质网）储藏钙离子的释放，引起细胞去极化，最终导致神经递质的释放。

Gustducin 被称为"味觉素"或"味蛋白"，因为这种蛋白分子与转运素（transducin）相似，都是所谓的 G 蛋白，而转运素是视网膜中将刺激视网膜的光信号转化为电信号而参与视觉形成的一种蛋白质。味蛋白结合在胞内侧各种不同的受体上，形成 G 蛋白偶联受体。当合适的呈味物质分子像一把钥匙配一把锁那样结合到味细胞的受体上之时，它就促使味蛋白的亚单位 α-gustducin 解离，引发生化反应，最终打开离子通道 TRPMS（一种味觉瞬时感受器离子通道），使胞内正电荷发生变化，产生神经电信号。

一项最近的研究显示，TRPMS 或 PLCβ2 敲除的小鼠会丧失对甜、鲜、苦味物质的感受能力，而对酸或咸味的感受则不受影响。因此，虽然甜、鲜、苦味的传导依赖于不同的受体，但参与它们信号传导的某些信号分子是共同的。

近年来，许多科学家运用细胞芯片、遗传学、生物信息学和特异蛋白表达等手段成功地鉴定哺乳动物味受体。研究表明，甜味与鲜味（氨基酸味）主要由味细胞上 G 蛋白偶联受体第一家族（T1Rs）识别，苦味物质由 G 蛋白偶联受体第二家族（T2Rs）识别，这些味受体在舌面三种味乳头的味蕾细胞中都存在。味受体的 T1Rs 家族由 T1R1、T1R2 和 T1R3 三个基因成员组成，对不同味细胞受体-配体相互作用机理研究表明，T1Rs 受体之间可形成异二聚体，不同的 T1Rs 系列组合识别不同的味物质：T1R1/T1R3 共表达识别鲜味（氨基酸味），而 T1R2/T1R3 共表达则识别甜味。T2Rs 由 30 个左右的不同成员组成，它们能感受多种多样的苦味物质。

与舌面味觉敏感区域存在差异一样，小鼠菌状乳头和轮廓乳头中味受体的基因表达也存在区域差异。T1R1 在菌状乳头中的所有味蕾中都有表达，而在轮廓乳头中很少；与此相反，T1R2 在菌状乳头中很少表达，而在所有的轮廓乳头味蕾都有表达；T1R3 在菌状和轮廓状乳头味蕾中都有强烈的表达。T1R1 和 T1R3 的共表达主要存在于菌状乳头中，T1R2 和 T1R3 的共表达主要存在于轮廓乳头中。因此，甜味受体（T1R2/T1R3）主要分布在舌根部的轮廓乳头味蕾中，而鲜味受体（T1R2/T1R3）主要分布在舌前部的菌状乳头味蕾中。T2Rs 家族的成员在菌状和轮廓状乳头味蕾都有广泛表达。

三、从味觉神经向大脑传递的信号传导中的生物学基础

1. 味觉神经与味蕾的关系

有三种感觉神经节对舌面味乳头和味蕾起神经支配作用：膝状神经节（geniculate ganglion），通过鼓索神经（Ⅶ脑神经）支配菌状乳头中的味蕾；三叉神经节（trigeminal ganglion），主要通过三叉神经（Ⅴ脑神经）支配前舌上皮和菌状乳头，但不支配味蕾；岩状神经节（petrosal ganglion），通过舌咽神经（Ⅸ脑神经）支配叶状和轮廓乳头中的味蕾和乳头上皮。另外，软腭上的味蕾受岩大浅神经（Ⅶ脑神经）支配，喉部的味蕾则由迷走神经（Ⅹ脑神经）支配。

味蕾神经解剖学认为，味觉上皮（含味蕾的上皮）下结缔组织中的神经纤维称为皮下神经丛（subepithelial plexus），每个味蕾的基部镶嵌于基细胞周围的神经纤维隶属于基底神经丛（basal plexus nerve fibers）。蕾内神经（intragemmal fibers）指那些分布于味蕾内部的神经纤维，它们与三种味细胞的突触连接有关。蕾周神经（perigemmal fibers）一般认为是分布于味蕾周围的神经纤维，一部分从侧面进入味蕾，一部分延伸到上皮表面，其余的分布于味孔周围。味蕾内的Ⅱ型和Ⅲ型细胞与蕾周神经形成的两种突触连接一般被认为是传出和传入突触连接。

突触的存在与否是判定味蕾中味细胞是否具有感觉功能的标准之一。De Lorenzo（1963）最初确认了味细胞感觉神经纤维联系的暂时特性，即神经纤维处

于一种不断重排的连续状态，大体上是在形成与新的味细胞连接的突触之后便会取消与死细胞的突触连接。突触并不单单存在于某一特定类型的细胞中，Ⅱ型和Ⅲ型细胞都有突触连接到神经纤维上面，由此推测Ⅱ型和Ⅲ型细胞都是味感受细胞。

虽然味觉系统发育的过程中神经和味觉器官相互作用的分子机制目前还没有弄清楚，但有关研究已经证明，神经纤维和味蕾之间存在着相互提供营养的关系：味觉神经对味觉器官有维持和提供营养的作用，神经切除或损坏会导致味蕾的消失，如果神经纤维恢复生长味蕾又会重新出现；味觉器官能产生神经营养素以维持神经元的发育，从而反过来促进味蕾和味乳头的发育。

2. 神经对生后动物味乳头和味蕾发育的作用

在发育过程中，神经营养素（neurotrophins，NT）是控制外周神经元生存的关键决定因素，它能维持发育神经元的存活和分化，促进受损伤神经元的修复与再生。大量的资料证实，分泌蛋白中的神经营养素对调节各种感觉系统的发育具有重要作用。神经生长因子（nerve growth factor，NGF）、脑源神经营养因子（brain-derived neurotrophic factor，BDNF）、神经营养素-3（NT-3）和神经营养素-4/5（NT-4/5）是哺乳动物部分感觉神经元发育的靶源神经营养因子（target-derived neurotrophic factors，TNTF）。BDNF 和 NT-4/5 通过共同的受体——神经营养素受体 TrkB（TrkB receptor）独立地发挥维持神经元存活的作用。

Sollars 等的研究表明，在 P0 时切除大鼠单侧鼓索神经后，大鼠菌状乳头的发育受到了严重影响；切除鼓索神经 8 天后就可观察到大鼠舌两侧菌状乳头形态上已经显著不同，神经切除侧不含味孔的菌状乳头数量有所增加；P21 时，切除神经侧的乳头总数和含味孔乳头的数量比舌面另一侧明显减少；P60 时，神经切除侧和完好侧的菌状乳头的平均数量分别为 20.8 个和 70.5 个；另外，味蕾的体积在切除鼓索神经 4 天后也显著变小，并且在 8 天和 30 天后变得更小。Sollars 等人又在 P10 时切除舌面两侧鼓索神经研究了 P120 和 P140 大鼠菌状乳头味蕾发育情况。与正常对照组的大鼠相比，切除鼓索神经的大鼠不但味蕾有明显减少，菌状乳头的数量也有永久性的减少：正常对照组成年大鼠菌状乳头的平均数量为 152 个，而切除鼓索神经的成年大鼠菌状乳头的平均数量为 54 个，且没有味蕾。可见，在大鼠生后发育过程中，菌状乳头及其味蕾的正常发育都需依赖鼓索神经。

研究感觉神经元在味蕾和味乳头发育中的作用时，对小鼠进行靶基因敲除是一种常用的实验手段。BDNF 和 NT-3 基因敲除的小鼠，感觉神经中枢的神经元显著减少，支配味蕾和乳头的味觉神经受到严重破坏，并导致味蕾数量显著减少以及味乳头畸形。为了评价 NT-4/5 在味觉器官发育过程中的作用，Fritzsch 等人研究了 NT-4/5 基因敲除小鼠生后菌状乳头味蕾的发育情况：NT-4/5 的敲除导致了小鼠胚胎味觉神经分布的缺陷和出生时菌状乳头数量的减少；出生后 3 周内的发育过程中没有观察到有菌状乳头退化的现象，然而菌状乳头较小且多数没有味孔；P60 时菌状乳头减少了 63％，而且乳头面积显著变小。Mistretta 等人比较了 BDNF 缺陷型和野生型小鼠的舌前和舌后味觉器官的发育情况，结果显示：出生后 15～25 天的 BDNF 缺陷型小鼠的菌状和轮廓状乳头味蕾的数量与野生型相比分别减少了 60％和 70％，且乳头直径显著变小。

可见，味蕾和味乳头广泛受到感觉神经的支配，它们要达到形态、功能和数量上的成熟，离不开感觉神经的支配。目前，在味觉系统发育的过程中，神经和味觉器官相互作用的分子机制还没有研究清楚，在味蕾的最初形成是否需要神经诱导的问题上尚存矛盾，但有一点已达到共识：味蕾要达到形态、功能和数量上的成熟离不开味觉神经的支配。

3. 味蕾的最初产生是否必须依赖神经

味蕾是在胚胎发育的晚期由特定上皮细胞直接分化形成的，稍后于神经在口咽上皮的出现。多年来化学传感领域一直认为味蕾的产生需要感觉神经的诱导。但从目前有关两栖动物和哺乳动物的大量研究来看，两栖动物的味蕾可以在完全缺乏神经支配的情况下产生，而哺乳动物味蕾的最初产生是否必须依赖神经迄今为止尚无定论。

长期以来，两栖动物的胚胎由于个体大、持久耐用、容易进行实验操作，一直是研究发育的模式生物。虽然两栖动物和哺乳动物的味觉上皮组织十分类似，但无可否认，它们之间也存在若干差异。最为明显的是，两栖动物（如蝾螈）的味蕾直接位于上皮内，而哺乳动物舌面味蕾位于上皮-间质特化的味乳头中。在研究两栖动物味觉器官的发育时操作起来比较简单；而哺乳动物味蕾与乳头的形成有着复杂的紧密联系，给实验操作带来了一定难度。Barlow 等以蝾螈胚胎为实验材料，将胚胎的口咽上皮移植到宿主胚胎或者进行独立体外培养，结果没有神经支配的情况下味蕾仍能形成。由于还没有成功实现针对哺乳动物的同类实验，所以哺乳动物胚胎期味蕾形成是否依赖神经的问题至今尚未解决。

近年来的许多有关胚胎和新生啮齿动物的研究一致认为，哺乳动物味蕾的发育具有神经依赖性，而且哺乳动物的味觉神经对味乳头最终的形态形成和味蕾的产生有重要作用，但味乳头的最初产生和分布不依赖神经。由于体外培养的舌仅能维持 4～5 天的存活期，而培养期必须延长到 8 天（一般认为要达到胚胎培养体外发育与体内发育同步）才能与正常胚胎鼠舌的味蕾发育作对照。所以，通过舌培养一直不能得到味蕾在缺乏神经下能分化形成的结论。

到目前为止，有关神经对哺乳动物味蕾发育作用的所有实验的实验对象都是出生后的啮齿动物。在存在神经支配的条件下，大鼠或小鼠 90％以上的轮廓乳头味蕾的发育是在其出生后完成的；如果破坏新生（P0～P3）大鼠舌咽神经（脑神经Ⅸ），会阻止极大多数轮廓乳头味蕾的产生，而且会导致神经支配的味觉上皮永久性地丧失维持味蕾发育的能力。然而，最初的味蕾在哺乳动物刚出生时已经存在并且受到神经支配，神经切除后味蕾的丧失仅仅是证实了味蕾的后期分化需要神经支配。为了证明哺乳动物味蕾的产生是否需要神经诱导，必须在味觉神经还没有到达随后会产生味蕾的舌上皮前将其完全阻止。胚胎期敲除 BDNF 基因的突变鼠会丧失味觉神经，进而导致了味乳头和味蕾发育的严重破坏，而且味觉神经的稀疏程度与味觉上皮和味蕾数量高度相关，即味觉神经越稀疏，味觉上皮面积越小，味蕾越少。Morris-Wiman 等通过将 β-金环蛇毒素（β-bungarotoxin）注射进正常的小鼠胚胎来破坏舌面的味觉神经元，从而几乎完全阻止了菌状乳头及其味蕾的发育。然而，以上这些实验仍不能证明哺乳动物味蕾最初产生是否必须神经诱导的问题。

虽然发现几种发育调节信号分子的表达与味乳头的形态发生一致，但是这也不能解决这个问题。从舌上皮增厚开始，在整个菌状乳头的发育过程中 Shh（sonic hedgehog）蛋白、骨形态发生蛋白-4（bone morphogenetic protein-4，BMP-4）和 BMP-2 在乳头位置都有表达，在神经纤维到达乳头上皮之前 BDNF 在一部分乳头上皮细胞中也有表达。Shh 和 BMP-4 在早期胚胎鼠舌味乳头中的表达都先于神经的到达，倘若味蕾在缺乏神经支配的情况下还没有分化形成，那么这意味着 Shh 和 BMP-4 的表达仅仅与乳头形成有关，而与味蕾分化无关。BDNF 和 BMP-4 在成年小鼠的味蕾中也有表达，因此 BDNF 和 BMP-4 在胚胎鼠舌中的表达可能意味着这些信号分子能识别早期的味蕾。然而，BDNF 和 BMP-4 不是公认的特定味细胞的标记物，它们在胚胎味乳头中的表达仅能说明它们可能参与了味乳头的形态形成和神经分布，而对味蕾形成的作用不明确。

CK8 是特定味细胞的标记物。Mbiene 和 Roberts（2003）的研究发现，CK8 在早期乳头的一部分上皮细胞中有表达，此时菌状乳头仅仅表现为上皮增厚，他们认为这部分细胞确实是正在分化的味细胞。有趣的是，表达 CK8 的乳头上皮细胞在数量和形态上与所报道的表达 Shh 和 BMP-4 的细胞极为相似，因此所有这些分子似乎都能标记早期的味细胞。这一发现意味着一部分味蕾的发育开始得很早，与味乳头的最初发育同步。而目前大量其他的研究认为：味乳头首先开始发育，随后在神经的作用下才导致味蕾的特化和分化。Mbiene 和 Roberts（2003）还研究了神经支配对 CK8 阳性味蕾细胞早期发育的作用，实验结果不支持味蕾发育的神经诱导模型：首先，几乎半数的 CK8 阳性味蕾细胞在舌上皮具有神经分布之前已经存在；其次，许多菌状乳头的上皮细胞也先于神经存在；最后，后期发育过程中味蕾数量较慢的增加率与神经分布的急剧增加不协调。Mbiene 和 Roberts 预言，在培养的胚胎鼠舌上这些"不成熟的味蕾"在缺乏神经的条件下也会存在，味蕾的特化和早期分化可能先于味乳头。然而，要证明味蕾发育不依赖神经，关键的实验是研究 CK8 在培养胚胎舌上的表达。

四、味觉的分子学基础及其在食品设计中的应用

1. 味觉问题是食品感官科学的一个基本问题

食品感官科学是研究人类对食品的各种感官反应，包括视觉、嗅觉、味觉、听觉及触觉，是综合食品科学、生理学、心理学及统计学等多学科交叉应用的一门科学。

随着生活水平的提高，人们对食品品质的要求也越来越高。人们除了把饮食作为生命的必需之外，还作为一种高级享受，即所谓的"饮食文化"。食以味为先，饮食艺术属于味觉艺术，味是食品的灵魂。口味是由味觉、嗅觉和咀嚼食物时产生的触觉所共同组成的复合感觉，食品科学家称之为"口感"。大家知道，一份令人满意的食品应该是色、香、味、形俱佳。但人们形容食品的美，除了诱人的色和香外，最终要落到味上，如"美味可口、回味无穷"等等。人们要欣赏美食，也必定要品味，如果饮食艺术放弃或脱离了味觉的美感，只是追求食品形态动人、色彩绚丽，而味觉平淡、如同嚼蜡，那么这就不能称之为美食。

目前，在五种感觉当中，味觉是人们了解最少的一种感觉。其实，味觉所起的作用要远远大于我们的想象。只有通过味觉和嗅觉结合，我们才能够享受食品的芳香和美味。更为重要的是，我们通常是根据食品的气味和味道来鉴别变质食品的。特别是对我们的祖先来说，他们通过味觉来辨别有毒的植物，这些植物常常由于含有各种生物碱化合物而呈苦味。

2. 摄食行为和味觉刺激对味觉发育的影响

摄食行为是人体最重要的生理行为，而味觉在摄食行为中的辨味与促进食欲上起着十分重要的作用。生理学认为味觉的适宜刺激是溶解在唾液中的物质，味觉强弱取决于浓度、作用时间和作用面积；而遗传学则认为味觉行为或尝味能力是由遗传性状决定的。味觉可影响摄食行为及偏好、膳食摄入量、人体结构及营养状态等方面的生化参数。大量研究表明，味觉行为嗜好性的形成包括先天和后天两方面的因素。饮食行为嗜好性虽然与遗传有一定的关系，但其受环境影响很大，特别是婴幼儿时期的饮食行为对饮食嗜好性的形成起着决定性作用。

近年来，味觉发育过程及其影响因素在国外引起了人们的兴趣。不少学者研究发现，婴儿早期味觉发育与母孕期及哺乳期食物构成、婴幼儿期接触食物的程度及儿童期对食物的接受力有较密切的关系。

Witt等研究发现，人类胚胎14～15周时其味蕾已经可以感受到羊水中的味觉刺激。孕妇孕期所吃食物中呈味物质可进入流动的羊水中，羊水给胎儿提供了味觉感受的第一环境。哺乳动物包括人类的乳汁是各种呈味物质的混合物，婴儿从出生直到断奶主要是从母乳中获得味觉体验。

Smriga 等研究了小鼠生后发育早期的味觉经历对以后的味觉生理和味觉行为影响，发现 P7～P8 进食含 NaCl 和蔗糖牛奶的小鼠成年后接受高浓度 NaCl 和蔗糖溶液的能力明显提高；而 P14～P15 进食含 NaCl 和蔗糖牛奶的小鼠成年后则没观察到这种现象。Smriga 推测发育早期的短暂味觉刺激能够通过中枢神经系统通路的可塑性导致小鼠长时间的味觉改变。

Liem 等跟踪 84 名儿童到成年观察他们对甜、酸味的接受情况，发现婴儿期每天饮甜和酸味液体的儿童喜欢比较甜和酸的食物，成年时对不同甜度食物喜好的差别与儿童期食物含糖量有关。可见，儿童时期不同的味觉行为经历能影响儿童的味觉发育。

在 Lasiter 的研究中，分别用超纯水，30mmol/L、150mmol/L、500mmol/L 的 NaCl，80mmol/L、340mmol/L 的乳糖对 P4～P10 的大鼠以灌胃的方式进行人工喂养，结果表明：一定量、一定时间的化学刺激对大鼠味觉神经的轴突及终端孤束核的正常发育来说是必要的。

Krimm 和 Hill 研究了限制大鼠出生前后到成年时期饮食中钠的摄入量对味蕾中神经分布的影响，结果表明：钠限制饮食的大鼠，其舌面中部的单个菌状乳头味蕾中的神经元数量不受影响，然而其味蕾的平均体积有变小的现象，味蕾中神经元数量与味蕾大小的特定关系（味蕾体积越大其中的神经元越多）改变了。但是，若到成年时再给以足量钠饮食，味蕾又可恢复正常。

Hendricks 等人（2004）的研究也表明：钠限制饮食的大鼠，其舌面中部的单个菌状乳头味蕾中的神经元数量不受影响，然而其味蕾的平均体积有变小的现象。

另外，有关研究认为，年幼哺乳动物上腭味蕾比舌面味蕾发育快的原因可能是断奶前哺乳动物的上腭味蕾比舌面味蕾更易受到乳汁的味觉刺激，哺乳期的味觉刺激可能促进年幼动物味蕾发育。

综上所述，在哺乳动物和人类味觉发育的关键时期（幼年时期，特别是断奶前），饮食环境的连续适应性刺激或短期的味觉刺激可影响味觉发育和饮食嗜好性的形成，但其影响机制尚不完全清楚，有待进一步研究。

第四节 唾液在味觉感知中的作用

唾液是一种无色且稀薄的液体，被人们俗称为口水，虽然在古代被称为"金津玉液"，现代却向来给人有不洁不雅之感。唾液是由三对大唾液腺（颌下腺、腮腺和舌下腺）分泌的液体和口腔壁上许多小黏液腺分泌的黏液，在口腔里混合而成的消化液。唾液无色无味，pH 为 6.6～7.1。正常人每日分泌量约为 1.0～1.5L（牛、羊等食草动物，每天唾液分泌量多达体重的 1/3）。

一、唾液的化学组成

人的唾液中99％是水，有机物主要是唾液淀粉酶、黏多糖、黏蛋白及溶菌酶等，无机物有钠、钾、钙、氯和硫氰离子等。唾液的成分随动物种类不同而不同，人和一些哺乳动物（兔、鼠等）唾液中含淀粉酶，而狗、猫和马等唾液中几乎无此酶。人的唾液与食物混合能溶解食物中的可溶性成分，使之作用于味蕾而引起味觉。某些鸟类的唾液腺很发达，它们以唾液将海藻黏合而造巢，如金丝燕所筑的巢，就是中国著名的滋补品"燕窝"。

二、唾液的基本功能

（1）消化作用　唾液中的淀粉酶，能分解淀粉或麦芽糖。这一消化作用可以一直持续到食团入胃而未接触胃酸前，由于唾液淀粉酶作用的适合 pH 为 6.8，因此食团入胃与胃酸接触作用后，唾液淀粉酶迅速失活。

（2）消化黏膜保护作用　唾液中含的黏蛋白对蛋白分解酶的抵抗力较强，在防止消化道黏膜自我消化的同时，其黏性可以防止食物对消化道黏膜的损伤。

（3）润滑作用　唾液可保持口腔组织的湿润、柔软、润滑，使咀嚼、吞咽、言语功能顺利进行。

（4）咀嚼的辅助作用　唾液使食物湿润，易于嚼碎，并易于形成食团。

（5）溶剂作用　唾液可溶解食物中的有味物质，使之弥散与味蕾接触而产生味觉，尤其是在含水分少的食物的味觉感受中发挥重要作用。

（6）清洗作用　唾液具有流动性，并且有一定的流量与流速，可清洗口腔内的食物残渣、细菌、脱落上皮等，如唾液分泌量明显降低时，可致龋患率增高。

（7）杀菌抗菌作用　唾液中含的溶菌酶和分泌性免疫抗体等具有杀菌和抗菌作用。

（8）缓冲、稀释作用　唾液可以缓冲口腔内的酸碱度，如刺激性很强或过冷过热的物质入口，唾液可对其稀释，使口腔组织免于损伤。

（9）排泄作用　体内的药物或化学物质，如汞、铅等可由唾液排出。腮腺炎、狂犬病、脊髓灰质炎的病毒也可从唾液中排出。重症糖尿病、慢性肾炎患者唾液中糖、尿素的排泄率增高。

（10）内分泌作用　腮腺和颌下腺可分泌与无机物代谢及糖代谢有关的激素，促进骨和牙齿的钙化。

（11）体液量的调节作用　当出汗、腹泻时，体内水分减少，血浆渗透压升高，此时唾液的分泌量则减少，以调节体液量。唾液的分泌量与季节变化有关，夏季较少，冬季较多。

（12）黏附和固位作用　唾液具有吸附性，可在口腔黏膜表面扩散成薄膜，有利于修复体的固位。

（13）缩短凝血时间作用　血液与唾液混合，则凝血时间缩短。该作用程度与混合的比例有关，当血液与之比 1：2 时，血凝时间缩短最多。

三、唾液在味觉感知中的作用

唾液是产生味感物质的溶剂，而味感是指食品中可溶性成分溶于唾液或食品的溶液刺激味觉器官舌头表面的味蕾，经过味神经纤维传递到大脑的味觉中枢而产生的感觉。

味感物质在唾液中的溶解速度和温度对其味感的产生具有直接影响。

味感强度与水溶性有关，完全不溶于水的物质实际上是不呈味的，只有溶解在水中的物质才能刺激味觉神经，因此产生味感的时间有快有慢，而且维持的时间也有长有短。如蔗糖比较容易溶解，因而味觉产生也较快，消失也较快，而较难溶解的糖精则与此相反，产生的味感较慢，维持的时间也较长。

温度是人类对味觉感受的另一种关键元素。温度对味感有影响，最能刺激味感的温度在 10～40℃ 之间，其中以 30℃ 时为最敏锐，高于或低于此温度，各种味觉都会减弱，甜味在 50℃ 以上，感觉会显著地变迟钝。

某些代糖会有强烈的溶解热现象发生，例如山梨醇、赤藓糖醇、木糖醇、甘露醇、乳糖醇以及麦芽糖醇。这些物质的干燥形态在唾液中溶解时，可以感受到其温度变化。这些效应在某些情况下正好是我们想要的，例如在薄荷糖中加入山梨醇；而在另一些情况下却是我们不想要的，例如我们要做曲奇的时候。物质的结晶相通常有一个正的溶解热，因此在溶解的时候需要吸收热量而引发清凉的效应；而非结晶相物质则通常有负溶解热，因此会引起热感。

第五节　味觉-味觉的相互作用原理

一、味觉相互作用的三个层次

为了了解呈味物质混合后的味觉变化，以下三种相互作用的方面必须予以考虑：存在于溶液中的化学作用，该作用可直接影响味觉感受；呈味物质中的某一组分与味觉受体之间的相互作用；不同味觉品性的认知效应。

1. 化学作用

化学作用可以引起味觉强度的变化甚至新的味觉品性的产生。这些作用主要在水溶液中发生：酸与碱的互作会产生盐；弱引力，如氢键或疏水键，会导致结构变化；物质的沉淀会使得它们的味觉变弱或消失。

2. 口腔生理学相互作用

当两种物质混合后，有可能一种物质会感染味觉受体细胞或味觉传导蛋白与另一种物质的结合。例如，钠盐和某些苦味物质之间存在这一外围的相互作用，钠盐会削弱某些物质的苦味。这一削弱现象是一种外围口腔效应（在上皮细胞水平上发生的），而不是认知效应（中心感知）所产生的。

3. 神经认知作用

在混合物的确定味觉过程中，中心感知是味觉确认的核心部分。味觉刺激物与口腔中的味觉传导蛋白结合，输入的信号被传递给孤束核，此为第一级味觉传递，接着再被输入到大脑中的上游味觉感知区域，此时信号被解码，味觉即被感知。一般地，当两种或多种味觉物质（其浓度高于察觉阈值）混合后，其味感强度要低于几种味觉物质单独的味感强度之和，此被称作味觉混合削弱，例如，当甜味和苦味混合在一起，会产生混合削弱。

二、味觉的生理物理曲线：物理强度-生理感知强度

图 3-14 是假定的味觉互作模型——简单的味感正弦曲线。其中横坐标是呈味物质的浓度，纵坐标是味感强度。该正弦曲线由三个不同的区域构成。初始区域，又称协同增效区（expansive），为指数函数增长曲线（$n>1$），表明味感强度的增加快于浓度的增加。中间区域，又称线性增长区（linear），为线性函数增长曲线（$n=1$），表明味感强度的增加与呈味物质/混合物的浓度呈线性比例的增加。最后区域，又称抵消削弱区（compressive），为指数函数下降曲线（$n<1$），味感强度接近一个水平值，这说明受体细胞与味感物质之间的互作已经饱和并达到最大。每一个区域的函数方程可以用 Steven's 幂定律方程来表示：

$$I=kC^n$$

式中，I 表示味感强度；k 表示常数或斜率；C 表示呈味物质的浓度；n 是指数。

三、同一属性的二元味觉相互作用

许多物质具有相同的味觉，例如异-α 酸类、L-色氨酸和喹啉盐酸盐都是苦味物质，可能都激活同一个味觉感受传导路径。当两种物质混合时，就会发生许多相互作用。从文献中很难找到对线性或非线性位移的确认。因此，我们一般用"协同增效"或"抵消削弱"等普通词汇来表示味感强度的变化。

1. 协同增效或抵消削弱

协同增效是指 $1+1>2$，加和等效是指 $1+1=2$，抵消削弱是指 $1+1<2$。图 3-15 为当物质 E 与物质 D 或 F 混合后，味感曲线增强或削弱的示意图。E 为苦味物质，故其味感曲线为苦味。当一定浓度的 D（同一味觉或不同味觉）与 E 混合，则 E 的味感曲线会左移，且斜率会增加，这说明物质 D 对 E 的苦味具有增强效应。而且，E 味感曲线的线性部分会在不改变斜率的前提下左移（图 3-15 下方）。渐近线也发生了变化（D'），此时，E 的最大苦感强度也增加了。这些情况说明，物质 D，在给定的浓度下，确实增强了物质 E 的味感强度。图 3-15 也

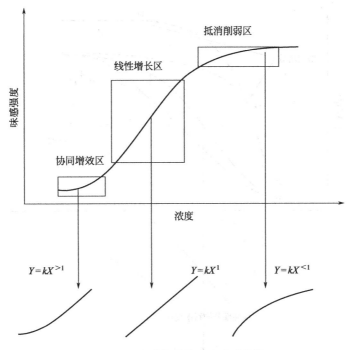

图 3-14 味感物质的理论味感曲线

X 轴是呈味物质的浓度，Y 轴是呈味物质的味感强度。随着呈味物质浓度的增加，由该物质产生的味感强度也相应增加，但增加的速率不一样。曲线为正弦形，在低浓度时，味感强度以指数级函数增长，在中浓度时，味感强度以线性函数增长，在高浓度时，味感强度以指数级函数递减，最终达到饱和

反映了当一定浓度的 F 加入 E 后，其苦味强度变化情况。苦味 E 的味感曲线右移，且斜率下降了。因此，加入 F 削弱了 E 的苦感。而且，E 味感曲线的线性部分也会在斜率不变的前提下右移（图 3-15 下方）。渐近线也发生了变化（F'），此时，E 的最大苦感强度下降了。

(1) 甜味/甜味之间相互作用

文献中有关甜味互作之间的研究是最多的。具有高味感强度的甜味剂的混合物一般能产生增强的甜味感觉强度，因此"协同增效"一词经常得以在此时使用，但不是一律使用。最清楚的"协同增效"的例子是阿斯巴甜和安赛蜜在一定范围的强度/浓度内，以及阿斯巴甜和糖精在低强度/浓度范围内均会发生。总之，味感曲线似乎可以预测增效或削弱是否发生。即在低强度/浓度（对应于指数增长期）范围内，同种甜味物质之间的混合一般为协同增效作用，而在较高强度/浓度（对应于指数递减期）范围内，抵消削弱则较为常见。

(2) 鲜味/鲜味之间相互作用

当谷氨酸钠（MSG）、核苷酸二钠（5'-肌苷酸钠）以及鸟苷酸盐混合时，其混合物具有鲜味的协同增效作用。

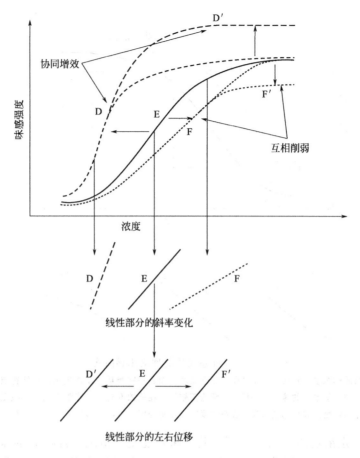

图 3-15 不同味觉混合物对味感曲线的影响

味感曲线中斜率的变化或最大值的变化表明味觉之间为削弱或增效作用。E 曲线代表某苦味物质的味觉强度与其浓度之间的函数关系。在曲线 E 左侧，曲线 D 显示出随着 D 的加入，其斜率增加，这说明该苦味物质与 D 物质之间在味觉上具有协同增效作用；曲线 D′ 显示出提高的味感强度超出了该苦味物质单独所产生的味感强度；在曲线 E 右侧，曲线 F 显示出随着 F 的加入，其斜率下降，这说明 E 与 F 之间的味觉削弱发生了；曲线 F′ 显示为被削弱后的混合物的味觉强度的最大值

（3）咸味/咸味之间相互作用

Breslin & Beauchamp 考察 NaCl 和 KCl 的混合物，结果发现：在低浓度时，其咸味增强；在较高浓度时，其咸味削弱。

（4）酸味/酸味之间相互作用

当弱酸混合时，混合物的酸味比各个化合物酸味强度的和要低，但也有相等的时候。

（5）苦味/苦味之间相互作用

当苦味物质混合时，混合物的苦味比各个化合物苦味强度的和要低。脲能削

弱大部分苦味物质的苦味，而地那铵苯甲酸盐却能增加一部分苦味物质的苦味。

2. 小结

一般而言，同样味觉之间的互作通常都是以正弦味感曲线进行预测的，具有指数增长期、线性增长期和指数递减期三个阶段。强度/浓度值越大，有关抵消削弱效应的报道越多。对于甜味和鲜味，有充分的证据表明，它们各自的同种味觉的混合物都具有协同增效的味觉效应。

四、不同属性的二元味觉相互作用

当具有不同味觉的两种化合物混合后，将会发生许多相互作用，包括非单调的（既有味觉增加，又有味觉抑制）和不对称的强度位移。图 3-16 显示的是理想的味感曲线（粗黑线），曲线上部为甜味化合物 J，曲线下部为咸味化合物 L，当两种化合物沿着其各自的函数曲线逐渐增高其浓度而混合时，对于甜味和咸味的影响如图 3-16 所示。在低强度/浓度条件下，混合物会产生甜味增加和咸味下降的变化；在中强度/浓度条件下，混合物的甜味无变化，而混合物的咸味则有少许增加；高强度/浓度混合时，甜度受到抑制而咸味无影响。在所有浓度下，会发生不对称反应，即咸味和甜味会受到不相同的影响。并且，结果也是非单一性的；甜味是具备指数增长型、线性增长和指数递减型的味感曲线；而咸味则在低浓度时被削弱，而在中等浓度时被增强，在高浓度时无影响。

1. 不同味觉之间的二元相互作用

（1）鲜味/其他味之间相互作用

Woskow 认为 5′-核苷酸钠盐（鲜味/可口品质）可以提高甜味，在中等浓度下，可提高咸味，而酸味和苦味可被抑制。Kemp & Beauchamp 认为 MSG 在阈值水平上对味觉强度无影响，在 MSG 中/高浓度下，甜味和苦味都被抑制了，而在 MSG 高浓度条件下，NaCl 的咸味被提高了。Keast & Breslin 发现 MSG 和腺嘌呤单磷酸钠盐可以抑制苦味。

（2）甜味/其他味之间相互作用

在低强度/浓度条件下，甜味物质与其他味觉物质之间两相混合物的相互作用是不定的（既有提高也有抑制）。在中等和高强度/浓度条件下，甜味一般为其他基本味觉所抑制。而在高浓度条件下，苦味与甜味或酸味与甜味之间的相互作用，是被对称地抑制的。

（3）咸味/其他味相互作用

在低强度/浓度的条件下，咸味和酸味的混合物提高且对称地相互影响对方的强度，在高强度/浓度的条件下，则对咸味具有抑制或无影响的作用。苦味被咸味抑制，而咸味不被苦味所影响。在低浓度时，咸味可提高甜味，但在中等强度/浓度范围内，具有不定性，而在高强度/浓度下，咸味对甜味则没有影响。在

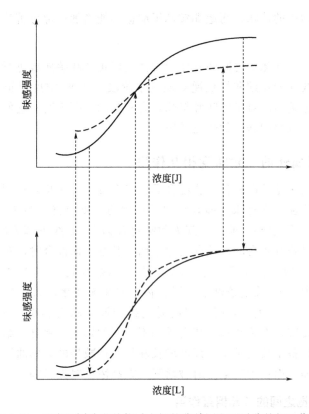

图 3-16 具有不同味觉的物质之间的非单调和不对称的相互作用

物质 J 为甜味物质，其理论味感曲线如图上部中的黑实线所示；下部中的黑实线是咸味物质 L 的味感曲
线。当 J 与 L 混合后，图上部中的黑虚线为混合后的甜味味感曲线。箭头所指为 J 和 L 的二元味觉体系
中新的甜味强度，箭头末端为所加 L 的浓度和咸味强度。在 J 和 L 低浓度的条件下，混合体系的甜味呈
增效状态；在中等浓度下，混合体系的甜味不受影响；而在高浓度下，混合体系的甜味呈削弱状态。下
图中显示，J 与 L 在低浓度下混合，会导致混合体系的咸味强度削弱；在中等浓度下混合，咸味强度有
轻微增效作用；而在高浓度下混合，则对咸味变化无影响

中等强度下，甜味抑制咸味。

(4) 酸味/其他味之间相互作用

在低强度/浓度的条件下，酸味和咸味的混合物提高且对称地相互影响对方
的强度，而在高强度/浓度的条件下，则对酸味具有抑制或无影响的作用。在低
强度/浓度下，酸味对于甜味的影响具有不定性，而在高强度/浓度下，酸味和甜
味的混合物，两者则互相削弱。酸味和苦味的混合物在低强度/浓度下，则互相
增强，在中等强度下，苦味被抑制，而酸味被提高，而在高强度/浓度下，酸味
被抑制，而对苦味的影响则不定。

(5) 苦味/其他味之间相互作用

苦味与其他味之间的相互作用也是高度不定的。苦味被咸味抑制，而咸味则

不受苦味影响。在低强度/浓度下，苦味与甜味的混合味是不定的，而在中等和
高强度/浓度下，其混合味是受抑制的。在低强度/浓度下，苦味与酸味的混合味
是互相增强的，在中等强度/浓度下，酸味则被苦味增强，但苦味被酸味抑制，
在高强度/浓度下，酸味则被苦味削弱，而苦味则受酸味的影响不定。

2. 小结

图 3-17（a）～（c）归纳了不同味觉之间两两相互作用的大致情况。需要强调
的是，这些结论都是大致情况。由于强度/浓度影响味觉相互作用，因此会有三
个示意图，每一个代表味感曲线的一个阶段（区域）：对应于指数增长阶段的低
味感强度/浓度下的味觉相互作用［图 3-17（a）］，对应于线性增长阶段的中等味
感强度/浓度下的味觉相互作用［图 3-17（b）］和对应于指数递减阶段的高味感
强度/浓度下的味觉相互作用［图 3-17（c）］。

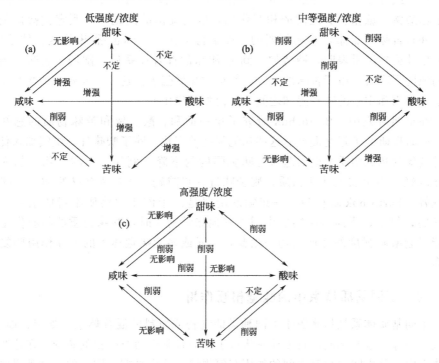

图 3-17　二元味觉相互作用的示意图

（a）在味感曲线的指数增长期；（b）在味感曲线的线性增长期；（c）在味感曲线的指数递减期，不同味
觉元素之间的相互作用示意图。味觉之间的相互作用由于多种因素的影响，许多难以确定，这些示意图
也仅仅提供当两种味觉元素混合时，所发生的最有可能的变化

一般而言，二元味觉相互作用仍然遵循味感曲线的不同阶段的模型的预测。
这些大致情况并未指出许多可能的外围生理相互作用将会发生。在低强度/浓度
下，味觉的协同增效仍是主要报道结论，而在中等强度/浓度下，报道的结论中

有协同增效的，也有抵消削弱的，还有加和等效的，而在高强度/浓度下，报道结论以抵消削弱为主。

五、三元或多元味觉的相互作用

1. 阈值

Stevens 对复合物中的觉察阈值进行了研究，发现所有的味觉都具有集成性（当其他味觉物质存在时，某一物质的味觉阈值被减少了）。即便对于 24 种具有四种基本味觉（甜、酸、咸、苦）的化合物也是如此。当 3 种或多种（$n > 3$）化合物，在比阈值浓度还要低的情况下（极低或低强度）混合，它们的阈值会相互减少为原来阈值的 $1/n$（亦即敏感度增强了）。

2. 次阈值

在多组分体系中，外围的相互作用具有一定影响。Breslin & Beauchamp 研究了乙酸钠、蔗糖和脲之间的相互作用，他们提出的问题是，假定钠盐抑制苦味，并且苦味和甜味是互相削弱的，如果将钠盐加入到苦-甜味的混合体系中，会发生什么？结果表明，钠盐加入到苦-甜味的混合体系后，削弱了苦味。当苦味的强度下降时，由于苦味的减轻，使得甜味增强了。这一三元味觉的相互作用显示了外围和中心的味觉感知之间是如何相互作用的。

在早期研究中，Bartoshuk 研究了单一的甜、酸、咸和苦味物质的感知强度，同时也研究了相互混合后这些味觉强度的变化。除了酸味外，继续加入任何一种其他的味觉物质都会引起所有味觉强度的下降。例如，当甜味物质加入后苦味减轻，当再加入咸味物质，则苦味进一步减轻，再加入酸味物质，苦味还要减轻。Bartoshuk 解释为某一味觉的削弱是由于该味觉物质本身的削弱作用引起的，但是，当向酸味物质中添加其他味觉物质时，酸味物质的削弱作用却不能引起酸味强度的任何削弱。因此，三元或多元味觉体系的相互作用要复杂很多。

六、不同基质体系中的味觉相互作用

不同基质体系是指来源于不同种类的食物或原料的混合体系，如肉、面粉、米饭、酒等，这些不同的食品体系构成了人们日常生活对味觉的感受。在这些不同体系中，基本味觉相互之间的作用有何规律，这也是非常重要的一个需要厘清的问题。

1. 咸味与其他味的关系

咸味是食盐（NaCl）和其他含有食盐的物质的味道。咸味和甜味又是两种唯一的可以独立成味的味感之一，所以在复合味的调配中非常重要。

(1) 咸味与甜味 用品尝统计法测定在 1％、2％、10％、20％的食盐溶液中，各添加 5％的蔗糖溶液，研究甜和咸的关系；又在 10％、25％、50％、60％

的蔗糖溶液中添加 5％的食盐溶液，研究甜和咸的关系。结果是：蔗糖能使食盐咸味减弱；低浓度的食盐，使蔗糖的甜味增强，而高浓度的食盐，使蔗糖的甜味减弱。

（2）咸味与酸味　用品尝统计法测定在 1％、2％、10％、20％的食盐溶液中，各添加 5％的醋酸，研究咸和酸的关系；又在 0.01％、0.1％、0.3％、0.5％的醋酸溶液中各添加 5％的食盐溶液，研究酸和咸的关系。结果是：少量醋酸使食盐的咸味增强，多量的醋酸使食盐咸味减弱；少量的食盐使醋酸的酸味加强，多量的食盐使醋酸的酸味减弱。

（3）咸味与苦味　用上述方法测定在 1％、2％、10％、20％的食盐溶液中，各添加 5％的咖啡溶液，研究咸和苦的关系；在 0.03％、0.05％的咖啡溶液中各添加 5％的食盐溶液，研究苦和咸的关系。结果是：咸味因咖啡而减弱；咖啡苦味因加食盐而减弱。

（4）咸味与鲜味　咸味因添加谷氨酸一钠而减弱；谷氨酸一钠的鲜味因添加食盐而加强，这是味精中含有食盐的主要原因。

2. 甜味和其他味的关系

（1）甜味与咸味　同前。

（2）甜味与酸味　配制 5％、10％、25％、50％的蔗糖溶液和 0.01％、0.1％、0.3％、0.5％的醋酸溶液，分别研究甜、酸味之间的关系。结果是：蔗糖甜味因添加醋酸而减弱，量越大甜味越弱；醋酸的酸味因添加蔗糖而减弱，量加大酸味更弱，但并不是典型的直线关系，因酸味的大小与溶液的 pH 值有关。经测试在 0.1％的醋酸溶液中添加 5％～10％的蔗糖，是人们喜欢的酸甜味，因此是理想的糖醋味汁的比例。

（3）甜味与苦味　配制 10％、20％、50％和 60％的蔗糖溶液与 0.03％、0.05％的咖啡溶液，研究甜、苦之间的关系。结果是：甜味因添加咖啡而减低；同样苦味因添加蔗糖而降低。所以，喜欢喝咖啡的人不喜欢加糖。

（4）甜味与鲜味　南方厨师在烹制菜肴时，喜欢加适量的糖，叫提鲜。所以说在咸味剂存在的前提下，加少量的甜味剂，可形成浓郁的鲜味感。

3. 酸味和其他味的关系

烹饪中常用的酸味调味料除食醋外，还有番茄酱、柠檬汁等，但后者的呈味成分不是醋酸，而是柠檬酸、酒石酸、苹果酸、乳酸等，其呈酸特征是其水溶液能够电离产生氢离子（H^+），所以酸味强弱与菜肴 pH 值（氢离子浓度）有密切关系，通常因其 pH＝3.7～4.9 之间，故而菜肴的适合 pH 值在 3～5 之间。

（1）酸味与咸（甜）味　酸味与咸味、酸味与甜味的关系如前所述。

（2）酸味与苦味　在酸味中加入少量苦味物质或单宁等涩味物质，可使酸味增强。

(3) 酸味与鲜味 酸味能使鲜味减弱，同样鲜味也能使酸味缓和。

以食醋为主调的酸味剂，当温度升高，酸味强烈，特别是以油脂为传热介质时，温度过高会造成醋酸分子挥发，同时造成食物原料中的腥膻成分因蒸气分压下降而随同发挥，所以，厨师多用食醋去腥解腻。

4. 苦味和其他味的关系

一般情况下，人们对苦味物质都有拒食心理，但受长期生活习惯和心理嗜好的影响，对有些苦味食品如茶叶、咖啡、啤酒等，却又情有独钟，但很少用单一的苦味作菜肴，而是与其他原料组配形成复合味，如青椒苦瓜。

5. 鲜味和其他味的关系

任何菜肴或点心，呈单一鲜味的情况不存在，鲜味只是复合味中的一种成分。常用的呈鲜调味料有味精、鸡精、虾籽、蚝油等。

在实践中，鲜味对咸味、酸味和苦味都有减弱缓和的作用；鲜味对甜味的影响比较复杂。

不同的鲜味剂之间，通常都有相乘的增强作用。如在谷氨酸钠中加少量的肌苷酸钠，或者在鸟苷酸钠中加少量肌苷酸钠，都会使鲜味强度增强。调味料工业用于生产"特鲜"味精。

6. 辣味和其他味的关系

辣味在烹调中一般认为有增香、去异、解腻、开胃（刺激食欲）的作用。辣味调味料都来自植物界。人们对辣味的敏感差异较大，地区的嗜好也不同。所谓的热辣味和辛辣味也只是相对而言，有人进行研究并排出了顺序：

热辣味————————————→辛辣味（刺鼻辣）

辣椒、胡椒、花椒、生姜、葱、蒜、芥末

辣味和其他味都可以共存，味与味之间的强弱变化还无结论。

7. 味感的相互作用规律

不同的呈味物质之间的味感相互作用，存在着如下规律：

(1) 味感的对比增强效应 将两种或两种以上不同味觉的呈味物质，以适当的浓度调和，使其中一种呈味物质的滋味增强的现象叫味感的对比。如"要保甜，加点盐"的说法，蔗糖溶液中加入少量的食盐，糖会更甜；味精中加食盐其鲜味增强。

(2) 味感的相乘增强效应 将同一种味觉的两种或两种以上呈味物质互相混合，其呈味效果大大超出单独使用任何一种的现象，叫味感的相乘。如味精和肌苷酸钠混合使用；甘草酸钠的甜度是蔗糖的 50 倍，将其与蔗糖共用时，其甜度增至蔗糖的 100 倍；盐与豆瓣酱同用时。

(3) 味感的消杀减弱效应 将两种或两种以上不同味觉的呈味物质以适当

比例混合后，使每一种味感都有所减弱的现象，叫味觉相抵或颉颃作用。如蔗糖对食盐的咸味和醋的酸味都能起到减弱作用，同时又没有甜味的感觉，如烹鱼时。

(4) 味感的转换变调效应　某些呈味物质对其后续呈味物质的味觉类型产生明显的影响，称变味现象，也叫转换或转化效应。如喝了浓盐水后，再喝淡水反而有甜的感觉；食用甜食后，再吃酸的，觉得酸味特强；咀嚼青橄榄，随后有甜的感觉；如糖醋味、鱼香味；冷菜与热菜；酒过量后再喝有酒如水的感觉。

(5) 味感的复合转化效应　将两种或两种以上的呈味物质，以适当的比例均匀调和，调和的方式可以是粉末混合，也可以是在水中同时溶解，则可产生一种新的味道，这就是复合转化效应，是烹调工艺最重要的复合调味过程，如怪味、咖喱粉等。

(6) 味觉迟钝现象　连续进食单一味觉的食物，随着时间的推移这种味觉越来越不敏感，需要不断加大浓度方可感知。这种现象以甜味最显著，其他味觉都类似，必须掌握一个"度"。品尝专家品尝时，需用水经常漱口，防止出现味觉迟钝。

第六节　食品调味料的滋味对消费者嗜好性的影响

一、口味嗜好性的概念及引起口味差异的原因

口味是指人的味觉对食品滋味的感受，也可指人对食品味道的爱好。由于每个人的生长发育所处的环境不同，个人味蕾的发育也不相同。有的味蕾感受酸味，有的感受甜味，因为每个人的味蕾是有一定的差异的，可能导致有的人感受酸味强一些，有的人感受甜味强一些，即使很小的这种味觉刺激就能引起这个人的味觉冲动。但是如果你感受某味觉的味蕾比较少，那么你的这一味觉就相对比较迟钝，可能需要很强的刺激才能引起你的冲动。这就导致了每个人口味不同的原因。除了天生的因素，还有的与某些疾病有关，比如说肾不好的人可能比较喜欢偏咸一点。除此之外，还有的与个人的习惯有关，有的人喜欢吃淡的，那可能就与从小受到家庭环境因素影响所养成的习惯有关。其实不管每个人的口轻还是口重，适合他们自己口味的菜吃到嘴里的感觉是一样的。

二、影响口味嗜好性差异的不同因素

1. 季节对口味嗜好性的影响

《周礼·天官·食医》云："凡和，春多酸，夏多苦，秋多辛，冬多咸，调以滑甘。"也就是说根据季节的不同，人的生理状况也随之发生变化，饮食的口味

也随之发生变化。春多酸味出头，夏天清淡微苦，秋季偏中偏辣，严冬味浓多咸，将是合时之美不变的原则。

2. 地域对口味嗜好性的影响

区域差别和地域类型通过物产影响饮食的用料和人们的习惯口味、嗜好。例如，海边以海鲜菜著称；江湖以河鲜菜闻名；而峡谷激流段的河鲜因鱼虾需抗急流才能生存，而肉具弹韧性，吃起来不只特别鲜美，还有特殊的口感；山区则以野味和山珍著称；干旱区的牛羊肉少膻味，瓜果菜质量佳；北方的稻谷优于南方。

山西黄土高原含钙过多，使居民嗜醋，有利于消除体内的钙沉淀，可以克服各种结石病。南甜北咸则与物产和气候有关，南方产糖，湿度大，使人体蒸腾小，因而嗜糖，而不需吃过多的盐；北方人体蒸腾量大，需要消耗较多盐分。

3. 中国菜系对口味嗜好性的影响

菜系风味是饮食文化的基础，中国四大菜系各有自己的区域分布，基本上可分为调味菜和本味菜两类。菜系的特点与其相应的区域背景特征和历史发展有关。有些菜系历史发展比较稳定，人口迁移和战争影响较小，形成相对稳定的固守传统的特点。有些菜系历史变迁较大，菜系融合多方面特点而形成，具有不断创新的特征。因而，菜系的封闭和开放程度也有所差别。

汉族区有四大菜系的划分：①华北，包括东北属于北方菜系。这一菜系起源于山东，故又称鲁菜。②长江下游地区。属于江南菜系，历史上这一区域属"淮海维扬州"，以扬州菜最为典型，故又称淮扬菜，因其分布范围包括淮河流域和长江南北，也称之为江淮菜。③长江中上游和贵滇地区，崇尚辣味，以川菜为典型，称为川菜系。④南岭以南的华南地区，以广东菜为典型，故又称粤菜系。

(1) 鲁菜 正宗鲁菜主要分布于山东。山东半岛沿海及黄河下游丰富的物产，为鲁菜的发展提供了广泛的原料，使其取材广泛，选料精细。其中济南菜以烹调方法独特多样，包括爆、炒、烧、炸等，长于制汤而著称；胶东菜则以擅长烹海鲜，注重清鲜原味见长。

鲁菜作为调味菜，味浓而咸鲜较明显，喜用酱、葱、蒜调味料，浓调主要表现于配料汤上，主料只是外层入味，内层仍保留原味。鲁菜之佳者在于吊汤舍得多下料，名厨用整鸡、整鸭、猪肘子、干贝、金华火腿等原料熬制清汤，其汤清而味浓，极为鲜美，吊出的汤好，烹出的菜便更鲜美。

(2) 淮扬菜 淮扬菜属本味菜，讲究熟烂。其风味特色是清淡入味，淡而不薄，浓而不腻，清汤清澈见底，浓汤醇厚如乳，原汁原味，加糖作调味料，特别是分支无锡菜，因而咸味菜也含甜味，形成"酥烂脱骨而不失其形、滑嫩爽脆而不失其味"的菜系特征。淮扬菜还以擅长江鲜而著名，昔时的带鳞直蒸的时令菜

"清蒸鲥鱼"曾经是淮扬菜一绝。但现在脂美的江鲥已很难得，反而在沿海可吃到甩卵后的"海鲥"，已无昔日"绝味"。现在仍可吃到"双皮刀鱼""松鼠桂鱼"等正宗淮扬江鲜菜，但其美味远比"清蒸鲥鱼"差。

淮扬菜茶点，包括早茶点心和正餐风味茶点，并有四时不同点心之差别。

淮扬菜肉禽水产类加工出色，而山珍海味加工特色不明显，加以受近40年来风气影响，淮扬菜与鲁菜一样，忽视了山珍野味的烹制，影响其向高档发展。

(3) 川菜　川菜注重运用辣椒调味，继承巴蜀时就形成的"尚滋味，好辛香"，逐步形成一个地方风味极其浓郁的菜系。四川自古就是天府之国，因而入烹的料品种类繁多，以制作禽类为擅长，四川外围多山地，因而山珍野味也多入菜，四川只有河鲜，但缺海鲜。

川菜以回锅肉、鱼香肉丝、水煮肉、怪味鸡块、魔芋烧鸭、干烧鱼、麻婆豆腐等调味菜，以及蒜泥白肉、夫妻肺片、灯影牛肉、四川泡菜等风味凉菜，还有汤圆、担担面、抄手（馄饨）等街头小吃而著称，更有麻辣出奇的重庆火锅。人们品尝川菜，欣赏其麻辣味，很少去注意其非麻辣味的浓调味菜。而山珍海味，特别是一些名贵作料，如鲜虾、海参、鱼翅、燕窝等不适于用麻辣调味料，其烹制方式没有什么特点，很难进入川席成为主菜。

(4) 粤菜　粤菜泛指岭南风味，岭南兼有沿海海鲜、三角洲和河谷平原的禽畜和河鲜，又有山地的山珍，加以原为南蛮之地，保持蛮食的"生猛"特点。历史上的战乱使北方人多次南移，广东的白话、潮州、客家三语系的汉族不是北方从陆路南下与土著婚配的后裔，便是从海陆路直接南下的汉族后裔，因而带来了京都风味、姑苏名菜、扬州炒菜，现代又博采西餐之长。加以香港日益繁荣，形成港式粤菜、港式潮州菜。

近年来，南粤饮食（主要是广州菜）大有统帅饮食高档消费之势。谁也没有料到，潮州商帮在香港起运，大展宏图，促使潮州菜在香港这个世界美食荟萃之都悄然崛起，潮州馆大有取代广州馆之势。因而又有"食在潮州""食在潮汕"的流传，可称之为"中国第一菜"。清淡潮州菜还迎合重科学讲营养的现代西方烹调要求，强调养生、减肥，追求清淡少油，采用新鲜、鲜活加工的原料，强调在烹调过程中保持原有营养成分和味道，加以不同菜色配有不同调味料由食客自蘸浓淡，也即把调味权下放到食家之手。

第七节　食品调味料的呈味物质

一、鱼调味料的呈味成分

鱼调味料是海鲜调味料的一种。它是以低值鱼虾或水产品加工下脚料为原料，利用鱼自身含有的酶以及微生物产生的酶在一定条件下发酵而成的。目前生产和食用鱼调味料的地区主要分布在东南亚、中国东部沿海、日本及菲律宾北部等地。在日本，鱼调味料广泛应用于水产加工制品（如鱼糕）和农副产品加工中（如泡菜、汤及面条等）；在越南，鱼调味料是人们每餐必不可少的调味料；在我国辽宁、山东、江苏、浙江、福建、广州等地均有鱼调味料生产，其中以福建福州的鱼调味料最为有名，远销 16 个国家和地区。

呈味的好坏直接决定着调味料的受欢迎程度。鱼调味料作为一种传统调味料，能够延续至今，与其独特的呈味密不可分。尽管鱼调味料的种类及其所使用的原料不同，各种鱼调味料在呈味及其成分构成方面不尽相同，但与以大豆和小麦为主要原料的酱油相比，其特征是显著的。鲜味和咸味构成了鱼调味料的呈味主体。一般认为，鱼调味料的鲜味成分主要有肌苷酸钠、鸟苷酸钠、谷氨酸钠、琥珀酸钠等，谷氨酸钠是其鲜味的主要来源，而咸味仍以氯化钠为主。但是，鱼调味料呈味的独特性在于鲜厚浓郁的口感，不是仅仅依靠这些物质的简单加成所能形成的，由水产原料发酵而来的呈味物质构成的复杂呈味体系共同作用赋予了鱼调味料独特的味。

二、豆酱类调味料的呈味物质

豆酱（soybean paste）是我国四大传统的发酵豆制品之一，它是以大豆为主要原料制成的酱，经自然发酵而成的半流动状态的发酵食品，也称黄豆酱、黄酱或大豆酱。豆酱之所以具有浓郁的香味、适宜的口感和色泽是因为发酵过程中大豆蛋白质在微生物分泌的酶的作用下，发生了一系列生化反应，其中包括蛋白质水解、酒精发酵、有机酸发酵、酯类形成等。

在测定的 17 种氨基酸中，豆酱中谷氨酸、酪氨酸、天冬氨酸、组氨酸、亮氨酸含量比较高。谷氨酸和天冬氨酸是常见的呈鲜味氨基酸，组氨酸、酪氨酸和亮氨酸具有微苦的味道，并且这些氨基酸都在后熟过程中呈现上升趋势，这类氨基酸对豆酱特有滋味的构成可能有比较大的贡献。同时这些氨基酸有可能组成各种形式的滋味肽，或直接通过美拉德等反应赋予豆瓣酱良好的挥发性风味和滋味。

总体看来，传统豆酱的一个特点是氨基酸态氮高。氨基酸态氮是豆酱的一个主要营养价值的评价指标，同时也是反映豆酱鲜味的重要指标，传统豆酱的氨基酸态氮含量远高于商品豆酱。商品豆酱中可溶性糖含量远高于传统豆酱，可能与产品最终品味调制有关。商品豆酱的另一特点是含盐量与含水量相对稳定。氨基酸本身是重要的呈味物质，特别是游离氨基酸与豆酱独特风味的形成密切相关。传统豆酱的氨基酸总量均高于商品豆酱，这也是传统豆酱味道鲜美的重要原因。氨基酸中谷氨酸和天冬氨酸是重要的呈鲜味氨基酸。除谷氨酸和天冬氨酸具有明显的鲜味之外，亮氨酸和异亮氨酸能赋予豆酱特有的苦味，而赖氨酸与豆酱的特殊滋味有关系。

三、食用菌调味料的呈味物质

我国是世界食用菌生产第一大国，食用菌已成为继粮、棉、油、果、菜之后的第六大农产品。食用菌营养丰富，味道鲜美，具有一定的医疗保健功能，在国际上被认为是最理想的蛋白质和营养组合来源，是公认的"健康食品"。由于食用菌所含有的丰富呈味物质，具有浓郁的鲜香风味，成为天然调味料开发的热点，食用菌调味料的开发是食用菌深加工利用的重要方向。构成食用菌风味物质的主要有呈鲜甜味的氨基酸、5'-核苷酸及碳水化合物等非挥发性成分和呈芳香味的挥发性成分，如八碳化合物、含硫化合物以及醛、酸、酮、酯类等。不同的食用菌所呈现的不同风味与不同食用菌品种中呈味物质的构成和含量相关。

1. 食用菌中的呈味氨基酸和核苷酸类

(1) 食用菌中的呈味氨基酸　氨基酸是人体生命活动新陈代谢的重要物质，具有各种生理功能，也是重要的呈味物质，在食品的呈味方面扮演着十分重要的角色。有些氨基酸呈现很强的鲜味，有些具有醇厚的甜味，有些能够和糖类反应呈现独特的香味。氨基酸作为增味剂应用的主要有下列种类：谷氨酸、天冬氨酸、精氨酸、丙氨酸、甘氨酸、组氨酸和脯氨酸等。食用菌中氨基酸含量丰富，香菇、平菇、金针菇、凤尾菇、银耳、黑木耳和猴头菇等常见食用菌的氨基酸总量平均为 $6.00\% \sim 21.00\%$。

食用菌味道鲜美与其含大量谷氨酸等呈味物质有关。不同氨基酸及含量不同，构成了不同食用菌的特有风味。如谷氨酸是食用菌中最重要的一种呈味氨基酸，它在食盐存在的情况下能形成谷氨酸钠（MSG），呈味阈值 0.03%，它是味精中的主要成分，能呈现出较强的鲜味，因此所有的食用菌在烹调后食用都表现出鲜美味道。天冬氨酸的钠盐有特殊味感，而丙氨酸能够改善甜感，增强甜感纯厚度，增强腌制品风味，缓和苦涩味，与谷氨酸、鸟苷酸等鲜味物质配合能发挥鲜味相乘作用，还可引出肉类、鱼类、果实类的鲜味，甘氨酸有特殊甜味，在一定程度上呈虾、墨鱼味，精氨酸与糖加热反应形成特殊香味。由于食用菌中含量丰富的呈味氨基酸，使得食用菌成为食品调味料开发的热点，根据不同食用菌呈味成分的组成和含量不同，进行分析调配，可制造出不同风味的食用菌调味料。

(2) 食用菌中的呈味核苷酸　食用菌中除呈味氨基酸外，还有高含量的核苷酸类呈味物质。具有鲜味的核苷酸类有肌苷酸（IMP）、鸟苷酸（GMP）、胞苷酸（OMP）、尿苷酸（UMP）、黄苷酸（XMP）。食用菌中核酸含量丰富，水解核酸可得到核苷酸。食用菌中呈味核苷酸含量以及氨基酸种类和含量不同，使得不同食用菌品种各具特有风味。食用菌中香菇的鲜味物质呈鲜性最强，主要是其所含呈味的核苷酸物质和谷氨酸多，其中鸟苷酸的含量最为丰富，香菇浸出液中鸟苷酸的含量占 4.00% 以上。

2. 食用菌中挥发性呈味物质

不同食用菌呈现不同风味，与食用菌中的挥发性芳香成分密切相关。食用菌中挥发性芳香成分主要包括八碳化合物、含硫化合物以及醛、酸、酮、酯类等等。食用菌的香味不是单一化合物所体现出来的结果，而是由众多组分相互作用、相互平衡的效果。食用菌最重要的风味物质由 C_8 中性化合物组成，而最具特征的 C_8 中性化合物是 1-辛烯-3 醇（即"蘑菇醇"）。这种物质是许多蕈菌中最典型的风味物质，它有 2 个旋光活性的异构体，（一）和（＋）两种构型，（一）构型有一种强烈的风味，被认为是自然界内蕈菌的主要挥发性物质。含硫化合物通常能影响食用菌菇体整体的芳香，是香菇中最重要的香味来源。

第四章
食品基础调味料
的调配技术

第一节　食品调味的基础与分类

　　调味料是在烹调中能够调和食物口味的烹饪原料，也称调味原料或调味料等。调味料种类繁多，它不仅能赋予食品一定的滋味和气味，而且还能改善食品的质感和色泽。只有了解了调味料的属性和调味原理，掌握了调味料的应用方法、相互作用及用量等，才能烹调出色、香、味、滋俱全的美味佳肴。

一、调味的基本原理

　　影响味觉的因素很多，酸、甜、苦、辣、咸、鲜和香气最为重要。同时，食品的颜色、触觉以及食用者的生理条件、个人嗜好、心理、种族，甚至环境温度、季节等，都会影响人们对味觉的感受。尽管人各有所好，但并非无规律可循。

　　通常从季节上有"春酸、夏苦、秋辛、冬咸"的说法，以地域分也有"东酸、西辣、南甜、北咸"之说。而中医则把五味与人的五脏相对应，认为"酸入肝、咸入胃、辛入肺、苦入心、甜入脾"，即五味入口，先藏于胃，再养五脏之气。

　　食品的滋味主要依据人的感官作出判断，人的感官鉴定实际上就是人对味觉现象的一种反映，所以调味首先必须了解各种味觉现象。

1. 味的概念

　　所谓味，是指食物进入口腔后给人的综合感觉。人对食物味的感觉是十分复杂的，可因食物的种类、成分和调味的不同而感觉不一，从而表现出"可口"或"不可口"。这种"可口"或"不可口"，除受视觉、嗅觉、听觉、触觉和味觉的影响外，还受人们的饮食习惯、嗜好、饥饱、心情、健康状况和气候、环境等因素的影响。

食品的味与气味是密切相关的，食品风味的要素是嗅觉、味觉和咀嚼时感受到的气味。食品的气味能用鼻嗅到，在口内咀嚼时也可感觉到。前者称为香气，后者称为香味或滋味。

2. 味的分类

一般，味可以分为基本味和复合味。基本味是一种单一的滋味，如咸味、甜味、酸味、苦味、辣味等。复合味是由两种或两种以上的基本味混合而成的味，如酸甜味、麻辣味、鱼香味等。将各类调味料进行有目的的配伍，就可产生千差万别的味，形成各种风味特色，这正是中国烹饪调味技术的精妙所在。

基本味又分为四原味和五原味。所谓四原味是指甜味、酸味、苦味、咸味四种基本味觉；在四原味中加上鲜味，就可定义为五原味。

我们知道颜色有红、蓝、黄三种原色，只要具备这三种原色，一切色彩都可调配出来，味觉也有四种原味的假设。最早发表味觉科学分类的德国人海宁认为：甜味、酸味、咸味、苦味是四种基本味觉，其他一切滋味都可由它们调和而成，这与三原色的原理是相似的。但是呈味原料的众多、口味的复杂多样，使得其与实际情况有一定出入。因为仅仅依靠四原味来调配其他味型，还远远满足不了口味的需求，因此我们还是侧重于能比较全面地介绍各种味。

(1) 单一味 单一味是指一种呈味物质所呈现出的味道。目前比较流行的说法是咸味、甜味、酸味、辣味、苦味和鲜味六种。

① 咸味。咸味是调味中的主味，大部分菜肴口味都以此为基础，然后再调和其他的味。咸味在烹饪中起着非常重要的作用，它不但可以突出原料本身的鲜美味道，而且有解腻、去腥、除异味的作用。此外，它还有增甜的作用。例如：糖醋类菜肴的酸甜口味，不光是加糖和醋，也要放一些盐，如果不加盐而完全用糖和醋来调味，味道难以达到最好；做甜点时，如果放点盐，既解腻又好吃。

呈咸味的调味料主要有盐、酱油、酱品等。

② 甜味。甜味在调味中的作用仅次于咸味，它可增加鲜味，调和口味。在我国南方一些地区，甜味是菜肴的主味之一。甜味能去腥解腻，使烈味变得柔和醇厚，还能缓和辣味的刺激感以及增加咸味的鲜醇感等。

呈甜味的调味料有糖、蜂蜜、饴糖、果酱等。

③ 酸味。酸味具有较强的去腥解腻的作用，并且是烹制禽、畜内脏和各种水产品的常用品。它还能促使含骨类原料中钙的溶出，产生可溶性的醋酸钙，增强人体对钙的吸收，使原料中骨质酥脆。同时，酸味调味料中的有机酸还可与料酒中的醇类发生酯化反应，生成具有芳香气味的酯类，增加菜肴的香气。

呈酸味的调味料主要有醋、柠檬汁、番茄酱等。

④ 苦味。苦味是一种比较特殊的味，一般是没有味觉价值的。单纯的苦味

尤其较强烈的苦味通常是不受人们喜爱的，但是苦味在调味和生理上都有着重要作用。苦味能刺激味觉感受器官，提高或恢复各种味觉感受器官对味觉的敏感性，从而增进食欲。苦味如果调配得当，能起着丰富和改进食品风味的作用，如苦瓜、莲子、白果、啤酒、咖啡、茶等都有一定的苦味，但均被视为美味食品。在菜肴中使用一点略有苦味的调味料，可起到消除异味和清香爽口的作用。

⑤ 鲜味。鲜味可增强菜肴的鲜美口味，使无味或味淡的原料增加滋味，同时还具有刺激人的食欲、抑制不良气味的作用。鲜味在菜肴中一般有两个来源：一是富含蛋白质的原料在加热过程中分解成低分子的含氮物质；二是加入的鲜味调味料，如味精、酱油等。

呈鲜味的调味料主要有味精、鸡精、酱油、虾籽、蚝油、鱼露以及各种汤汁等。

⑥ 辣味。辣味具有较强的刺激气味和特殊的香气成分，对其他不良气味如腥、臊、臭等有抑制作用，并能刺激胃肠蠕动，增强食欲，帮助消化。

呈辣味的调味料主要是辣椒、胡椒、芥末、咖喱、姜等。

(2) 复合味　复合味是用两种或两种以上的单一味调味料混合调制出的味道。这是一种综合的味道。做菜调味时，虽然原料自身具有一定的味道，但是这种味往往是在添加调味料后才呈现出来的，可见，菜肴的主要味道一般是由添加的调味料来决定的。丰富多样的各种菜肴所呈现出来的味绝大多数都属于复合味。

复合味的配制，因调味料的组配不同，会有很大变化。各种单一味道的物质在烹调过程中以不同的比例、不同的加入次序、不同的烹调方法，就能够产生出众多的复合味。同时各地又有各自的调配方法，使得味型种类很多，常见的有：

① 酸甜味。应用最普遍的酸甜味是糖醋汁，其配制大体可分为两大流派。a. 广东菜系采用一次大量配制备用的方法，用料为白糖、白醋、精盐、番茄汁（或山楂汁）、辣酱油等；b. 其他菜系的糖醋汁一般都采用现用现配的方法，用料为植物油、米醋、白糖、红酱油、淀粉、葱、姜、蒜末等。京、川、沪、淮扬等地用醋略重，苏州、无锡等地用糖较重。

常用的酸甜味调味料有番茄沙司、番茄酱、草莓酱、山楂酱等。

② 甜咸味。甜咸味在烹制时大都用酱油、盐、糖混合调制而成，一般适用于红烧等烹调方法，并有甜进口、咸收口，或咸进口、甜收口之分，即在咀嚼时先感到突出的甜味，后有咸鲜的回味；或开始时咸味明显，回味时有甜的感觉。

常用的甜咸味调味料有甜面酱等。

③ 鲜咸味。鲜咸味常用盐或酱油加鲜汤或味精调配而成。常用的鲜咸味调味料主要有鲜酱油、虾籽酱油、虾油、鱼露、虾酱、豆豉等。

④ 辣咸味。在各类菜肴中辣的层次有所区别。

常用的辣咸味调味料有泡辣椒、豆瓣辣酱、辣酱油等。

⑤ 香辣味。在调配香辣味时，如果为了加强咖喱的香味，常可采用植物油、洋葱、姜末、蒜泥、香叶、胡椒粉、干辣椒和面粉等混合配制，这样可使辣味层次感强，香气倍增。

常用的香辣味调味料有咖喱、芥末等。

⑥ 香咸味。常用的香咸味调味料有椒盐、糟卤等。椒盐以花椒和盐炒制研碎而成，一般都大量配制后备用；糟卤多用香糟、料酒、糖、盐、糖桂花等配制而成。

3. 调味料的作用

中国民间有"开门七件事，柴米油盐酱醋茶"，又有"五味调和百味鲜"的说法，足见调味料的重要性。现将调味料的基本作用总结如下：

(1) 赋味　许多原料本身无味或无良好滋味，但添加调味料后，可赋予菜点各种味感，达到烹调的目的。

(2) 除异矫味　许多原料带有腥、膻、臭、异、臊等不良气味。添加适当调味料后，可矫除这些异味，使菜点达到烹调要求。

(3) 确定菜点的口味　加入一定调味料后，可赋予菜点特定的味型，如鱼香味型、麻辣味型等。

(4) 增添菜点的香气　当添加适当调味料后，会使菜点中香气成分得以突出，产生诱人的气味。

(5) 赋色　在食品中添加有颜色的调味料，会赋予菜点特定的色泽，从而产生诱人而美观的效果。

(6) 增添营养成分　调味料中含有种类不一的营养素，放入食品中，可增加食品的营养价值。

(7) 食疗养生　许多调味料含有药用成分，尤其是香辛调味料，可起到一定的食疗、养生的作用。

(8) 杀菌、抑菌、防腐　许多调味料中含有的化学成分，具有杀菌、抑菌、防腐的作用。

(9) 影响口感　有些调味料可影响烹饪成品的黏稠度和脆嫩程度等。

4. 调味与味型

调味是烹调的重要措施之一，它对菜肴的色、香、味的形成都起着非常重要的作用。调味技术是建立在科学理论基础之上的一项复杂的技术手段，要掌握良好的调味技术，就必须了解、掌握味的基础理论和味觉的基本知识。

"味"是菜肴的灵魂。菜肴之美，以味当先。调味能创造菜肴的风味特色，能去除某些原材料的臊、腥、膻、臭、霉等异味，展示美好的味感，能使淡而无味的原材料鲜美可口，更能为菜肴增色添香、美化外形。因此，随着调味技术的不断进步，运用调味料的化学性质，巧妙地进行组合，把单一的味变为复合味，结合加热的手段，就能烹制出变化精微细致的、非常适口的多种味道来。

所谓调味，就是在烹制过程的某一环节，按照菜肴的质量要求和适当比例投入调味料，使菜肴具有色、香、味、型俱佳的品质的过程。调味是指在烹调中，运用各种调味料及调味方法调配食物口味的工艺。调味是烹调的重要组成成分，是决定菜点风味、质量优劣的关键工艺，也是衡量厨师技术水平的重要标准。

调味既是烹调的技术手段，也是烹调成败的关键。为了更好地掌握调味技术的真谛，有必要了解味觉的基础知识，了解菜肴的风味特点，以及调味料和调味料的品质、性能，掌握合理的调味原则、机理和时机，同时在调味的过程中，还要根据原材料的性质、产地以及不同人群的生活习惯、民族禁忌、气候、环境等因素合理调味。只有这样才能不断改进调味技术，使菜肴的调味更合理、更科学、更符合人们的需要。

味型是指经过添加调味料后，使菜点呈现独特味道的类型。一般情况下，菜品无单一味，都是以复合味的形式出现，故味型也是以两种或两种以上的味感来描述的。当然这种描述很难完全反映食物的真实口味，一般是用约定俗成的命名方法将两种主味合二为一，或是以主要味感来命名味型（这其中不包括呈味的辅助味觉）。

(1) 调味的方法和要求 调味的方法有三种：即原料加热前调味（码味）、原料加热过程中调味和原料加热后调味。这三种调味方法既可单独使用，也可交叉使用。调味的要求是：要恰当、适时地选用调味料；严格按照工艺要求进行调味；根据季节、人群、菜点的不同选用适当的调味料；根据原料性质的不同选用调味料等。

① 腌渍调味 将调味料与菜肴主配料拌和均匀，或将菜肴主配料浸泡在溶有调味料的水中，经过一定时间使其入味的调味方法。

② 分散调味 将调味料溶解并分散于汤汁中的调味方法，主要用于水烹菜肴。

③ 热渗调味 在热力作用下，使调味料中的呈味物质渗入原料内部的调味方法。此法常与分散调味法和腌渍调味法配合使用。热渗调味需要一定的加热时间作保证，加热时间越长，原料入味越充分。

④ 裹浇调味 将液体状态的调味料黏附于原料表面，使其带味的调味方法。

⑤ 黏撒调味 将固体调味料黏附于原料表面，使其带味的调味方法。通常是将加热成熟的原料，置于颗粒或粉状调味料中，使其黏裹均匀，也可以将颗粒或粉状调味料投入锅中，经翻动将原料裹匀，还可以将原料装盘后再撒上颗粒或粉状调味料。

⑥ 跟碟调味 将调味料盛入小碟或小碗中，随菜一起上席，由用餐者蘸食的调味方法。此法多用于烤、炸、蒸、涮等技法制成的菜肴。跟碟上席可以一菜多味，由用餐者根据喜好自选蘸食。

（2）调味的时机 有了调味料，掌握了一定的调味方法和手段，还不能直接进行调味。在烹调中，由于调味是结合加热进行的，受加热方式限制，调味有三个时机：即加热前、加热中、加热后。

① **加热前调味** 也称基本调味，指原料在加热前用调味料调拌或浸渍，利用渗透作用使原料内外有一个基本味道。适用于加热时难于调味的烹调方法，也适用于形态较大的动物性原料。

基本调味要注意以下问题：第一，基本调味需要时间，因为它是利用调味料的渗透将呈味物质带入原料内部的，而渗透需要较长的时间；第二，基本调味要留余地，由于基本调味是菜肴制作的初步调味，后面还可以有正式调味或辅助调味，因此，各种调味料在量上要适度。

② **加热中调味** 也称正式调味，是指原料在加热过程中，选择适当的调味料，按照一定的顺序加入锅中，为原料调味。适用于炒、烧、卤等烹调方法。

这个阶段调味要注意两点。第一，调味料投入的时机要科学。在正式加热时进行调味，调味料在加入顺序上存在一个时间先后的问题。如葱、蒜、醋、料酒等含有挥发性物质的调味料，如果是为了去除原料中的异味，可早点加入与原料共热；如果是为了增加香味则应晚点加入，以免过度加热使香气挥发殆尽。第二，菜肴口味要基本确定。正式调味是基本调味的继续，除个别烹调方法外，这阶段菜肴的口味要确定下来，这是调味时机中至关重要的阶段，也是决定性的调味。

③ **加热后调味** 又称辅助调味，是指原料加热结束后，根据前期调味的需要进行的补充调味。适合于蒸、炸、烤等正式加热时无法调味的菜肴。

辅助调味不仅补充了菜肴的味道，还能使菜肴口味富于变化，形成各具特色的风味。有些菜肴在加热前和加热中都无法进行调味，只能靠加热后来调味，如涮菜和某些凉菜，这时辅助调味就上升为主导地位。

（3）常见味型

① 咸鲜味型：由咸味和鲜味调味料调配而成，主要呈咸味和鲜味的味型。

② 咸甜味型：由咸味和甜味调味料调配而成，主要呈咸味和甜味的味型。

③ 咸辣味型：由咸味和辣味调味料调配而成，主要呈咸味和辛辣感的味型。

④ 咸香味型：由咸味和呈香调味料调配而成，主要呈咸味和香味的味型。

⑤ 酸甜味型：由酸味和甜味调味料调配而成，主要呈酸味和甜味的味型。

⑥ 酸辣味型：由酸味和辣味调味料调配而成，主要呈酸味和辛辣感的味型。

⑦ 香辣味型：由香味、辛辣味的调味料配制而成，一般还配有咸味调味料等，主要呈香辛咸鲜的味型。

⑧ 麻辣味型：由麻味感的花椒及辛辣调味料，并配以咸鲜调味料配制而成，主要呈麻辣咸鲜的味型。

⑨ 怪味味型：由酸味、甜味、苦味、辣味、咸味等调味料调配而成，主要

呈多味复合的味型。

⑩ 五香味型：由五香粉或多种香辛料，配以咸味及其他调味料调配而成，主要呈香辛料特有味感及咸鲜等味型。

⑪ 各类香辛料味型：是以香辛料及咸味调味料等配制而成，具有独特的香辛料气味及咸鲜等味型。如蒜泥味型、椒盐味型、葱油味型、胡辣味型、芥末味型、荔枝味型、家常味型、鱼香味型、咖喱味型等。

在使用调味料配制不同味型时，因选用的种类和配比不同，其味感可有较大的差异。例如，咸甜味就可以分出甜进口、咸收口，咸主甜辅，微有甜味等多种。另外，调味料除极个别外，大多数本身就是多味组合体，如酱油，虽主味是咸，但还有鲜、甜等味。

二、常用基础调味料与食用香精

1. 原味调味料

原味调味料通常是指盐、糖等最简单的原始调味料。

2. 化学调味料

所谓化学调味料是指味精、I+G 等，其特点与原味调味料一样，呈味单一，必须与其他调味料配合才有较好的效果。

3. 香辛料

香辛料是一类能够给食品呈现具有各种辛香、麻辣、苦甜等典型气味的食用植物香料：花椒具有强烈的芳香气，味辛麻且持久，生花椒味麻且带有辣味，炒熟以后香味浓厚；八角茴香香气浓郁，而略带甜味；胡椒有黑、白胡椒之分，黑胡椒辛辣味比白胡椒浓；小茴香气味芳香，调味时可去除菜肴的异味；生姜粉用于调味粉料中，鲜姜用在调味酱中，均起增香作用；丁香芳香味强烈，可少量用在调味料中；洋葱的辛辣味独特，不但能单独成菜，而且用在调味料中起增香，促进食欲的作用；大蒜具有增香、灭菌的功效。

4. 水解蛋白类

水解蛋白类调味料主要有水解植物蛋白、水解动物蛋白、酵母精等，主要成分是氨基酸、多肽类，能使调味料有醇厚感，其口味适应范围较广。但由于是强酸分解，碱中和，在产品中仍然会带有一些酸、碱的气味。而常见的酵母精均含有特殊的酵母味，也造成调味上的困难，限制了其添加量。

5. 主体风味料

所谓主体风味料主要是指肉禽类及水产类等为原料的调味料，堪称"原汤元素"，这类调味料具有明确的品种特征，构成所要调配品种的主体风味，对调味料风味有很大的影响。山珍海味之所以脍炙人口，是因为它们具有特殊鲜美的滋味，而这种特殊的滋味又是非常复杂的综合味感，因此主体风味料，是其他调味料无法替代的。

(1) 原质风味料　原质风味料即从肉类中分离出的非挥发性成分或单体，通常通过酶解或抽提获得。

(2) 反应型风味料　主要是利用氨基酸及还原糖经加热进行美拉德反应，产生独特的肉类的色香味。为了使肉香更加纯正、持久，通常在反应时会加入天然肉类或其抽提物，用喷雾干燥法制成粉体风味料。目前国外肉类、海鲜类香精偏向于此方法生产。

6. 发酵调味料

是以豆类、面粉等为主要原料，利用微生物发酵制成的一种具有独特风味的调味料，是东方烹调中不可缺少的佐料，常用的有：酱油、酱油粉、豆酱、辣酱、豆豉等。优质的发酵调味料不仅滋味鲜美、醇厚、香味浓郁，而且营养丰富，易被消化吸收，在调味上也是利用其特点来调配和模仿烹调时的滋味，是深受欢迎的大众调味料。

7. 食用香精

食品中的香味物多为受热易挥发物，因此在加工过程中或多或少有所损失。同时现代社会也创造出了许多仿真食品及联想食品。为保证最终产品风味一致性，有必要使用人工香精作为矫正与补充。

食用香精在食品中主要有以下作用：辅助、稳定、补充、赋香、矫味、替代。它决定产品风味，起画龙点睛作用。

根据香精的形态及不同使用特性通常分为以下几类。

(1) 水质香精　此类香精的溶剂为食用酒精、丙二醇或蒸馏水。其特点是在一般用量范围内透明溶解，分散均匀，具有轻快的头香。适用于汽水、饮料、含酒饮料、果酒、果冻、雪糕、冰淇淋等食品。其缺点是不耐热。

(2) 油质香精　此类香精的溶剂为丙二醇、三醋酸甘油酯、植物油等。特点是香味浓度高，留香性好，在水中难分散，耐热性好。适用于需高温处理的产品。

(3) 乳化香精　将油性香精以适当的乳化剂、稳定剂使其在水中分散成微粒而成为乳化香精。乳化可抑制香气挥发，使饮料成浑浊状态，从外观及口感上提高了饮料的真实感，特别是果汁饮料常使用这类香精。

(4) 粉体香精　粉体香精可分为吸附型和微胶囊型。

吸附型是将香基与粉末载体搅拌而成。它的缺点是颗粒难以均匀，香精有效成分少、保存时间短，由于香精中不同原料的挥发速率不同，吸附能力不一致，导致香气前后变化很大，并且伴有明显的淀粉、糊精类气味。

微胶囊型是利用胶类物质（如阿拉伯胶、明胶等）做包埋剂，将香精有效成分包埋起来，然后喷雾干燥，使香精外表形成微胶囊与外界隔开，阻止了香精的挥发及氧化变质。微胶囊香精的特点是，香气保存完整持久，颗粒均匀细腻，保质期长，耐高温。适用于饼干、糖果、汤料等，通过咀嚼或泡水使胶囊破裂，芳香物质就会释放出来。

（5）特殊香精

① 天然发酵香精　此类香精主要是提供奶品应有的发酵奶天然风味、酵味和绵味。它的风味与化学物料味截然不同，具有天然奶的风味及香气，适用于人造奶油、奶糖、雪糕、冰淇淋中。

② 口香糖香精　此类香精具有耐高温，香气浓且留香持久的特点，并且不含有使胶体软化、硬化和破孔的物质。我们在吃口香糖时，都希望嚼到最后都还有香味，也就是留香要长久。口香糖香精常用的香型有：薄荷、留兰香、冬青、草莓、橙、咖啡、复合水果等。

③ 肉味香精　肉味香精是调味香精的一种，主要类型有：牛肉香精、猪肉香精、鸡肉香精、羊肉香精、烟熏香精。肉味香精从制造角度又分为合成肉味与天然肉味。合成肉味香精主要将具有肉香味的香料调合而成，这种香精的香气逼真度及肉的滋味较差。天然肉味香精以氨基酸、肽类及还原糖加热，进行美拉德反应而成，又称反应香精。反应所产生的肉香比较逼真，生产时添加畜禽肉或骨头提取物，使其香气更逼真于天然肉香，再添加载体、香辛料喷雾干燥而成。

第二节　麻辣味的调配技术

针对市场上出现琳琅满目的麻辣休闲食品，在众多产品之中唯有极少数麻辣食品畅销于市场。多家麻辣休闲食品调味研究者进行交流后，一致认为：厚味是麻辣休闲食品畅销的前提之一，也是当今麻辣休闲食品调味的秘籍。

一、麻辣休闲食品调味厚味强化原料

多年的调味研究发现，强化麻辣厚味的关键性原料主要为由脂类原料、香辛料、咸味香精、发酵类抽提物、酵母抽提物等进行复合而得到的新型厚味较强、原料成本适中的麻辣专用厚味原料。具体强化厚味的原料如下所述。

1. 脂类原料

脂类原料是提高厚味使其成为特色的关键，尤其是包埋技术在油脂类风味物质中的应用。油脂分游离态油脂、粉末包埋油脂、油脂反应的产物，这三类原料在复合调味中对于提高麻辣厚味有非常关键的作用。油脂类物质对厚味有强化作用，这点在和调味多年的食品研发者共同探讨得到证实。游离的油脂对厚味的强化作用很弱，但却是不可或缺的，游离态油脂对口感的圆润度较好，这是其他油脂所不具有的功能。粉末包埋的油脂根据包埋物的含量、包埋材质的口感、包埋的有效成分而厚味不同，但是其持久而厚味重，这使其成为强化厚味的关键原料。油脂反应的产物厚味也非常好，口感和回味较好。将三类脂类物质进行合理复配即可得到很好的厚味强化效果。此类原料应用于麻辣系列调味之中，既可增强麻辣的回味，又可增强麻辣特色，这也成为少数麻辣面制品畅销的杀手锏。

2. 香辛料

香辛料是调味经常应用的主要原料之一。根据香辛料的特性专一选择某种特色常用的香料，对其进行分级研究，从而得出它对强化厚味具有良好的效果。我们将香辛料简称为CG，并根据它的有效成分分为粗品CG、CG100和CG200。粗品CG为浅黄色或者褐色粉末状，除了强化厚味还有不良口感，不宜添加过量，一旦过量或者香辛料配合比例不当，口感会很怪，使用效果很好的情况下，可以使厚味很持久，多用于粉状麻辣调味原料的调配；CG100为纯白色粉末，使用方法较容易，无不良风味，可以用于粉状、膏状、液体麻辣以及其他食品调味；CG200为纯白色，在很多食品中均可应用，效果较好，但不宜过多使用。

除此之外，我们对香辛料中专业应用于调味的姜黄、甘草、排草、酸草、茅草、木香、藿香等原料进行了深度研发，得出一系列强化厚味的特色原料，如酸草提取物、茅草提取物、木香提取物等，这些原料在麻辣调味过程中既可强化厚味，又可体现特色麻辣风味和香味。这些香辛料及其植物类原料是有着长达数千年食用历史的天然、安全、野生的原材料，有别于目前食品添加剂的新原料，因此，使用不限量、安全、健康的天然原料将会成为麻辣休闲食品调味的特色原料来源。

3. 咸味香精

咸味香精具有提高厚味、强化风味方面的作用。咸味香精的核心调味原料如呋喃酮、甲基环戊烯醇酮（MCP）等在调味中起到强化厚味及回味的作用；而一些含硫类化合物则可以很好地提升厚味。这些特色是麻辣特色原料及配料能够畅销于市场的关键。

很多热反应肉粉作为咸味香精应用于麻辣休闲食品调味，可以很好地提高厚味和回味。此外，醛类、酮类、杂环类香料化合物在一定程度上也有强化麻辣厚味的作用。

4. 发酵类抽提物

经过长时间发酵的榨菜、酸菜、泡椒、豆瓣、豆豉等发酵类物质具有特有的风味及香味，如豆豉的发酵类抽提物、泡菜类抽提物、泡椒类抽提物、酸菜类抽提物是麻辣调味中提高厚味的关键物质，其特点是香味柔和、厚味持久。

目前已成功研制的适合于麻辣调味的系列发酵类抽提物有醪糟提取物、豆瓣提取物、豆豉提取物、酸菜提取物、泡菜提取物、泡椒提取物、榨菜提取物，均可用于麻辣休闲食品调味之中，且能很好地提高厚味和回味。

5. 酵母抽提物

酵母抽提物主要来源于面包酵母、啤酒酵母，有极少数酵母类抽提物的厚味和回味非常好，使得此类产品在市场上销售 10 多年仍有大量需求。高品质的酵母类抽提物的特点是厚味不重却很柔和。

厚味复合较好的麻辣专用调味料，调味后经过 1～2 天的放置味道更佳，且越吃越香。

二、新风味麻辣休闲调味厚味配方的设计原理

由于麻辣风味及口感的特殊性，麻辣特色的厚味配方主要是：咸味剂、甜味剂、鲜味剂、香辛料、香味剂、品质改良剂、咸味香精香料、肉类抽提物，对其进行科学复配，可强化肉味使其留香留味持久、回味绵长。

以肉味主体为中心，围绕肉味进行麻辣休闲食品调味的研发，其特色是源于肉味主体的特征及其主要风味。如今市场上畅销的肉味主体为特色的风味有：红烧肉味泡椒牛板筋、菜籽油花香和肉味复合的臭干子风味、牛排风味的小面筋风味。

通过清香花椒提取物和肉香复合的特色麻辣休闲食品、以肉香特色复合烤牛肉的香味也成为畅销的干制麻辣休闲食品。

以肉味为调味核心是麻辣新风味及麻辣休闲食品调味的理论基础之关键，有的麻辣调味将麻辣味作为调味的核心，使得麻辣味的增减成为麻辣味改变的主要因素，如此调味的麻辣休闲食品很难改变其核心风味。唯有以肉味主体为核心、附加其他相关调味因子才能实现麻辣休闲食品的个性化调味。这一理论基础得到了众多从事麻辣休闲食品调味者的认同，也是多年调味经验积累总结的实际应用成果。

三、麻辣厚味强化原料配比新配方

通过对实践中强化厚味的调味经验总结，得出一些新的强化厚味的配方，列于表 4-1～表 4-5。

1. 强化厚味专用之一

表 4-1 强化厚味专用原料配比之一

原　料	用量/(g/kg 食材)	原　料	用量/(g/kg 食材)
肉粉	10	酵母抽提物	20
麻辣专用鸡肉粉	60	海南黑胡椒粉	20
CG	1	葱白粉	10
豆瓣提取物	10		

2. 强化厚味专用之二

表 4-2　强化厚味专用原料配比之二

原　料	用量/(g/kg 食材)	原　料	用量/(g/kg 食材)
肉粉	5	酵母提取物	20
麻辣专用鸡肉粉	72	海南黑胡椒粉	25
CG	0.25	葱白粉	14
泡菜提取物	5		

3. 强化厚味专用之三

表 4-3　强化厚味专用原料配比之三

原　料	用量/(g/kg 食材)	原　料	用量/(g/kg 食材)
肉粉	10	香葱提取物	2
麻辣专用牛肉粉	60	酵母提取物	20
CG	0.8	木香提取物	19
豆豉提取物	15		

4. 强化厚味专用之四

表 4-4　强化厚味专用原料配比之四

原　料	用量/(g/kg 食材)	原　料	用量/(g/kg 食材)
肉粉	10	酸菜提取物	20
牛肉粉	50	海南黑胡椒粉	40
CG	1	姜黄提取物	2
麻辣专用牛肉香精	10		

5. 强化厚味专用之五

表 4-5　强化厚味专用原料配比之五

原　料	用量/(g/kg 食材)	原　料	用量/(g/kg 食材)
肉粉	10	酵母抽提物	20
麻辣专用鸡肉粉	60	海南黑胡椒粉	20
CG	1	纯鸡油	5
XP	10		

　　针对无厚味或厚味、留味时间较短的现象，可使用上述几个强化厚味专用配方，其用量为成品量的 0.02%～0.3%，均可提高麻辣休闲食品的厚味和回味。上述配料均已用于麻辣面制品湿制品、干制面制品、膨化薯片制品、锅巴、膨化玉米的生产，且获得了良好的效果。以上配方得到一些麻辣休闲食品调味者的推崇，部分应用于豆腐干、牛肉干、牛肉粒的调味，也用于卤肉调味中来强化厚

味，更有四川特色的串串香及火锅蘸碟干碟采用其作为调味的秘诀。

四、新风味麻辣休闲食品的类别

近期由特色原料研发的新风味麻辣休闲食品的风味特征如下所述。

1. 炒青椒香型+肉香型

该个性风味以"青辣椒炒肉"风味为核心调味，相关具体调味是目前市场上尚未出现过的，极具特色。青椒炒肉是老百姓熟悉的风味，消费者接受起来相当容易，这样特殊的新风味具有极好的市场前景。

2. 香芹香+肉香

该特色风味是麻辣特色的一大新风味，芹菜的特色风味在肉香的复合之下形成特点比较突出的"香芹肉香"风味，可研发成为市场上独树一帜的个性化麻辣休闲食品。

3. 蒜香+肉香

比较有特色的主要有青蒜苗和肉香、大蒜香味和肉香、烤蒜肉香、泡蒜肉香复合四大类，目前只有极少数厂家有类似的麻辣休闲食品风味生产，而蒜味和肉味的有机复合是更好地实现蒜香和肉香复合的关键。

4. 榨菜香+肉香

体现榨菜的发酵酱香和肉香的结合，具有榨菜肉香型新风味的特色。目前市场上也有极少数此类新风味，此类风味的市场前景取决于如何进行市场操作。

5. 风味豆豉香+肉香

将风味豆豉的酱香和肉香复合，也是市场上少有的非常独特的风味，目前有极少数品牌在运用。这样的特色风味有较为广阔的消费基础，其风味的改进有待于市场的接受和认可。

6. 泡菜香+肉香

将泡菜的香味和肉味有机结合所得的泡菜肉香风味，其特色是风味厚味较重，可以很好地实现柔和的香味特征，也是极少数麻辣休闲食品能在市场上存在的原因之一。

7. 青花椒香+肉香

以鲜青花椒香味为其特色的风味流传于成都一些干制麻辣休闲食品中并畅销，目前这一特色风味不断在全国各地出现，并广泛地被消费者接受。高品质的清香是该口味的突破点，麻味不重、清香突出乃为关键，厚味不发苦是青花椒香和肉香的结合至关重要的一点，持久的麻辣特征也是这一系列风味畅销于市场的关键。这一特征风味将不断被消费者接受，销售量和销售品种也将不断增加，市场前景不错。

8. 油菜籽花香+肉香

比较畅销的油菜籽香已成为经典，这一风味比较成熟，也是其受到市场认可的关键。消费者比较熟悉的是油菜籽香和酱肉香的结合体，它是市场上麻辣休闲食品的一大特色。这一大类食品畅销的主要原因是其增香效果已获得消费者的认可。

9. 炒干辣椒香+肉香

干辣椒在加工过程中能得到相当多的风味，结合肉香就可以实现这一些特色风味。这类风味市场潜力较大，深度研发消费者认可的干辣椒肉香成为该风味成功之关键。目前市场上这样的风味比较多，而经典的却少之又少，在众多辣椒香味研究中得出市场认可的香味也成为这一风味是否能占有市场的关键。

10. 烧烤香+孜然香

烤肉香是一大特色香味，尽管市场上这样的风味很多，但特色比较明显的尚未见到。这一特色风味成败的关键在于烤肉香和孜然烤香的结合，该风味易被消费者认可，市场潜力较大。

11. 烤肉香+香葱香

葱香烤肉是一种典型的麻辣休闲食品风味，这一特色体现在烤肉香和香葱香味的结合，比较明显的葱香是这一风味的特征。此类风味较少有畅销品种，主要原因是尚未开发出能被消费者普遍接受的经典葱香，这也成为这一新风味产品能否适应市场的关键。

12. 木香+牛肉香+香菜香

这一复合香味在于木香的基础味道、牛肉醇香、香菜清香之复合，是一个新的比较有特色的风味，这样的风味一旦被市场接受，必将有广泛的消费群体。其木香的特色香味和香菜香味的选择成为这一风味调味的关键，也是消费者认可的核心点。原料的选用是能否被消费者认可的关键，采用好的原料，将其合理科学复配即可诞生具有此特色风味的麻辣休闲精品。

13. 藤椒香+火锅香+酱香

这类香味主要体现藤椒清香、火锅香料的体香、豆豉和豆瓣的特色酱香，将三者复合得到理想的麻辣休闲食品风味成为如今这一大风味的制胜法宝。以特色火锅香原料为核心，将藤椒香味、酱香原料复合，采用盲测方式对消费者进行盲测，若认可率在80％以上则说明此风味已获得消费者的认可，那么其将会得到广阔的市场。

14. 香菇香+烤鸡肉香+葱香

市场上可见该风味，但是较好的风味尚未出现。采用香菇香味作为基础香型，主要体现烤鸡肉香的特征，葱香作为点缀，即可得到饱满的特色风味。使用高品质的原料是这一风味能被消费者认可的关键。

15. 奥尔良鸡翅风味

该风味特色的辣香和肉味是其能够被消费者接受的关键。

16. 鸭脖子风味

主要体现于将麻辣休闲食品调成鸭肉味的特色，其鸭肉味成为这一大风味被市场认可的关键，所调出的鸭肉味被消费者认可即可。

17. 腊肉风味

传统的腊肉风味调味被消费者接受是这一风味成功的关键。

18. 香肠风味

传统的香肠风味调味被消费者接受是这一风味成功的关键。

19. 火腿风味

传统的火腿风味调味被消费者接受是这一风味成功的关键。

以上这些新风味的麻辣休闲食品调味技术成为一些麻辣休闲食品将来畅销于市场的前提，更多适合于消费者的新风味调味技术也将不断出现。

五、麻辣休闲食品调味实际应用配方

各麻辣休闲食品厂所用的实现麻辣调味厚味及回味的麻辣调味配方较为接近，但核心原料及配比有所不同，现将成都乐客食品技术开发有限公司所用的原料及配比列于表4-6～表4-16，以供参考。

1. 麻辣面制品调味配方

表 4-6　麻辣面制品调味配方

原　料	用量/(g/kg 食材)	原　料	用量/(g/kg 食材)
食盐	20	青葱粉	20
味精	40	海南黑胡椒粉	10
I+G	2	葱白粉	40
植物型香辛料提取物 XP	40	强化厚味专用肉粉	10
麻辣休闲食品专用鸡肉粉	52	植物香辛料提取物 CG	20
增鲜专用配料 GR	4	乙基麦芽酚	2
泡菜提取物（液体）	4	纯鸡油	0.3

湿制面制品半成品调味配方：半成品15kg、花椒粉60g、蛋白糖（50倍）40g、味精100g、I+G 2g、油辣椒1.2kg、食用油2kg、麻辣专用粉50g、麻辣专用复合料4g。

2. 麻辣干制面制品调味配方

表 4-7　麻辣干制面制品调味配方

原　料	用量/(g/kg 食材)	原　料	用量/(g/kg 食材)
食盐	90	酵母抽提物	5
味精	26	麻辣专用调味	1
I+G	0.55	强化厚味专用肉粉	3
麻辣专用辣椒粉	80	麻辣专用鸡肉粉	15
麻辣专用花椒粉	20	葱白粉	15
CG	2.5	增鲜剂 GR	2
麻辣专用粉	1	乙基麦芽酚	2
豆瓣提取物	10	纯鸡油	0.2

3. 麻辣休闲膨化食品调味料配方表

表 4-8　麻辣休闲膨化食品调味料配方

原　料	用量/(g/kg 食材)	原　料	用量/(g/kg 食材)
食盐	80	麻辣专用牛肉香精	5
八角粉	2	姜粉	2
白砂糖粉	100	麻辣专用辣椒粉	50
味精粉	200	花椒粉	4
I+G	10	牛肉香基	0.5
柠檬酸	10	牛肉粉	30
蒜粉	40	海南黑胡椒粉	10
香辛料提取物 CG	1	酵母抽提物	3
豆瓣提取物	5	葡萄糖	300
麦芽糊精	20	孜然粉	5

4. 麻辣花生及蚕豆（兰花豆）调味料配方

表 4-9　麻辣花生及蚕豆（兰花豆）调味料配方

原　料	用量/(g/kg 食材)	原　料	用量/(g/kg 食材)
食盐	80	清香型花椒提取物	0.6
味精	20	芝麻油香基	0.02
I+G	1	强化厚味专用肉粉	2
麻辣专用辣椒粉	80	麻辣专用鸡肉粉	5
麻辣专用花椒粉	20	麻辣专用酵母抽提物	2
白胡椒粉	30	麻辣专用	0.05
香辛料提取物 CG	3		

5. 膨化玉米调味料配方

表 4-10　膨化玉米调味料配方

原　料	用量/(g/kg 食材)	原　料	用量/(g/kg 食材)
食盐	90	酵母抽提物	5
味精	26	麻辣专用	1
I+G	0.55	强化厚味专用肉粉	3
麻辣专用辣椒粉	80	麻辣专用鸡肉粉	15
麻辣专用花椒粉	20	海南黑胡椒粉	15
香辛料提取物 CG	2.5	增鲜专用配料 GR	2
麻辣专用粉	1	乙基麦芽酚	2
豆瓣提取物	10	纯鸡油	0.2

6. 麻辣牛肉干调味料配方

表 4-11　麻辣牛肉干调味料配方

原　料	用量/(g/kg 食材)	原　料	用量/(g/kg 食材)
食盐	40	麻辣专用调味香基	0.05
味精	10	清香型青花椒提取物	0.1
I+G	0.5	德国牛肉粉	3
麻辣专用细辣椒粉	30	海南黑胡椒粉	0.4
香辛料提取物 CG	0.8	郫县豆瓣粉	5
麻辣专用青花椒粉	2	麻辣休闲食品专用孜然油树脂	0.1

7. 麻辣卤制肉制品调味配方

表 4-12　麻辣卤制肉制品调味配方

原　料	用量/(g/kg 食材)	原　料	用量/(g/kg 食材)
食盐	10	桂枝粉	5
味精	20	葱白粉	48
I+G	0.8	卤菜专用细辣椒粉	16
白砂糖	5	肉味香基	0.1
麻辣专用增香剂	5	麻辣专用鸡肉粉	5
辣椒红	0.2	强化厚味专用肉粉	0.5
八角粉	4	麻辣专用调味	0.05
香叶粉	2		

8. 泡菜肉香麻辣专用调味料

表 4-13　泡菜肉香麻辣专用调味料配方

原　料	用量/(g/kg 食材)	原　料	用量/(g/kg 食材)
食盐	20	植物香料提取物 XP	40
味精	40	麻辣专用鸡肉粉	52
I+G	2	增鲜专用配料 GR	4

原　料	用量/(g/kg 食材)	原　料	用量/(g/kg 食材)
泡菜提取物	4	麻辣专用强化厚味原料	10
青葱粉	20	植物香料提取物 CG	20
海南黑胡椒粉	10	乙基麦芽酚	2
葱白粉	40	麻辣专用泡菜提取物	5

9. 木香+牛肉+香菜风味麻辣专用调味料

表 4-14　木香＋牛肉＋香菜风味麻辣专用调味料配方

原　料	用量/(g/kg 食材)	原　料	用量/(g/kg 食材)
食盐	50	青葱粉	20
味精	60	海南黑胡椒粉	8
I+G	2	葱白粉	40
青葱粉	20	香菜提取物	10
牛肉粉	20	木香提取物	2
麻辣专用增鲜配料 GR	4	乙基麦芽酚	0.5
麻辣专用强化厚味肉粉	50	麻辣专用牛肉香精	12

10. 青花椒肉香麻辣专用调味料

表 4-15　青花椒肉香麻辣专用调味料配方

原　料	用量/(g/kg 食材)	原　料	用量/(g/kg 食材)
食盐	90	麻辣专用调味	1
味精	26	肉粉	3
I+G	0.55	麻辣专用鸡肉粉	15
麻辣专用辣椒粉	80	葱白粉	15
麻辣专用青花椒粉	20	麻辣专用增鲜原料 GR	2
香料提取物 CG	2.5	麻辣专用增香剂	2
麻辣专用强化肉味原料	1	清香型花椒提取物	0.05

11. 香辣火腿风味麻辣专用调味料

表 4-16　香辣火腿风味麻辣专用调味料

原　料	用量/(g/kg 食材)	原　料	用量/(g/kg 食材)
食盐	92	麻辣专用	2
味精	28	强化厚味专用肉粉	3
I+G	0.65	麻辣专用纯肉粉	15
麻辣专用辣椒粉	86	葱白粉	15
麻辣专用花椒粉	22	麻辣专用增鲜原料 GR	2
香料提取物 CG	2.5	麻辣专用增香原料	2
麻辣专用火腿抽提物	2		

上述新风味麻辣休闲食品调味配方可以供一些研发麻辣调味的技术研发人员参考，直接应用可以实现更具个性的新风味的调配，也可以直接用于麻辣休闲食品调味，仅需要简单重复试验即可投入生产，可操作性强，适于麻辣休闲食品生产者研发资源比较薄弱或者其麻辣休闲食品厚味不足的情况。

第三节　烧烤味的调配技术

一、烧烤的由来及分类

有考据称烧烤的英文名称 barbecue（俗称 BBQ）可能源于加勒比海。从前法国海盗来到加勒比海，在岛上会把整只宰好的羊从胡须到屁股（de la babe au cul）放在烤架上烤熟后进食，这个食物简称 barbe-cul（法文 cul 字末尾的"l"不发声），又演变成 bar be cue，更由于 cue 的和英文字母 Q 同音，便变成了 barbeque，后来更简写为 BBQ。

1. 烧烤的由来

由于将肉类烘烤时会产生烟雾，常见的烧烤都是在户外进行。但不少餐厅也发展出室内烧烤的用餐形式，在亚洲如日本、韩国等地，称之为烤肉店，也就是在室内每人座位前有建在桌子当中的烧烤架，放上木炭，架上网架或栏架让消费者自行将生肉烤熟的方式。

虽然烧烤主要指烘烤肉类，但今日可烘烤的食材种类繁多，几乎任何食材包括蔬菜、水果等均可以烘烤，常见的有豆腐、香菇、青椒等。

中国食品中有一类即烧味类，包括烧鹅、豉油鸡、烧肉、叉烧等，虽然并非食客自己即烧即食，但英文也叫作 BBQ。

中国饮食、烹饪经过了四个发展阶段，即火烹、石烹、水烹、油烹。火烹是最原始的烹调方法，其最原始的操作方法便是烧、烤。

新石器时代至先秦时，烤与炙、燔、烧是相同的。随着烹饪的进步，虽然出现了水烹、油烹法，但烤法非但未消失，还花样百出。发展至今，已有了白烤、泥烤、糊泥烤、串烤、红烤、腌烤、酥烤、挂糊烤、面烤、叉烤、钩吊烤、箅烤、明炉烤、暗炉、铁锅烤、烤箱烤、竹筒烤、篝火烤等多种多样的烤法，充分显示出烧烤的美味，它对于人们来讲具有极大的诱惑力和吸引力。

2. 烧烤的分类

烧烤分为直接烤制和间接烤制两种。直接烤制又有明火暗火之分，间接烤制也分为铁板、石板、铜板等多种，且对木炭的要求也各不相同。目前我国的木炭共有三种适合烧烤：①原木木炭；②机制木炭；③工业焦炭。原木木炭也有果木和杂木之分，果木即苹果、梨、山楂等的硬质木材，烧烤的味道比较好，而杂木包括杨、槐、松等其他软木，烧烤味道一般。

二、烧烤味的调配

1. 烧烤肉串类调味料的调配

（1）配方 1 按 5kg 鲜肉计应加入香料的分量：新疆羊肉串料 1.5 包，味精（鲜度在 99%，以下全用此鲜度）70～90g，精盐 36g，特鲜 1 号 1 包（武汉产），姜、香葱（剁细）各 40g，白糖 7g，肉松粉 25g，红薯淀粉 250g。

要点：将上述原料放在切好的肉条中拌和均匀，腌泡 10min。在使用时应控制肉品干湿度，以肉串吸附香料不落、不流水为宜。若有水流出，则不易保持风味，过干则耗油。

适合烤制的品种：肉串类。

（2）配方 2 按 5kg 鲜肉计应加入香料的分量：十三香 100g，味精（鲜度 99%）70～90g，精盐 36g，秘制油、特鲜 1 号各 1 包，生姜、香葱各 40g，白糖 7g，松肉粉 25g，红薯淀粉 250g。

要点：将以上各种原料放入切好的鲜肉条中拌匀，腌泡 15min。在使用时应控制肉品干湿度，以肉串吸附香料不落、不流水为宜。

适合烤制的品种：肉串类。

（3）配方 3 按 5kg 原料计应加入香料的分量：麻辣臭干料 2 包，精盐 60g，味精 90g，特鲜 1 号 1 包，生姜、香葱（剁细）各 30g，松肉粉 20g，白糖 7g，红薯淀粉 150g。

要点：将上述配料和 5kg 原料充分拌匀，腌泡 20min。如果拌和时干燥，料蘸不上，应适当加水，让其调味料完全沾在肉食上面，不宜过稀。均采用生料烤制。

适合烤制的品种：鸡翅、鸡尖、鸡腿、鸭翅等及所有鸡、鹅、山鸡、鹌鹑、乳鸽等食品。

（4）配方 4 按 5kg 原料计应加入香料的分量：精盐 110g，生姜（拍破）80g，味精 100g，香葱鲜头 50g，花椒 10g。

要点：将 5kg 食品洗净后放入锅中，加水淹没为止，依次加入上述配方的调味料，中火煮熟即可穿串待烤。

适合烤制的品种：鸡、鸭、鹅爪类。

2. 烧烤鱼类调味料的调配

按 5kg 鲜鱼计应加入香料的分量：十三香 100g，精盐 60g，白糖 90g，味精 80g，特鲜 1 号 1 包，生姜、香葱（剁细）各 40g，飘香酱 60g（调制见后），红薯粉 150g。

要点：将上述原料和鲜鱼充分拌匀，干湿掌握与肉串相同，腌泡30min穿串待烤。

3. 烧烤排骨类调味料的调配

按5kg鲜排骨计应加入香料的分量：十三香110g，五香粉20g，精盐36g，松肉粉30g，白糖8g，味精80g，特鲜1号1包，生姜、香葱（剁细）各40g，红薯淀粉150g。

要点：将鲜排骨与上述调味料拌均匀后腌20min穿串待烤。

该配方适于所有动物排骨的烧烤调味。

4. 烧烤特色羔羊肉调味料的调配

常用的调味料配方有三种，其风味各异。

配方1：黄豆粉100g，腰果粉100g，紫苏粉25g，辣椒粉50g，香菜粉20g，孜然粒50g，芝麻30g，椒盐150g，干葱头粉30g，味粉12g，鸡粉20g，将各料拌匀即可。

配方2：孜然100g，辣椒粉80g，芝麻30g，紫苏粉50g，五香粉10g，干葱末50g，芹菜粉10g，椒盐10g，味粉10g，将各料拌匀即可。

配方3：辣椒粉100g，孜然粉50g，芝麻粉20g，花椒粉10g，蒜香粉30g，鸡粉20g，椒盐10g，味粉5g，将各料拌匀即可。

上述三种调味配方，其成品风味不同，但均要求精选羔羊肉，旺火烧制。烧制时待肉烤至变色，刷油烤1min左右均匀撒盐，继续烧1min撒味精，中途多次刷油，快熟的时候撒上料粉和辣椒粉。

5. 烧烤蔬菜类调味料的调配

红薯淀粉500g，精盐1500g，味精（细粉）400g，特鲜1号2包，十三香420g，白糖30g，芝麻150g，紫草粉（食用香料）50g，混匀即成香精粉，装袋备用。

要点：烤时先将穿好的蔬菜串平放在炉上，再用汤匙装上香粉倒在蔬菜块上，每串放1g左右，也可根据个人口味适当增减。

适于南瓜、茄子、藕片、土豆、玉米棒、白菜等多个品种的调味。

三、烧烤酱的制作

油炸麻辣串可现场加工、即买即食，回味悠长的独特风味更是一绝。所用原料可自制（如豆腐、鱿鱼、人造肉、素鸡、猪肉、牛肉、羊肉、鹌鹑蛋、蘑菇、青椒、素菜等），也可使用成品（如里脊肉、脆鸡排、脆牛排、棒棒鸡、鸡骨串等），经油炸后再刷上专用刷料（油干料）或者各种调味酱，鲜美润滑、油而不腻。这里主要介绍油炸麻辣串专用刷料（油干料）的配方，以及其他多款参考调味酱、烧烤酱的配方及制作方法。

1. 油炸麻辣串专用刷料（油干料）的配方

孜然 1500g、辣椒面 250g、鸡粉 250g、王守义麻辣鲜 200g、花生米 250g（干炒去皮）、芝麻 250g（干炒）、去皮葵花籽 250g（干炒）、腰果 100g（干炒），以上原料全部打成粉，放入容器内，加入咖喱粉 150g，并将色拉油 1500g、鸭油 500g 烧热倒入，搅拌均匀即可。

2. 秘制烧烤汁制作方法

(1) 制作

① 将 500g 上等脱皮孜然、500g 芝麻洗净，控干水分备用。

② 净锅上火，烧热时下孜然、白芝麻小火煸炒至香气十足，用手搓孜然、芝麻至碎为止。

③ 另锅上火，放入调和油 1kg（花生油：瓜籽油：色拉油＝4：3：1），立即下 500g 辣椒粉、220g 熟牛油、300g 鸡油小火爝至油微开冒泡，加入 300g 红方腐乳汤、800g 辣酱、200g 冰糖、200g 郫县红油豆瓣酱小火加热至微开。

④ 加入 80g 五香粉（丁香、桂皮、花椒、八角茴香、山柰的比例为 2：1：3：2：2：1）、100g 香茅草水（香茅草 100g 加入 400g 80℃温水中浸泡 20min）中火烧开，加入 200g 黄豆酱、300g 陈醋、600g 酱油、200g 芝麻酱、500g 蒜水（500g 净蒜榨成蓉加 300g 水拌匀过滤）、50g 姜汁、200g 碎花生中火烧开。

⑤ 放入炒好的孜然、芝麻，中火烧开，小火熬制 40min 后，加入 150g 香油，中火烧开，关火即成。

(2) 关键点

① 孜然、芝麻必须淘洗干净。炒孜然、芝麻时必须用小火，最好是用文火。郫县豆瓣必须经剁细，越细越好。蒜水制作时，必须将其过滤至无蒜渣。

② 香茅草浸泡温度应控制在 80℃±5℃，时间不能太短。熟花生碎可提前用调合油炸制。在炒制烧烤汁时必须不停地搅动。

③ 此烧烤汁还可作为肉串、鱿鱼、豆制品等麻辣串原料优质调味料酱使用。

3. 自制烧烤酱

(1) 亮点 酱香浓郁、蒜香开胃、有五香味。

适用：烧烤类菜（如香炸鱿鱼）或者煎制菜品（黄花鱼等）的调味料或腌料。

原料：腐乳汁 50g，甜面酱 20g，蒜蓉辣椒酱 100g，海鲜酱 10g，味噌 10g，柠檬汁 5g，辣椒面 30g，花椒面 15g，孜然面 30g，熟芝麻 30g，色拉油 50g，清水 50g。

(2) 制作方法

① 锅置于火上倒入色拉油烧至四成热时下入辣椒面，小火翻炒均匀，倒入腐乳汁、甜面酱、蒜蓉辣椒酱、海鲜酱、味噌、柠檬汁，加进清水，小火熬 5～

6min 后倒入碗中冷却。

② 将花椒面、孜然面、熟芝麻倒入冷却后的酱汁中搅拌均匀即可。

制作关键：花椒面、孜然面一定待酱汁冷却后加入，否则香味散失。

4. 其他烧烤酱配方

(1) 蒜蓉烧烤酱（肉类蔬菜类皆可）

原料：辣酱 1 袋，水泡蒜末 5g（凉水泡透去掉水分），孜然粉 1g，芝麻粉 2g，黑胡椒粉 1g，绵糖 1g，吉士粉 0.5g，五香粉 1g，特鲜粉 3g，味精 3g，豆油 5g，加凉开水 30g 调和为稀糊状备用。

适合烤制的品种：所有肉类、带壳类的软骨类海鲜（如鱿鱼、墨鱼仔、笔管鱼、蛤蜊、毛蛤、青口带子、小海鲜类等）、韭菜、菠菜、辣椒、青椒、茄子等含淀粉的菜类以及肉类中的板筋、鸡胗、鸡心、脆骨、毛肚、热狗肠等不好入味的菜品均可使用。

特点：鲜咸微辣，蒜香浓郁，适合大多数菜品。

(2) 韩式烧烤酱（酸甜微辣）

原料：韩国辣椒酱 50g，吉士粉 1g，芝麻粉 3g，特鲜粉 3g，盐 1g，味精 3g，调和油 5g，加凉开水 20g 左右调匀备用。

适合烤制的品种：韩式自助烧烤肉类蘸食或刷制食用，土豆片、红薯片、馒头等含淀粉的菜品也可以使用。

特点：色泽红润艳丽，适合口味清淡的地区。

(3) 香辣烧烤酱

原料：川味豆瓣酱（剁碎）10g，川味香辣酱 50g，十三香 2g，五香粉 3g，芝麻粒 5g，味精 3g，大豆油 10g，凉开水 30g 调匀备用。

适合肉类口味重的地区，吃麻辣口味的可以添加麻辣粉 3～5g。

特点：香辣味厚，酱香浓郁，适合口味浓厚的地区。

特别注意：用酱烤的菜品原则上不用撒盐（请根据当地口味自定）。

四、上海香嫩里脊炸串系列调味

上海香嫩里脊炸串系列口感鲜香、外观诱人，无论在消费者欢迎程度上和经营效益上均远超过其他普通炸串品种和大多数小吃，原因主要是它的调味配方特色化、科学化，制作技术工艺化、流程化，这也使得上海香嫩里脊炸串系列易学易做，口感、质量能保证始终如一。

1. 主要炸串品种的调味料配制

(1) 鸡肉炸串调味料　以 5kg 鸡肉计所需调味料的量：水 1kg，鸡蛋 6 个，熟芝麻少许，红椒素少许，小苏打 100g，盐 50g，糖 75g，味精 125g，孜然粉，咖喱粉，鸡粉，鸡肉香精各 300g，五香粉，胡椒粉少许，十三香 1/4 包，料酒

50g，淀粉 150g。

要点：鸡肉切一元硬币大小块，按上述配方依次加入调味料并同时用手搅拌均匀，红椒素是调色之用，最后加入调好后的原料颜色金黄（红中带黄）即可。调好后，腌制 40min，即可穿串炸制。

该配方适于鸡肉串和鸡柳的腌制调味。与鸡肉串不同，鸡柳腌制后需要加裹料，裹料配方如下。

(2) 鸡柳裹料制作　水 3kg，鸡蛋 10 个，盐 75g，味精 100g，鸡粉 100g，香炸粉 75g，面粉定量，泡打粉 60g。

裹料要点：鸡柳腌制结束后，取一大食品槽，先铺一定量面粉，倒入按上述配方调制的汤汁，搅拌均匀。搅拌过程中，随时添加汤汁或面粉，要达到面粉成面穗的效果，面穗要小、细而匀，大约半个小指甲大小。将穿好的肉串在和好的面穗上滚动，一手持签，一手掌稍用力压，压力均匀，裹好面穗再用手攥一攥，使面裹实，拿着再蘸些汤汁，在面穗上滚动，裹 2～3mm 厚度即可进行炸制。

(3) 鸡腿、鸡翅调味

调味料配方：水 4kg，八角茴香 20g，桂枝 10g，白蔻 15g，肉蔻 10g，大茴 20g，小茴 10g，良姜 20g，孜然 15g，香叶 20g，百芍 10g，草蔻 10g，草果 18g，千里香 10g，丁香 5g，桂皮 10g，花椒 10g，盐、味精、白糖、鸡粉各 30g。

裹料配方：水 3kg，鸡蛋 10 个，盐 75g，味精 100g，鸡粉 100g，香炸粉 75g，面粉定量，泡打粉 60g。

制作要点：

① 鸡腿、鸡翅焯好水控干；

② 将上述配方调味料用纱布包好放入水中，烧开几分钟后放入鸡腿，关火；

③ 水凉后放入鸡翅，浸泡 10h；

④ 将裹料配方调制成汤汁，和面，和成细小面穗状；

⑤ 将鸡腿、鸡翅裹蘸面穗，薄而匀，裹好即可进行炸制。

(4) 香嫩里脊和排骨类调味　以 5kg 里脊肉为例：水 2kg，鸡蛋 6 个，小苏打 50g，盐 50g，糖 75g，味精 125g，芝麻少许，红椒素定量，孜然粉、咖喱粉、鸡粉、鸡肉香精各 300g，五香粉、胡椒粉少许，十三香 1/4 包，料酒 50g，淀粉 150g。

制作要点：将买来的成条里脊肉剔除筋膜，切割分段，最后片成约三指长、二指宽的薄片，将配方调味料依次加入（红椒素最后放入），同时用手拌匀，腌制 40min 即可。

适于里脊肉、鸡排、猪排、牛排的腌制。

(5) 羊肉串调味　以 5kg 羊肉为例：水 0.9kg，鸡蛋 6 个，小苏打 50g，盐 50g，糖 75g，味精 125g，泡打粉少许，孜然粉、咖喱粉、鸡肉香精、鸡粉各

300g，葱粉 30g，胡椒粉少许，十三香少许，料酒 50g，淀粉 150g。

制作要点：将羊肉斜茬切成八分大小块儿，依次将配方调味料放入，充分搅拌均匀，腌制 40min，即可穿串炸制。

该配方适于羊肉、猪肉等肉串的炸制调味。

(6) 鸡胗、鸡心串调味 以 5kg 原料为例：苏打粉 25g，盐 65g，白糖 50g，味精 125g，鸡粉、鸡肉香精、咖喱粉、孜然粉各 30g，胡椒粉、十三香各少许，料酒少许，泡打粉 150g。

腌制要点：生鲜的鸡胗、鸡心洗净，切扁薄的两瓣，按配方加入调味料，腌制 20min 即可。

2. 辣干料、香酱料配制

(1) 辣干料 以 1kg 辣椒粉为例：1kg 辣椒粉，盐 400g，味精 125g，孜然粉、孜然粒各 100g，鸡粉 100g，熟芝麻 500g，咖喱粉 100g，五香粉、胡椒粉少许，葱粉 50g。

将各种配料放在一起，搅匀即可。

(2) 酱料 盐 125g，味精 100g，鸡粉 50g，咖喱粉 50g，辣椒粉 25g，五香粉、胡椒粉少许，芝麻 100g，油 0.75kg，水 2.5～3kg，葱粉 300g，淀粉少许。

制作要点：油放入锅中，烧至七成开，放入辣椒粉，充分搅拌，炸熟，再放入开水，熬开，保持小火，依次加入其他调味料，搅匀，烧开几分钟，即可。

第四节 咖喱味的调配技术

咖喱，印度语为 masala，是以姜黄为主料，加多种香辛料配制而成的复合调味料，其味辛辣带甜，具有特别的香气，主要用于烹调牛羊肉、鸡、鸭、螃蟹、土豆、菜花和汤羹等，常见于印度菜、泰国菜和日本菜等，一般伴随肉类和饭一起吃。在东南亚许多国家中，咖喱是必备的重要调味料。

一、咖喱的起源与传播

咖喱源于印度，将食物配入香料，能增加食物的色香味，也能促进胃液分泌，令人胃口大增，同时更能令食物保存更久，非常适合印度闷热潮湿的天气。

除了茶以外，咖喱是少数真正泛亚的菜肴或饮料。咖喱的种类很多，以国家来分，其源地就有印度、斯里兰卡、泰国、新加坡、马来西亚等；以颜色来分，有红、青、黄、白之别；根据配料细节上的不同来区分种类口味的咖喱有十多种，这些迥异不同的香料汇集在一起，就能够构成咖喱各种令人意想不到的浓郁香味。

后来香料、咖喱等传入了以肉食为主的欧洲国家，干状的咖喱原料就是在那个时期变得更加流行，时至今日，香料粉末仍大行其道。随着时代进步，煮咖喱变得越来越方便，以往要晒干磨粉再混配、调味，现在固体的咖喱块甚至加热即可进食的包装咖喱已随处可见。

1. 印度咖喱

印度是咖喱的鼻祖。地道的印度咖喱以丁香、小茴香籽、胡荽籽、芥末籽、黄姜粉和辣椒等香料调配而成。由于用料重，常加上少量的椰浆来减轻辣味，所以正宗的印度咖喱辣度强烈而浓郁。

印度咖喱成功的秘诀在于香料的组合与烹煮次序，而不在烹调技巧。因为咖喱的本质强调的是个人风格与创造性，直到近代还没有任何专门的咖喱食谱。没有固定食谱，反而令许多印度料理得以跻身世界级美食之列。正因为没有食谱，令咖喱即使在同一区域内，味道、外观都有着显著的不同。

在印度，几乎每一个家庭的厨房都有许多香料，但却很少人使用咖喱粉，因为咖喱粉大都是要使用时才特意研磨的。另外有一种使用率极为频繁的调味料"garam masala"，其中"garam"意为辣，"masala"则为香料之意。

2. 泰国咖喱

泰国咖喱分青咖喱、黄咖喱、红咖喱等多个种类。其中红咖喱最辣，不习惯的人进食时容易流眼泪。

泰国咖喱中加入了椰浆减低辣味和增强香味，而额外加入的香茅、鱼露、月桂叶等香料，也令泰国咖喱独具一格。红咖喱是泰国人爱用的咖喱，由于加入了红咖喱酱，颜色带红。青咖喱由于用了芫荽和青柠皮等材料呈绿色，也是泰国驰名的咖喱，同样鲜美。

3. 马来西亚咖喱

马来亚咖喱一般会加入芭蕉叶、椰丝及椰浆等当地特产，味道偏辣。当地华人、马来西亚人及印度人对咖喱的煮法都不相同。当地印度人的咖喱通常都不放椰浆，配料多是蔬菜、鱼类等，这与印度人平常吃素有很大的关系。当地华人的咖喱料理主要是叻沙面和咖喱面包，前者是把面放入咖喱汤内，配上黄豆芽、蚶、鸡肉、长豆、羊角豆等，由于马来语咖喱面为"laksa"，因此称为"叻沙"，而咖喱面包就是把咖喱鸡装入面包里的简易料理。

4. 新加坡咖喱

新加坡邻近马来西亚，所以其咖喱口味与马来西亚咖喱十分类同，味道较淡和清香。此外，新加坡咖喱用的椰汁和辣味更少，味道更大众化。

5. 斯里兰卡咖喱

斯里兰卡咖喱与印度咖喱同样有悠久的历史，由于斯里兰卡出产的香料质量较佳，做出来的咖喱似乎更胜一筹。斯里兰卡咖喱肥牛粒煲，运用到的香料很丰富，非常香浓，但辣味较印度咖喱淡。

6. 日本咖喱

除了印度及与其邻近的各国外，日本也是酷爱咖喱的国度，摆在超市货架上出售的各种咖喱粉、咖喱块，绝大多数的外包装上都打着日本风味的印记。其实，日本与印度虽然同处于亚洲，但日本人吃的咖喱却是到了明治维新时期才由欧洲传入的。咖喱传到日本后，得到了新的发展，与其本土文化巧妙地融为一体，更加精致、细腻和温和，

日本咖喱一般不太辣，因为加入了浓缩果泥，甜味较重。虽然日式咖喱称欧风咖喱，事实上是由日本人发明的。之所以称欧风咖喱，是因为其所用的稠化物为法式料理常用的奶油炒面糊（roux），多用来制作浓汤，而且香料取材也多倾向南印度风格。欧风咖喱虽然较为浓醇，但与印度料理相比，香料味还是明显不及。咖喱除了可以拌饭吃外，还可以作为拉面和乌龙面等汤面类食物的汤底，这方面和其他地方的咖喱有较大分别，北海道札幌地区还有一种汤咖喱。

咖喱到了日本人手中，出现了可以大规模生产的咖喱粉与咖喱块。虽然不再像印度家庭自制的咖喱那样味道千变万化、自在随心，但胜在方便、节省时间，只要稍微加热，淋在米饭上即可食用。咖喱也成为普通人可以随时享用的美味。

7. 英国咖喱

英国曾经殖民统治过印度，撤退时也将印度的料理烹调习惯一并带回大不列颠。全世界除印度外，就属大不列颠的印度料理最地道。

二、两种咖喱的配方

1. 咖喱皇

这款咖喱口感顺滑，加入了鲜香叶、鲜香茅草等新鲜香料，味道清香。当然这款咖喱成本比下一款粤式咖喱高，适合烹调高档海鲜。

炸香的洋葱米 200g，炸香的蒜蓉 50g，炸香的生南姜 50g，橄榄油 100g，椰浆 2 罐（小罐装），三花淡奶 2 罐（小罐装），黄咖喱粉 50g，黄色的油咖喱 100g，鸡粉 50g，盐 40g，冰糖 100g，顶汤 5000g（也可用一般高汤，口味会略差些），干红辣椒 3g，香叶 5g，鲜茅草 25g，丁香 5g，黑胡椒碎 10g，百里香 10g，小火熬煮 2.5h 后打渣，最后用吉士粉 100g 勾芡即可。熬煮时，起锅前 10min 放入黑胡椒碎和百里香即可，否则影响咖喱皇的颜色。

2. 粤式咖喱酱

咖喱味道本身很冲，加入三花淡奶、椰浆等使味道更醇厚、香滑，加入豆蔻等香料和李锦记豆瓣酱更容易掩盖原料的腥味，比较适合烹调牛肉、鸡肉等肉类食材。

油炸过的洋葱米 150g，油炸过的蒜蓉及油炸过的生南姜各 100g，肉桂 10g，豆蔻 30g，甘草 5g，泰国黄咖喱粉 50g，黄色的油咖喱 100g（妙多牌），干贝素 10g，十三香 10g，三花淡奶 2 罐（小罐装，每罐 355mL），椰浆 2 罐（小罐装，每罐 355mL），鸡粉 100g，盐 20g，冰糖 100g，李锦记豆瓣酱 20g，水 7500g，所有原料一起小火熬煮至剩 5000g，打渣即可。

第五节　炭烧味的调配技术

炭烧味的一般香气特征为甜香气，常用调配原料为呋喃酮、甲基环戊烯醇酮、乙基麦芽酚。呈烟熏气息的香料原料为愈创木酚、4-乙基愈创木酚、糠醇；烧焦气息的原料为 2,3-丁二硫醇、1,6-己二硫醇、糠基硫醇；呈焦苦味的葫芦巴浸膏能增强其苦味特征；甲基甲硫基吡嗪、2,5-二甲基吡嗪、2,3,5-三甲基吡嗪、2-甲基吡嗪能增强类似坚果样烤香气。

1. 异域炭烧牛排

(1) 特点　利用黑胡椒汁与烧汁烹制出异域风味。

原料：牛肋骨 300g。

调味料：日本烧肉汁 10g，黑胡椒汁 8g，香菜 3g，姜、葱各 5g，红葱头 5g，盐 5g，味精 5g，鸡精 3g，白糖 10g，料酒 15g。

制法：①将牛排改刀成片，用盐、味精、鸡精、白糖、姜、葱、香菜、红葱头、料酒码味 1h；②锅下适量油放牛排用小火两面煎熟捞起；③另起锅放入日本烧肉汁、黑胡椒汁小火炒香，下牛排大火翻炒，起锅装盘即成。

(2) 自制黑椒汁做法

原料：牛尾骨 5kg，鸡骨架 4kg，黑椒碎 1kg，水 15kg，地土门茄膏 500g，牛油 500kg，迷迭香 50g，百里香 50g，香叶 30g，香茅 50g，长城白酒 100g，自制面捞 200g。

制作：①将牛尾骨、鸡骨架放入焗炉（200℃），焗至骨头变干呈焦黄色（约需 1h）；②黑椒碎小火炒干至香（约 10min）；③牛油入锅熬化，加入地土门茄膏小火焗炒 5min，倒入水大火烧开，加入迷迭香、百里香、香叶、香茅改小火熬 10h，另起锅下 30g 食油将面捞炒化，加入长城白酒一起倒入汤里用小火继续熬 1h（此时需要经常搅动，否则易烟锅），滤掉渣滓，最后熬至剩汤 5kg 即可（注意：放入 0℃ 左右的冰箱保存即可）。

(3) 面捞做法

原料：花生油 500g，猪油 250g，牛油 150g，面粉 1000g，西芹丝 50g，洋葱丝 50g，香叶 10g。

制作：将 3 种油放在小的不锈钢桶里烧至 3 成热，加入西芹丝、洋葱丝中火炸干（注意油温不能超过 5 成），再放入面粉和香叶，用打蛋器或擀面棍顺着一个方向搅动，搅拌均匀即可（注意：放在常温下保存即可。）。

2. 炭烧啤酒

源自捷克，凝聚了欧洲几百年啤酒酿造文化的精华。公元 9 世纪初，啤酒是黏稠稀粥状的，而捷克的炭烧酿造法最先产生了诱人的金黄色透明酒液。现代科学研究表明，当时除了辅助配方外，炭烧烘烤出的焙焦麦芽起到了类似活性炭吸附的作用，使酒液变得清澈透明。

公元 1259 年，古老的炭烧工艺作为宫廷秘方在比尔森得到了推崇和发展。直到 19 世纪末，才被传至德国。德国人首先在酿制啤酒时添加了酒花，酒花可将麦汁中的蛋白络合析出而变得透明，使啤酒具有清爽的苦味和芬芳的香味。但宫廷酿造师发现，如果只采用酒花而放弃炭烧工艺，啤酒就会失去原始的麦香味。德国人结合酒花的清爽和炭烧的工艺技术，把炭烧啤酒推向了一个新的高峰。

纯正的炭烧啤酒，讲究自然、原味。麦芽采自捷克波西米亚皇家农产区，经过木炭高温烘烤，手工焙烧，再精选出焙焦麦芽，进行酿造。为保持炭烧啤酒的精致美味，至今依然采用传统的橡木桶发酵和贮酒。虽然采用橡木桶费时费工，但可以为啤酒增添橡木的香醇，并可防止其他杂味掺入其中。

烘烤焙烧和精选焙焦麦芽会耗费大量的大麦，而酿造师昂贵的手工工艺，也提高了制造成本。炭烧啤酒，拥有润畅迷人的口感。捷克酒花清爽的苦味加上独特的炭烧麦香风味和细腻的啤酒泡沫让它成为啤酒中的奢侈品、啤酒中的王者。

3. 炭烧海鲜

炭烧食物有多种做法，主要有关西伊势、东京涩谷及大阪味噌三种。前者沿用关西地区渔民的烤法烤海鲜，新鲜的海鲜只以海盐调味，更能突出其鲜味；肉类则采用大阪白味噌来调味，配上多款味噌酱，令肉类在炭香外更添鲜味。以下是 3 种代表性的炭烧海鲜。

① 鬼壳烧海老：鲜甜的海虾，配上七味照烧、火山地狱等四种口味酱汁，更添美味。

② 陶板烧珍宝矢蚝：蚝非常新鲜，虽然在烧的过程中只以海盐调味，但蘸上辣汁后，鲜味分外突出。

③ 炭烧豚肉眼。

4. 炭烧酱

原料：蒜薹粒 80g，洋葱粒 60g，三文治火腿粒 120g，沙茶酱 400g，番茄沙司 500g，泰国鸡酱 1000g，海鲜酱约 300g，叉烧酱约 300g，普宁豆酱约 300g，辣妹子 400g，泡辣椒末 100g，东古酱油 60g，日本味噌 100g，法国白兰地 60g，盐 25g，味精 30g，鸡精 20g，鸡汁 15g，白糖 50g，胡椒粉 10g，葱油 80g，红油 250g，食用红色素 2g，花生酱 25g。

制法如下：

① 锅上火，加入葱油、红油烧至三成热时，下洋葱粒、蒜薹粒、火腿粒、泡辣椒炒香，然后把剩余的配料放入另外的盆内拌匀至无颗粒备用。

② 把炒香的料和盆内的料拌和均匀，放凉入瓷盘加盖封存。

特点：

① 色泽红亮、香气宜人，咸甜酸辣兼而有之。

② 其中的普宁豆酱为潮汕地区传统调味料。普宁豆酱选用优质黄豆、面粉、食盐等为原料，经发酵、晒制、蒸汽杀菌等多道工序精制而成，色泽金黄，质醇味香，营养丰富。

第六节　红烧味的调配技术

烧法在烹调中占重要地位。可供烧的原料众多，肉类、家禽、家畜、鱼类、海味、野味、飞禽及植物原料如笋类、菇菌香蕈类都可以烧制，特别是海味、野味用烧制法做出的美味佳肴甚多。烧法菜肴因工艺程序、成菜色泽、调味用料、时间长短等不同，又分出多种烧法，如红烧、白烧、干烧、软烧、滑烧等。红烧是将原料用油炸过，再加调配料和汤汁，先用急火，后用慢火使味深入并收浓汤汁，再以淀粉勾芡，呈浓汁油芡，成菜咸鲜醇厚，略带甜味。因调味料用酱油、糖色使红烧成菜色泽呈现棕红、酱红、枣红而得名。菜品香醇浓厚，滋味深长。

红烧的一般工艺流程：原料粗加工→剞刀、配料→油炸主料→调味烧制→入味→收汁→装盘成菜。具有红烧工艺特点的菜肴很多，因原料和口味、口感的不同要求，各地、各菜系出现差异。如北方的红烧鱼，热油大火将鱼炸挺再回软，先用旺火烧开，再用小火烧透，最后用微火收汁；南方的烧划水、烧肚裆等，包括整条鱼，为了追求滑嫩的口感，只将主料滑油而非大火炸制，用旺火急烧，加热时间短，原料内部可溶性呈味物质尚未析出，鱼肉相对鲜嫩。

在模拟红烧味的调配技术中，以单体香原料为基础来调配红烧味。调香中采用呈红烧特征香气的巯基丁酮、甲基甲硫基呋喃为主要原料；呈焦甜香气的原料采用呋喃酮、乙基麦芽酚；辛香料以桂皮油和八角茴香油为辛甜原料；4-甲基-5-羟乙基噻唑为肉香型原料，用来增加其肉香气；3-甲硫基丙醇、3-甲硫基丙醛增强其酱香气；5-羟基癸酸内酯、δ-十二内酯增强其油腻气；2,3,5-三甲基吡嗪用来丰富其焦烤气。其中以特征香原料——酱香、焦甜香、辛香为主，肉香、油腻气为辅来调配红烧味感香气。

第七节　酸辣味的调配技术

由酸味和辣味调味料调配而成，主要呈酸味和辣味。常见的味型有咸酸辣味、咸鲜酸辣味（俗称酸辣味型）、芥末咸鲜酸辣味（俗称芥末味型）。代表菜品有酸辣泡菜、酸辣肚尖、芥末鸭掌等。

1. 咸酸辣味

以咸味、酸味和辣味调味料构成。风味特点是香辣咸酸、鲜美，清爽利口。多用于冷菜。以食盐、白酱油、红油、香醋、芝麻油等调配而成。配合原理是以食盐定咸味，白酱油和味提鲜，辅助成味之不足，根据"盐咸醋才酸"的道理，此味的咸度比一般菜肴高；醋是提鲜、杀菌、解腻、除异味，用量以菜肴食时酸味适中为度；红油香辣提鲜、解腻、压异味，用量以辣味不太浓烈为好；芝麻油用量以菜肴有香味为准。

调配中先将白酱油、香醋、食盐充分搅拌均匀后，再加入红油、芝麻油调匀即可。此味虽香辣咸酸，却比较清淡可口，风味独具。与其他复合味型均可配合，夏秋季节佐以酒饭菜肴都较适宜。

使用时需注意两点：一是此味的香醋一定要选用上品；二是如有红辣椒时鲜品，可将其剁成细蓉泥，经盐、醋浸渍腌后代替红油使用，别有风味。代表菜例有酸辣鸡丝、酸辣兔丝、酸辣莴笋丝等。

2. 咸鲜酸辣味（俗称酸辣味型）

以咸味、鲜味、酸味和辣味调味料构成。此味风味特点是醇酸微辣，咸鲜味浓，多用于热菜。以食盐、醋、胡椒粉、味精、酱油、绍酒、葱、姜、芝麻油、猪油等调配而成。

其原理是以食盐定咸味，酱油和味并增色、提鲜，并辅助定味；醋能提鲜、除异味、解腻，用量以菜肴入口酸味适中为度；胡椒粉用量以菜肴食用时有其特有的清香鲜辣味为准；绍酒除异味、提鲜、解腻、增香，用量适当；姜、葱增香并除异味，并能辅助提高胡椒粉的味，用量宜少；味精提鲜、和味，但对醋的酸味有压抑作用，用量应适度；芝麻油、猪油滋润菜肴，提高香味，用量应满足菜肴的需要。烹制后的此味应是"咸酸辣突出，清香醇正可口"，方能突出风味。在烹制过程中，锅内猪油烧至五成热时，放入肉粒，煸酥香，再下其他原料略炒一下，掺入鲜汤，加入盐、绍酒、姜、胡椒粉烧沸出味，用湿淀粉勾清芡，加入酱油、醋、味精、葱，味正后盛入碗中，淋上芝麻油即可。此味具有解腻醒酒，调剂胃口，和味提鲜，增进食欲的作用。应用范围是海参、鱿鱼、蹄筋、鸡肉、禽蛋、蔬菜为原料的菜肴，如酸辣蹄筋、酸辣蛋花汤、酸辣鱿鱼、酸辣虾羹汤等。

此味掌握咸味是基础，没有一定的咸味，酸味就不好吃（这就是所谓"盐咸醋才酸"的道理所在）。酸与辣的关系，酸味是主体，辣味只是起辅助风味的作用，否则，就调配不出正宗的酸辣味型。

3. 芥末咸鲜酸辣味（俗称芥末味型）

以芥末味、咸味、鲜味、酸味和辣味调味料构成。风味特点是咸酸鲜香，芥末冲辣，清爽解腻，多用于冷菜。以食盐、醋、白酱油、芥末糊、味精、芝麻油调配而成。

配合原理是以食盐定味，白酱油辅助盐定味、提鲜，用量以组成菜肴的咸度适宜为准；在此基础上，醋提味、除异味、解腻，用量以菜肴食用时酸味适宜为度；调配时重用芥末糊，以冲味突出为好；味精提鲜，是连接酸味与冲味的桥梁，使它们互相融合，但味精有降酸味的副作用，因此用量以成菜后食者有感觉为限；芝麻油增香，用量以不压冲味为宜。

调制过程中，将食盐、白酱油、醋、味精和匀，再加芥末糊，调均匀后，再淋入芝麻油。由于此味较清淡，用作春夏两季的下酒菜肴的佐味最好。但此味一般宜配本味鲜美的原料，同时与其他复合味组合均较适宜。

应用范围是以鸡肉、鱼肚、猪肚、鸭掌、粉丝、白菜等为原料的菜肴，如芥末肚丝、芥末鱼肚、芥末鸭掌、芥末鸡丝、芥末粉丝等。

第八节　三鲜味的调配技术

鲜味是一种复杂的综合味感，通常是对其他基础味的辅助，在肉味类风味的调配上有重要作用，但从未作为主导味。

当鲜味剂的用量达到阈值时，会使食品鲜味增加，但用量少于阈值时，仅是增强风味，因此欧美将鲜味剂作为风味增强剂。最常见的鲜味剂谷氨酸钠、肌苷酸、鸟苷酸、琥珀酸钠等。

1. 鲜味之间的协同作用和特点

① 谷氨酸钠与呈味核苷酸之间有很强的协同作用，因此常用味精和 I＋G（由肌苷酸和鸟苷酸等比例混合而成）搭配作用。

② 琥珀酸钠与味精及呈味核苷酸之间没有明显的协同作用。

③ 呈味性核苷酸钠之间没有明显的协同作用。

各鲜味剂阈值如表4-17。

表 4-17　鲜味剂阈值

鲜味剂	阈 值	鲜味剂	阈 值
L-谷氨酸	0.03%	5′-肌苷酸	0.025%
琥珀酸	0.055%	5′-鸟苷酸	0.0125%

2. 鲜味与其他味的关系

常见鲜味剂谷氨酸钠可使咸味缓和，并与之有协同作用，可以增强食品味道；可缓和酸味；减弱苦味；与甜味产生复杂口感。

3. 调配技术

在一般的调味包中，味精的添加量为 3%～16%，也可按食盐量为基准确定味精用量，一般最低使用量为食盐量的 10%；I+G 和琥珀酸钠使用量一般为 0.2%～2%。

第九节　广式特色肉制品的风味调配技术

1. 广式烧腊填料的调配

(1) 配方　糖 5kg，盐 10kg，沙姜粉 750g，胡椒粉 500g，味粉 500g，鸡粉 500g，柱侯酱 250g，芝麻酱 250g，花生酱 250g，南乳 150g，腐乳 250g，芝麻油 300～500g，五香粉 500～800g，八角茴香粉 150～400g。

(2) 制作方法　蒜蓉 500g 用油炒香，连油与蒜蓉一起倒入上料中搅拌均匀。可加姜蓉、红葱头蓉、香菜蓉一起炒香，也可以加点香菜籽粉。酱料可以尝试海鲜酱、沙嗲酱、香肉酱，可随自己对酱料的了解与感觉大胆尝试，做出自己的口味。

(3) 适用　烧鹅、烧鸭填料。

2. 蜜汁叉烧酱的调制

(1) 配方　以肉 5kg 为基准，烧鹅料 100g，沙姜粉 75～100g，胡椒粉 20～50g，味粉 100g，白糖 0.5kg，鸡精 100g，柱侯酱 75g，头曲酒 20～50g（可用玫瑰露酒代替），蒜蓉 100g 以上，红葱头蓉 100g，盐 30g，酱油 50g。

(2) 方法　把上料充分搅拌均匀，腌制时间为 3h 以上（冰冻腌制）。

3. 东江白切鸡浸鸡水与蘸料的调配

(1) 浸鸡水的配方　水 17.5kg，鲜姜 0.25kg，草果 3 个，香叶 5g，陈皮 10g，桂皮 10g，盐 0.25kg，味精 200g，烧开即可，如果做冰水要待水温降到室温后放入冰柜冷藏。如果调色可多入香叶与陈皮。

(2) 蘸料　姜去皮 0.5kg，葱白 0.25kg，盐 200g，味精 150g，鸡精 100g，

胡椒粉 10g，麻油 10g，美极鲜酱油 20g，把上述调味料拌均匀，另取食用油 750g 左右，烧开至 85℃后倒入上述调味料中搅拌均匀即可。

4. 客家咸香鸡浸鸡水的调配

配方：水 17.5kg，盐 1.25kg，鸡精 100g，姜 0.25kg，味精 0.5kg，草果 3 个，香叶 5g，陈皮 10g，桂皮 10g，砂姜 25g，烧开后开火烧 25min 后，加入 30g 麦芽酚。

5. 正宗潮州卤水的调配

(1) 配方 以水 5kg 为基准。

① 药料：南姜 0.25kg，香茅 40g，八角茴香 10g，沙姜 10g，草果 10g，甘草 20g，桂皮 15g，丁香 5g，小茴 10g，陈皮 10g，香叶 5g，花椒 10g，罗汉果 1 个（无论多少水只放一个）。

② 加料：姜 50g，蒜仁 50g，葱白 5g，芫荽 50g，西芹 50g，红葱头 50g。

③ 味料：冰糖 0.75kg，盐 250～300g，味精 150g，鸡精 150g，绍酒 150g，玫瑰露酒 40g，鱼露 40g，油 100g。

④ 水 5kg，鸡油 0.25kg，加生抽 0.25kg，猪骨头 0.5kg。

(2) 做法 药料①用沙袋包好，加料②用油爆香后装袋，放入④中，用武火烧开，然后再用慢火煮 2h，使药材与猪骨头出味，然后捞出药料①与加料②及猪骨头，再加入味料③，慢火至其冰糖与盐溶解即可。

第五章

各种食品调味料的生产工艺及其风味特点

第一节　酱油的生产工艺及其风味特点

一、酱油的起源与市场现状

酱油（soy sauce）是利用曲霉等微生物产生的蛋白酶和淀粉酶等酶系，在长时间的发酵过程中，将大豆、小麦等蛋白质原料和淀粉质原料水解生成多种氨基酸和糖类，并经细菌、酵母菌进一步发酵而成的色香味俱佳的调味料。

1. 酱油的起源

酱油起源于我国，历史悠久。早在周朝时（公元前 11 世纪到公元前 3 世纪），我国人民就用大豆生产豆酱，由豆酱演进成酱油。酱的文字记载始见于《周礼·天官篇》："醢人掌四豆之实，又酱用有二十瓮。"战国时期《论语·乡党篇》又有"不得其酱不食"之说。

真正的液体状的酱油出现在北魏（公元 220 年—265 年）贾思勰的《齐民要术》一书，称作"酱清"、"豆酱清"、"酱汁"、"清酱"。"酱油"一词最早出现于宋朝林洪的著作《山家清供》："韭菜嫩者，用姜丝、酱油、滴醋拌食，能利小水，治淋闭"。从此"酱油"一词沿用至今。古代酱油在宋代主要用于凉拌菜的佐料，到了元、明、清以后才大量应用于其他菜肴技艺的烹调之中。苏敬的《新修本草》，孙思邈的《千金宝要》、《外台秘要》等医书中酱油已成为常用的药剂。

2. 酱油市场现状

目前世界酱油年产量约 800 万吨，其中，中国大陆年产近 500 万吨，占 62.5％；日本年产 140 万吨，占 17.5％；韩国生产 18.3 万吨，占 2.3％；其他亚洲国家以及地区生产总量为 130 万吨，占 16.25％。

近些年，根据调味市场的发展趋势，酱油日趋高档化、营养化、浅色化和低盐化等。

二、酱油的分类

在我国，酱油的主要分类如下所述。

1. 根据生产工艺

酿造酱油（fermented soy sauce）：以大豆和/或脱脂大豆、小麦和/或麸皮为原料，经微生物发酵制成的具有特殊色、香、味的液体调味料。

配制酱油：以酿造酱油为主体（以全氮计不得少于 50％），与酸水解植物蛋白调味液、食品添加剂等配制而成的液体调味料。

按照 GB 18186—2000 标准，我国酿造酱油产品根据生产工艺的不同，划分为两大类，即高盐稀态发酵酱油（含固稀发酵酱油）和低盐固态发酵酱油。

高盐稀态发酵酱油：以大豆和/或脱脂大豆、小麦和/或小麦粉为原料，经蒸煮、曲霉菌制曲后与盐水混合成稀醪，再经发酵制成的酱油。

低盐固态发酵酱油：以脱脂大豆及麦麸为原料，经蒸煮、曲霉菌制曲后与盐水混合成固态酱醅，再经发酵制成的酱油。

2. 根据产品特性和用途

本色酱油：生抽类。自然形成红褐色，不添加焦糖色。烹调、佐餐兼用。

浓色酱油：老抽类。添加焦糖色及食品胶，色深色浓。适于红烧、烧烤用，不适于蘸食、凉拌、佐餐。

花色酱油：添加了各种风味调味料的酿造酱油或配制酱油。例如海带酱油、海虾酱油、香菇酱油等。适于烹调及佐餐。

在世界范围内，日本的酱油制作工艺是发展得最完善也是最先进的。其产品按原料及成品特征分为浓口酱油、淡口酱油、白酱油、溜酱油以及甘露酱油等。其他还有采用真空干燥法等技术生产的粉末酱油，用于方便面调味料和汤料，以及一些花色酱油，例如鱼酱油和大蒜酱油，另外，日本还开发出了有利于人体健康的低盐酱油产品。同日本酱油一样，韩国的酱油生产也是传统酿造和工业生产并举，在吸收传统酿造的基础上，以蛋白酶水解植物蛋白用于制曲，并提高了酱油中蛋白质、氨基酸、维生素、矿物质的含量，市场上的产品以添加植物蛋白水解液的花色配制酱油为主。

三、酱油生产的主要原料

1. 原料选择的依据

合理选择原料是酱油生产的首要环节。尽管，酱油生产的原料因地区甚至生产厂家而有所不同，但基本上均遵从共同的原则，具体如下：要求蛋白质含量较高，碳水化合物适量，有利于制曲、发酵和取油；无毒无异味，酿制的产品质量佳风味好；资源丰富，价格低廉，利于运输和贮藏；利于原料的综合利用。

2. 常用的主要原料

采用不同的原料其产品也会有不同的风味。各原料依据其性质及对酱油成分的贡献，一般分为蛋白质原料、淀粉质原料、食盐和水。蛋白质原料传统以大豆为主。为合理利用资源，目前我国大部分酱油酿造企业已普遍采用大豆脱脂后的豆粕或豆饼，另外，各地根据资源优势，还选用了花生饼、菜籽饼、芝麻饼、玉米浆干、鱼粉或蚕蛹等多种蛋白质含量高的原料。淀粉质原料传统以小麦和面粉为主，现在绝大多数厂家改用麸皮、米糠或玉米、甘薯、碎米、高粱等富含淀粉的原料。此外，食盐和水也是生产酱油的主要原料。

四、酱油生产工艺

酱油生产工艺路线如下所示：

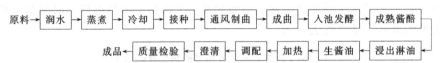

酱油生产工艺可以分为原料处理、制曲、发酵、提取以及配制五个关键阶段。

1. 原料处理

原料处理是否得当，直接影响到制曲难易、成曲质量、酱醅成熟度、淋油速度和出油多少，同时也影响着酱油的质量和原料利用率。

(1) 原料处理流程 以多数厂家采用的豆饼（粕）、麸皮为原料，其原料处理的一般流程为：

原料处理的意义包括两个方面，即一方面通过机械作用将原料粉碎成小颗粒或粉末状；另一方面经过充分润水和蒸煮，使原料中蛋白质适度变性、淀粉充分糊化，利于米曲霉生长和酶的分解作用。另外，通过加热还可以杀灭附在原料上的杂菌，以避免制曲过程中对米曲霉生长的抑制。

(2) 工艺要点 豆饼轧碎常用锤式粉碎机，筛孔直径为 9mm，轧碎程度以细而均匀为宜，颗粒直径 2～3mm，粉末量应低于 20%。

润水是指向原料中加入适量的水分，原料均匀而完全地吸收水分的过程。润水旨在使原料中蛋白质含有一定水分，便于蒸料时迅速适度变性；使原料中淀粉易于充分糊化，便于溶出米曲霉生长所需的养分，并提供米曲霉生长繁殖所需的水分。实践证明，加水量以豆饼（粕）量计为80％～100％为宜，蒸熟后含水量为47％～51％。加水量应以曲料的含水量为依据，通常春秋季为48％～49％，夏季为49％～51％，而冬季应掌握在47％～48％，加水量与酱油质量的关系详见表5-1。为达到迅速润水的目的，通常选用70℃左右的温水为宜。

表 5-1　加水量与酱油质量的关系

检测项目 \ 加水量/%	60	80	100	120
糖分/%	1.71	1.05	0.95	0.65
全氮/(g/100mL)	1.218	1.253	1.267	1.211
氨基酸态氮/(g/100mL)	0.455	0.517	0.588	0.599

　　蒸料是原料处理中重要工序之一，其目的是：使原料中蛋白质适度变性，成为酶容易作用的状态；使原料中淀粉吸水膨胀而糊化，提供米曲霉生长繁殖适合的营养物；杀灭附在原料上的微生物，提高制曲的安全性。蒸煮压力（温度）和时间是影响蒸料质量的关键因素。上海酿造一厂进行了蒸料温度、时间与蒸料质量关系的试验，结果见表5-2。

表 5-2　蒸煮温度、时间与蒸料质量的关系

次数	表压/(kgf/cm²[①])	温度/℃	蒸料时间/min	脱压时间/min	消化率[②]/%	变性程度
1	0.9	117	45	20	86.13	含少量过度变性蛋白质
2	1.2	123	10	10	81.05	为完成一次变性
3	1.8	131	8	3	91.40	蒸料适度
4	1.8	131	15	3	80.23	过度变性
5	2.0	133	5	3	91.60	蒸料适度
6	2.0	133	5	20	83.50	过度变性
7	3.0	143	3	3	92.99	蒸料适度
8	4.0	152	2	1	93.74	蒸料适度
9	5.0	159	1	0.7	94.50	蒸料适度
10	6.0	165	0.5	0.7	94.90	蒸料适度
11	7.0	170	0.25	0.7	95.10	蒸料适度
12	7.0	170	1	1	86.86	过度变性

　　① 1kgf/cm² = 98.0665kPa。
　　② 消化率：指熟料中能被蛋白酶水解的蛋白质的量占熟料总蛋白质的量的百分比。蒸料质量常用熟料的消化率表示。

　　由试验结果可见，蒸料温度高，时间短，消化率高，蒸料质量好，且温度愈高，时间应愈短；同时，脱压降温时间过长，蛋白质则会过度变性，消化率降低。

目前我国酱油生产厂家采用的蒸煮设备可以分为常压蒸煮设备、旋转式蒸煮锅以及连续蒸煮装置。其中，常压蒸煮设备相对较为落后，多为中小型厂家采用；旋转式蒸煮锅为大多数厂家采用的蒸煮设备，而连续蒸煮装置则于自 20 世纪 80 年代以来为我国少数大型生产厂开始引入使用。

(3) 种曲制备　种曲是指酱油酿造时用的种子，是由酱油生产所需要的菌种（米曲霉、酱油曲霉、黑曲霉等）经纯种培养而得到含有大量孢子的曲种。种曲的好坏直接影响酱油曲的质量，酱醅杂菌的含量，发酵速度，蛋白质和淀粉的水解程度等。

制种曲的目的是获得大量纯菌种，其要求是孢子数多，发芽快，发芽率高，而且纯度高。种曲是通过逐级扩大培养而制备的，以米曲霉沪酿 3.042 为例，工艺流程如图 5-1 所示。

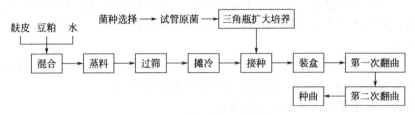

图 5-1　种曲制备工艺流程

① 菌种选择　优良菌种需具备以下条件：

a. 不产黄曲霉毒素及其他真菌毒素；

b. 酶系全，活力高，尤其是蛋白酶活力高；

c. 繁殖生长适应能力强，对杂菌抵抗力强；

d. 性能稳定，发酵时间短；

e. 酱油产率高，质量好；

f. 便于制曲。

我国约 98％的酱油生产厂用米曲霉沪酿 3.042（AS3.951）菌株。近些年，采用黑曲霉 F27 或 AS3.305 与沪酿 3.042 混合制曲也逐步推广。其中，沪酿 3.042 米曲霉酶系以蛋白酶、淀粉酶系和纤维素酶系为主，但酸性蛋白酶活力较低；黑曲霉 F27（华中农业大学经诱变选育）酶系以纤维素酶为主，且生存条件与沪酿 3.042 基本相同，两者混合制曲可使原料蛋白质利用率提高 10％左右；AS3.305 黑曲霉的个体形态与黑曲霉 F27 基本相同，具有多种活性强大的酶系。

生产上通常采用 AS3.305 黑曲霉与米曲霉沪酿 3.042 分别制曲再混合发酵的方法可提高全氮利用率，增加酱油鲜味，使谷氨酸含量提高 20％以上。也有报道称将沪酿 3.042 与 AS3.305 以 8∶2 的比例混合制曲，也可达此效果。

② 斜面培养菌种　斜面培养米曲霉沪酿 3.042、黑曲霉 F27 或 AS3.305，

采用培养基的配方见表 5-3。

表 5-3 米曲霉沪酿 3.042、黑曲霉 F27 和 AS3.305 专用培养基配方

组　分	用量	组　分	用量
5°Bé豆汁	1000mL	$(NH_4)_2SO_4$	0.5g
可溶性淀粉	20g	$MgSO_4$	0.5g
KH_2PO_4	1g	琼脂	25g

注：pH6.0，121℃灭菌 30min。

豆汁的制备方法：用大豆 100g 洗净，加 4 倍清水浸泡 10～15h，中间换水 2 次，使大豆充分吸水膨胀。沥干，另加 6 倍清水，缓缓煮沸 3～4h，随时补水防止煮干。然后趁热纱布过滤（不要挤压以防浑浊）。每 100g 大豆可制得 5°Bé 豆汁约 150mL，多则浓缩，少则补水。另外，也可以用豆饼或豆粕 100g，加 5～6 倍清水，文火煮沸 1h，边煮边搅拌，煮后趁热过滤。每 100g 豆饼可制得 5°Bé 豆汁 100mL。

斜面培养基接种后，30℃恒温培养约 3 天，米曲霉沪酿 3.042 长满黄绿色孢子，黑曲霉 F27 和 AS3.305 长满茂盛的黑褐色孢子即可。

为提高孢子量，可采用以下措施：

a. 用冰醋酸调节曲料 pH 至偏酸性，使曲霉适宜生长，并抑制细菌繁殖，用酸量为约 0.4%。

b. 适当提高曲料水分含量，以利于曲霉菌的生长。

c. 添加原料量 1%的草木灰，提高微量元素含量。草木灰需事先用冰醋酸中和，以免引起曲料 pH 上升。

③ 三角瓶扩大培养

a. 原料配比。常用麸皮 80g，面粉 20g，水 80mL；或麸皮 85g，豆饼粉（过 50 目筛子）15g，水 95mL 左右。将原料混匀后，装于经干热灭菌的 250mL 三角瓶，料厚 1cm 左右，121℃灭菌 30min，灭菌后趁热将曲料摇瓶。

b. 接种培养。待曲料冷却至室温后，在超净工作台接入斜面孢子 1～2 环，摇匀后于 30℃培养 18h 左右，可见菌丝大量生长，并结成饼状，摇瓶 1 次，继续培养约 6h，再摇瓶 1 次。经过约 48h 培养，可将三角瓶倒置培养，继续培养 1 天，待瓶内长满黄绿色孢子，即可使用，也可短时存于 4℃冰箱备用。

④ 盒曲制备要点

a. 原料及其处理。原料配比因地而异，可选用以下各种配比：麸皮 80kg，面粉 20kg，水 70kg 左右；麸皮 100kg，豆饼粉 15kg，水 90kg 左右；麸皮 100kg，水 95kg 左右。混匀后，适当堆积润水，蒸煮后，用扬料机打散并摊凉。

b. 接种培养。接种温度为夏天约 38℃，冬天约 42℃。接种量为干料量的 0.1%～0.3%，接种时，先将三角瓶种曲与少量灭过菌的干麸皮拌匀，撒在熟料上，然后用扬料机扬料，使接种均匀。

接种后，将曲料分装入曲盒，厚6～7cm，稍摊平，中间略少。先用直立式堆叠，覆以布帘保温保湿。保持室温28～30℃，干湿差1℃。培养16h左右，品温达34℃左右，曲料面层稍有发白并结块，进行第一次翻曲（即开窗通风降温，将曲料搓碎，再摊平）。翻曲后，曲盒品字形堆叠，室温仍维持28～30℃，约6h后，上层品温升至36℃左右，曲料全部长满白色菌丝，结块良好，即可进行第二次翻曲。翻曲后仍将湿布帘盖好并倒盘，仍以品形堆放，严格控制品温于35℃左右。培养至50h左右时，即可揭去布帘，此时开始着生孢子，品温逐渐下降，保持室温28～30℃。至70h左右时，孢子大量形成，即成种曲，停止培养。

c. 种曲的质量标准。感官特性检验：孢子生长旺盛，呈新鲜的黄绿色，无杂菌，无异色，无夹心。气味：具有种曲特有的曲香，无酸气、氨气等不良气味。理化检验：新制曲水分35％～40％，保存曲低于10％；孢子数高于6×10^9个/g曲（干基）；孢子发芽率高于90％；蛋白酶活力要求新曲5000U以上，保存曲4000U以上。

种曲的质量关系到生产用曲的质量，必须严格控制。若发现种曲质量不符合要求，必须停止使用改曲，并彻查原因。

传统的木盘（或竹匾、铝盒）制备种曲，质量比较稳定，但劳动强度大。目前，北京、天津等地的部分条件好的大厂已经改用通风曲箱制曲新工艺，制得的种曲质量稳定，杂菌少，酱油出品率高，劳动强度也明显减小。不少中小型酱油厂，由于产量小，所用种曲量也相对较少，因而自身并不生产种曲，而是直接购买曲精用来酿制酱油。曲精是将成熟的种曲低温干燥后，分离并收集米曲霉孢子后，密封包装而成的，1g曲精的孢子数可达200亿个以上。使用时，将相当于原料总质量的0.005％曲精接入曲料中，代替种曲使用。

2. 制曲

制曲是曲霉生长、分泌各种酶的过程，直接影响产品的感官品质、理化指标和酱油的出品率。

在制曲过程中关键是温度和湿度的控制。目前我国主要采用简易的厚层机械通风制曲，传统的竹匾制曲、竹帘制曲和木盘（曲盒）制曲在一些小厂仍有使用，近些年旋转圆盘式自动制曲逐步得到推广，链箱式机械通风制曲和液体制曲也在探索中。

(1) 厚层机械通风制曲 厚层机械通风制曲是将接种后的曲料置于曲池内，厚度一般为25～30cm，利用风机强制通风，并加上机械化的翻曲设备，为曲霉的生长繁殖和积累代谢产物提供适宜的条件。这是对传统的浅盘自然通风制曲的重大改革，自20世纪60年代末期以来，在全国各地迅速推广。

① 工艺流程 工艺流程如图5-2所示。

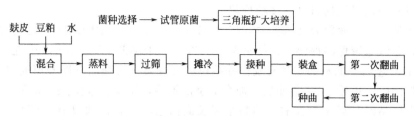

图 5-2　厚层机械通风制曲工艺流程

② 操作要点　熟料冷却接种入池：原料蒸煮出锅后，经螺旋输送机输送至送料风机口，并将原料块团打碎，待原料冷却至 40℃左右时接种，接种量为米曲霉 0.3%～0.5%，黑曲霉 0.1%，然后风力将曲料输送入池。入池曲料应疏松匀平。入池后温度、通风状况以及曲料的变化详见表 5-4。

表 5-4　厚层机械通风制曲过程中条件控制以及曲料发生的变化

霉菌发育期	温度/℃	持续时间/h	通风状况	曲料颜色变化	重要事件
孢子发芽期	30～32	4～5	不需要	无明显变化	防感染
菌丝生长期	36～35	8～12	间歇或连续	稍见发白	第一次翻曲
菌丝繁殖期	35	5	连续通风	全部发白	第二次翻曲
孢子着生期	30～34	24	连续通风	淡黄色至嫩黄绿色	蛋白酶分泌旺盛,制曲结束

③ 成曲质量标准　感官指标：外观呈块状，疏松，内部白色菌丝生长茂盛，有曲香无异味，无长毛无花曲。理化指标：水分 26%～30%，费林法测蛋白酶活力 1000U 以上。

(2) 液体曲　液体曲是在通风发酵罐中深层培养曲霉，然后将培养液（液体曲）直接用于酿造酱油。液体曲能够做到纯种制曲，工艺简化，生产周期短，机械化程度高，因此是酱油工业的一场技术革命。

① 工艺流程　液体曲生产工艺流程见图 5-3。

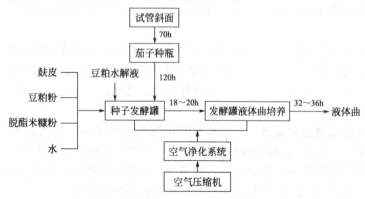

图 5-3　液体曲制备工艺流程

② 工艺要点 种子和发酵培养基采用麸皮、豆粕粉、脱脂米糠粉，配比2：3：7，总浓度3%，加豆粕水解液5%，用自来水配制，并于121℃灭菌45min。发酵罐装料系数为0.75。

50L种子罐接一茄子瓶孢子菌悬液，培养温度（32±1）℃，18~20h，罐压1kgf/cm²❶，通风量为1：（0.1~0.15）。发酵罐接种量为10%，培养温度（35±1）℃，36h左右，罐压1kgf/cm²，接种后6h通风量为1：0.2，6~10h为1：0.3，10~14h为1：0.4，14~22h为1：0.5，22~36h为1：0.3。转速250~300r/min。

液体曲酿造的酱油口味、香气及色泽等方面不如固体曲酿造的酱油，尚需进一步探究。

3. 发酵

在酱油酿造过程中，发酵是指将酱醅或酱醪装入发酵容器内，采用保温或不保温方式，利用曲中的酶系和微生物等的作用，将物料分解、转化，形成酱油独有的色、香、味、体成分的过程。其中，酱醅是指将成曲拌入少量盐水，形成的不流动状态的混合物；酱醪是指将成曲拌入多量盐水，形成的浓稠半流动状态的混合物。

米（黑）曲霉在制曲过程中分泌各种酶类，包括蛋白质水解酶系、谷氨酰胺酶、淀粉酶系、植物组织分解酶和脂肪酶等，这些酶类对原料组分的酶解作用是发酵过程中发生的最主要生物化学变化，与原料利用率、发酵成熟快慢、成品颜色浓淡以及风味直接相关。

发酵过程中占优势的微生物主要是耐盐性乳酸菌和耐盐性酵母菌。耐盐性乳酸菌主要有嗜盐片球菌（*Pediococcus halophilus*）、酱油片球菌（*Ped. soyae*）、酱油四联球菌（*Tetracoccus soyae*）等，其作用是发酵中期大量繁殖，产生乳酸从而降低酱醅（醪）的pH至5.5以下，以促进耐盐性酵母繁殖，并除去酱醅中的氨基酸分解臭味，提高酱油的色香味。据报道，目前从酱醅（醪）中分离得到的耐盐性酵霉菌有7个属23个种，主要是鲁氏酵母（*Saccharomyces rouxii*）、易变球拟酵母（*Torulopsis versatilis*）和埃契球拟酵母（*Tor. etchellsii*）等，其中鲁氏酵母约占45%，在主发酵期进行乙醇发酵，产生乙醇、甘油等，能赋予酱油特殊气味，易变球拟酵母和埃契球拟酵母则主要在发酵后期形成4-乙基愈创木酚和4-乙基苯酚，赋予酱油特殊的香气。因此，我国许多酱油生产厂家在固态低盐发酵后期，向酱醅中补加乳酸菌和鲁氏酵母菌的混合液，加强乳酸发酵和乙醇发酵作用，以提高酱油产品的风味。

酱油发酵过程中，酱醅（醪）的食盐浓度、发酵温度、成曲拌（盐）水量、

---

❶ 1kgf/cm² = 98.0665kPa

酱醅（醪）的 pH 值以及发酵时间等发酵条件的控制，是提高原料利用率和酱油质量的重要因素。我国常用的发酵工艺可归纳为五种，以其出现的先后顺序分别是天然晒露发酵工艺、高盐稀醪发酵工艺、分酿固稀发酵工艺、固态无盐发酵工艺和固态低盐发酵工艺。

（1）天然晒露发酵工艺　天然晒露发酵工艺是我国传统的酱油生产工艺。制曲原料为大豆和面粉，工艺流程见图 5-4。

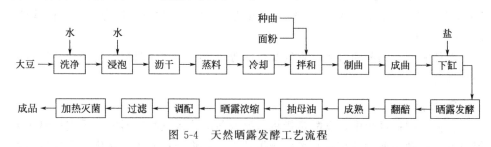

图 5-4　天然晒露发酵工艺流程

天然晒露发酵工艺实质是固态高盐自然发酵，其工艺要点是在发酵缸内将成曲拌入大豆量 2.5 倍的 20°Bé 盐水，混匀后不加盖进行自然晒露（雨天时加盖），每周翻醅 2～3 次，直至酱醅成熟，变成红褐色。通常，若春夏制醅，经伏天晒露至晚秋约 6 个月即可成熟；若秋冬制醅，则须经第二年六、七月份方能成熟。

该法酿制的酱油体态浓厚，酱香浓郁，味醇鲜美，久贮不霉，例如曾获巴拿马国际博览会金奖的"龙牌"酱油，即多用此法酿造。然而，发酵周期长（约半年），原料利用率低，卫生不易控制，成本高，且发酵机理目前尚不清楚，故仍需研究改进。

（2）高盐稀醪发酵工艺　高盐稀醪发酵工艺即成曲拌入较多的高浓度盐水，制成流动状态的酱醪，保温或不保温长周期发酵，其优点是酱油香气好，属纯香型，且酱醪稀薄，易于保温，空气搅拌及管道输送，适于大规模机械化生产。但由于发酵时间长（2～3 个月），需要较多保温、输运、搅拌等设备，且产品色泽较淡。

根据发酵前期温度条件的不同，高盐稀醪发酵工艺又分为稀醪常温发酵工艺（自然晒露发酵，周期约 4～6 个月）、稀醪保温发酵工艺（控温 40～42℃，周期 2 个月左右）和稀醪低温发酵工艺（前期控温 10～15℃，中期 20～25℃，后期 20℃左右；周期约 6 个月）。20 世纪四五十年代，我国大型厂曾用稀醪保温发酵工艺，70 年代后期，在稀醪保温发酵工艺基础上演变的稀醪低温发酵工艺则被国内外不少厂家采用酿制高级酱油，珠江桥牌生抽王即用此法酿制。

（3）分酿固稀发酵工艺　分酿固稀发酵工艺是继稀醪发酵技术之后改进的一种速酿发酵工艺，其特点是将蛋白质和淀粉质原料分开制曲，再分别进行固态发酵和稀醪发酵，然后将两种稀醪按比例混合后进行先中温后低温发酵，周期 30 天。该法的优点是：分酿且采用中低温发酵，有利于酶解作用和有益微生物的作用，周期较短，原料利用率高，酱油香气好，属醇香型。但其工艺复杂，操作繁琐，劳动强度高，故很少被采用。

(4) 固态无盐发酵工艺 在无盐酱醅中，食盐对酶活性的影响被完全消除，且发酵温度相对较高（55～60℃），酶解效率提高，因此仅需56～72天即可完成原料的水解。该发酵工艺的优点是发酵周期短，原料利用率高，操作简单，需要设备少，产量大，能满足市场需求。但由于发酵温度高，抑制了有益微生物的发酵作用，且谷氨酰胺酶失活，导致酱油风味不足，缺乏香气。目前，仅有一些发酵设备严重缺乏的厂家采用。

(5) 固态低盐发酵工艺 固态低盐发酵工艺是由固态无盐工艺发展而来的，是目前综合而言酱油酿造工艺最好的一种。其工艺特点是，成曲中拌入12～13°Bé的盐水制成酱醅（含水量50％左右），保温发酵，发酵温度最高不超过50℃，发酵周期15～30天。原料利用率高，但酱油风味不及天然晒露法和稀醪发酵法。该工艺的具体操作方法因不同地区和厂家发酵池的结构和习惯不同，主要分为以下三类。

① 移池淋油发酵 移池淋油发酵法多为我国北方地区采用。其特点是发酵池不设假底，发酵结束后将酱醅转移至淋油池（又称浸出池）进行淋油。其工艺要点是，制曲结束后，将成曲拌入制曲原料总重约65％的盐水（12～13°Bé），水温为夏季45～50℃，冬季50～55℃，拌水后，品温约为40～45℃。拌盐水时，应分次拌入盐水，最后加入的盐水应浇于酱醅表面，待全部盐水被酱醅吸收后，用无毒塑料薄膜封盖酱醅表面，并在膜上加盖面盐，以防止表层氧化，并起到防菌、保温的作用。

该工艺采用的发酵温度为前期40～50℃，中期44～46℃，后期46～48℃，发酵周期约15天。该法因其中后期发酵温度高，周期短，酿制的酱油风味较差。

② 倒池发酵 我国北方地区多采用此法。其工艺特点是发酵过程中用倒醅机将酱醅从甲池倒入乙池（倒池），如此分阶段控制发酵温度，利于酱油风味和原料利用率的提高。具体工艺特点是，将成曲拌入制曲原料总重62％～65％的盐水（13°Bé），水温40～45℃，入池品温为38～40℃，酱醅表面不加封，水浴保温。第二天，品温升至48～49℃时，将表面干皮翻开，摊平压实，加盖1～2cm厚的盐膜，8～9天后第一次倒池，此后调节水浴温度，维持品温43～46℃；再过8～9天后，下调品温至40℃，保温发酵。发酵周期共25天左右。

③ 原池浇淋发酵 该法多为我国南方地区所用。其工艺特点是发酵设有假底并安装浇淋设备，发酵结束时，打开冲淋油。原池淋浇与移池淋油操作基本相同，前发酵阶段约14～15天，品温40～45℃，每4～5天浇淋一次；后期发酵约14～15天，维持品温30℃，期间通过浇淋，补加浓盐水和乳酸菌、酵母菌培养液，使酱醅含盐15％以上，并可增进酱油风味，弥补固态低盐发酵工艺酱油

风味差的不足。

(6) 日本现用的本酿造工艺 先用冷却为 0~5℃的食盐水和冷却后的曲料混合，在 15℃发酵 1 个月，然后提高品温至 28~30℃主发酵 3~4 个月，再降至常温后熟发酵 1 个月以上，发酵周期 6~8 个月。这种发酵工艺实质上是把我国"春曲、夏酱、秋油"利用自然气温变化的规律加以科学的总结，应用现代控温技术准确地控温发酵。

4. 酱油的提取

酱油的提取方法主要有两种，即压榨法和浸出法。通常，天然晒露发酵、稀醪发酵和分酿固稀发酵采用压榨法取油，而固态低盐发酵和固态无盐发酵采用浸出法取油。压榨法取油所采用的压榨设备主要有杠杆式木制压榨机、螺旋式压榨机和水压式压榨机等。浸出法比压榨法具备原料利用率高，生产率相对较高等优点，被广泛采用，浸泡和滤油是浸出法取油的两大步骤。

(1) 浸出工艺流程 具体如图 5-5 所示。

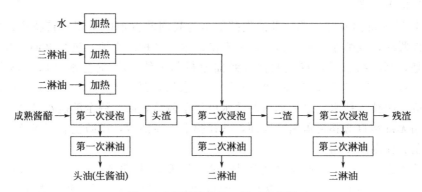

图 5-5 酱油浸出的一般工艺流程

(2) 操作要点

① 酱油的浸出分为原池浸出法和移池（移醅）浸出法。若是原池淋油发酵，酱醅成熟后，在发酵池中直接加入二油浸泡；若是移池淋油发酵，酱醅成熟后，则先用抓醅机将醅移入淋油池然后进行浸泡，移池时应轻取轻放，过筛入池。

② 二油应先预热至 80℃左右，以保证浸泡温度高于 60℃，加入二油时，应在酱醅表面垫一竹帘，以防止酱层被冲散而影响滤油。

③ 浸泡结束淋油之前，应预先在酱油池内悬放一箩筐，内置每批所需的食盐，以便流出的头油通过盐层将其溶解。

④ 淋油过程中，头油是产品，二油套头油，三油套二油，热水浸三油，如此循环使用。且每次滤油时，不宜滤干，待酱渣刚露出液面时即可加入相应的油或水进行浸泡，如此循环。

⑤ 滤油完毕，要求酱渣（干基）中食盐及可溶性无盐固形物含量均不得高

于1%。酱渣主要用作饲料，也可用于生产种曲，常用配比为酱渣-麸皮-草木灰40：60：0.2。

滤油速度与过滤面积、温度和压力呈正相关，而与黏度和滤渣阻力（物料颗粒过小，料层厚度过高，滤渣紧实等）呈负相关。

5. 酱油的加热

（1）加热目的

① 灭菌杀酶　酱油含盐量在16%以上，能够抑制大多数微生物的繁殖，但仍有部分微生物，如耐盐的产膜性酵母常在酱油表面繁殖，引起酸败变质。因此常以加热的方法杀菌，以延长酱油贮藏期，同时，破坏酱油中的酶系，尤其是脱羧酶和磷酸单酯酶，以免氨基酸被分解而降低酱油质量。

② 调和香气和风味　加热可以增加酱油中醛、酚、酯类等香气成分，调和香气，并能使部分小分子缩结成大分子，改善口味。

③ 增加色泽　经加热，生酱油中部分糖转化为色素，可增加酱油色泽。

④ 除去悬浮物　加热后，酱油中微细悬浮物或杂质同少量高分子蛋白质凝结沉淀，使产品澄清。

（2）加热设备及方法　通常采用蒸汽法加热，常用设备有夹层锅、盘管加热器和列管交换器。加热温度因设备条件、酱油品种和加热温度的不同而异，具体如下。

① 加热方法一般为：用夹层锅或盘管加热65～70℃，30min；或用列管交换器加热，80℃连续灭菌或间歇加热灭菌，时间不超过10min。如果酱油中添加助鲜剂5′-肌苷酸或5′-鸟苷酸，则需要将加热温度提高到80℃，保持20min，以杀灭核酸水解酶-磷酸单酯酶。通常高级酱油宜较普通酱油加热温度低，以能杀灭产膜酵母和大肠杆菌为准。

② 由于夏季杂菌量大，易污染，因此加热温度比冬季提高约5℃。

③ 加热后要及时冷却，以免长时间保持较高温度导致糖分和氨基酸含量降低，影响产品质量。

6. 酱油的配制

配制即将每批生产的头油和二油按统一的质量标准进行调配，使成品达到感官指标、理化指标和卫生指标的质量标准。由于各地风俗习惯以及口味不同，酱油的配制还可以在原来酱油的基础上，调配助鲜剂（谷氨酸钠、肌苷酸、鸟苷酸）、甜味剂（砂糖、饴糖、甘草等）以及香辛料（花椒、丁香、豆蔻、桂皮等）以增加酱油的花色品种。

配制是一项细致而重要的工作。配制得当不仅可以保证质量，还可以降低成本、节约原材料、提高出品率。酱油的理化指标有多项，一般以氨基酸态氮为主要指标。配制时可以按下式计算：

$aa_1+bb_1=c(a_1+b_1)$，即

$$\frac{a_1}{b_1}=\frac{c-b}{a-c}$$

式中，a 表示高于等级标准的酱油质量；a_1 表示高于等级标准的酱油数量；b 表示低于等级标准的酱油质量；b_1 表示低于等级标准的酱油数量；c 表示要求标准酱油的质量。

我国现行的酱油质量标准详见 GB 2717—2000。

7. 酱油的防腐

经加热灭菌的酱油在贮存和销售期间，仍常有腐败现象，究其原因，主要是由好气耐盐性产膜酵母引起，俗称酱油生霉或生白花。

(1) 酱油生霉原因

内因：主要与酱油质量有关。酱油质量好，主成分和盐分浓度高，渗透压高，对产膜酵母的抑制作用强；相反，酱油质量次，防腐能力差，易生霉变质，导致口味变淡，泛苦。

外因：加热灭菌不彻底；包装容器不清洁；贮存环境温度高、潮湿；贮运过程中淋雨或混入生水等均可被产膜酵母污染，引起发霉生白。

(2) 常用的防腐剂及其使用方法　防腐剂的选择原则是，对人体无毒无害，容易得到，应用时操作简单、价格便宜、用量小，防腐效果好。

酱油防腐常用的防腐剂有苯甲酸钠、苯甲酸、山梨酸和山梨酸钾等，其使用量详见 GB 2760—1996《食品添加剂使用卫生标准》。

8. 酱油的贮存包装

(1) 贮存　配制好的酱油在包装之前要经过一段时间的贮存，即酱油自然澄清的过程。最好采用不锈钢或内涂环氧树脂的钢材制成的圆筒形桶，其底呈锥形并设有阀门，便于沉淀物集中和取出。澄清的酱油经化验合格后即可作为成品出售。

(2) 包装　酱油包装容器通常有瓶、桶、坛等多种。瓶装适于家庭用，分为塑料瓶和玻璃瓶，装量一般为 500mL，大厂多采用自动式装瓶机进行灌装；坛、塑料桶及木桶多用于公共食堂或供应销售商店，容量有 25L、50L 和 100L 等几种。

五、酱油的风味特点

酱油风味是酱油的色泽、香气、滋味、体态在大脑中综合形成的印象。酱油风味的形成是酱油中多种物质平衡调和的结果。已知天然发酵酱油中各种物质已超过 300 种，包含醇类、酯类、有机酸类、醛类及缩醛类、酚类、呋喃酮类和含硫化合物等。

1. 酱油风味物质的种类及形成机制

(1) 醇类　酱油风味成分中含量最多的是醇类，并以乙醇为主。乙醇是由耐盐产香酵母菌 S 酵母菌（*Zygosaccharomyces rouxii*）和糖类共同作用产生的，广泛存在于整个发酵过程中。

酱油中的高级醇主要有丙醇、丁醇、戊醇、异丁醇、异戊醇和苯乙醇等。高级醇的产生直接与氨基酸代谢相关，即氨基酸脱氨基、脱羧基后生成少一个碳原子的醇类。此外，酱油中的苯乙醇是具有玫瑰香气的化合物，它是由 T 酵母（*Torulopsis versatilis*）在发酵过程中经降解，再还原或经碳水化合物代谢和氨基酸的生物合成过程这两种途径而生成的。

(2) 酯类　酯类是构成酱油风味成分的主体。酯类作为基本的香味物质，可使麦芽酚、苯乙醇等关键风味化合物的气味更醇厚，缓冲酱油中盐分的咸味。酱油中的酯类有多种，由于发酵过程中形成的酸类和醇类是多种多样的，故生成的酯也是多种多样的。目前，已经确认酱油中含乙酸乙酯和乳酸乙酯等 45 种酯类。酱油中高沸点酯类含量较多，而低沸点酯类含量则较少。

(3) 有机酸类　酱油风味成分中的有机酸以乳酸和乙酸为主，乳酸菌利用葡萄糖进行乳酸发酵生成乳酸，某些乳酸菌还可利用五碳糖（阿拉伯糖、木糖）发酵生成乳酸和乙酸。其中，乙酸是由乙醇氧化而成的。除此之外，酱油中还含有柠檬酸、琥珀酸、丙酸、焦谷氨酸、丙酮酸等有机酸。酱油中的有机酸类互相起协同效应，丰富了酱油的风味。它们和酱油中的醇类在贮存或烹调过程中起酯化反应，会提高酱油的酯香味，同时有机酸的酸味也可以缓和咸味。

(4) 醛类　酱油中的醛类物质有甲醛、乙醛、丙醛、异丁醛、异戊醛、酚醛等。其中代表物质是乙醛，呈辛辣刺激性气味。醛类物质除一部分由发酵产生的以外，大部分是由氨基酸脱氨、脱羧基生成的。微量的醛类在酱油香气中起到调和作用。加热酱油会提高其中乙醛和一些小分子醛类的浓度，而这些醛类化合物一般可与醇类、甲硫醇等发生缩合反应，产生与本身不同的香气，使酱油风味更复杂化。

(5) 酚类　酱油中的酚类物质以挥发性酚为主体，特别是烷基苯酚，是由来自小麦的原料经米曲霉作用后再经 T 酵母或 C 酵母菌（*Candida etchellsii*）发酵生成的。其代表性成分是 4-乙基愈创木酚（4-EG）和 4-乙基愈创苯酚（4-EP）。其香气特点十分明显、活性强，为酱油带来类似丁香和烟熏的香味，是酱油的一种主要的香气成分。4-EG 是酱油风味中有代表性的化合物之一，口感有发酵酱油特有的滋味，同时它还具有调节酱油中咸味的作用，增加了酱油的圆润感。酱油中含有 $1\sim2\text{mg/L}$ 的 4-EG 就可以明显提高酱油的风味。

(6) 其他　除了上述特征风味物质外，酱油中还存在着如 4-羟基-2(或 5)乙基-5(或 2)-甲基-3(2 氢)-呋喃酮（HEMF）、4-羟基-2,5-二乙基-3(2 氢)-呋喃酮（HDMF）、4-羟基-5-甲基-3(2 氢)-呋喃酮（HMMF）等呋喃酮类物质；2,3-二乙基-2-戊烯、苯乙烯等烯类物质；四氢化萘、甲基萘等萘类物质以及部分有机酸盐类。其中，HEMF 是一种与酱油关系最密切的香气成分，它具有类似焦糖的香气。在酱油中 HEMF 的含量越多越好，它能代表酱油的主体香气。同时，HEMF 具有抑制食道癌的作用。目前对 HEMF 形成机制的研究比较多。五磷酸循环对 HEMF 的形成至关重要。含有 7 个碳的 HEMF 是由含 5 个碳的氨基化合物与由葡萄糖代谢产生的含 2 个碳的化合物发生反应产生的。HEMF 形成的速率和数量受酵母菌种类、发酵液中葡萄糖和氯化钠浓度的影响。

2. 影响酱油风味形成的因素

（1）生产原料 酱油生产的原料主要为大豆、豆粕、小麦、麸皮和面粉等，含有大量的蛋白质、脂肪、淀粉等。不同的原料选择和配比对酱油风味有明显影响。淀粉原料经淀粉酶水解产生葡萄糖，这些葡萄糖也会经生物合成生成氨基酸（如谷氨酸和天冬氨酸）而产生鲜味。大豆中含有脂肪和甘油，在发酵过程中，脂肪酸与醇结合生成酯类物质，主要形成酱油风味。麸皮的淀粉含量较少，水解后大都生成戊糖，除作为微生物营养的碳源和核酸组成外，还能用于发酵。因此，采用合适的原料配比可提高酱油的质量。

（2）微生物 参与酱油发酵的微生物主要是米曲霉、酵母菌、乳酸菌及其他种类的细菌。酱油在前期发酵过程中主要起作用的是霉菌，经分离得到的霉菌经鉴定主要为米曲霉、酱油曲霉、高大毛霉、黑曲霉等。米曲霉菌分泌的蛋白降解酶、肽酶、谷氨酰胺酶、淀粉酶系等，将原料中的蛋白质水解生成各种氨基酸而产生鲜味，形成酱油的独特滋味。酱醪成熟后添加盐水进行后发酵，高盐浓度和缺氧环境致使霉菌的生长基本停止，乳酸菌和酵母菌大量繁殖，霉菌分泌的酶类继续发挥作用。在后酵过程中，与酱油风味密切相关的微生物主要是乳酸菌和酵母菌。乳酸菌可将精氨酸分解成鸟氨酸，同时还对丝氨酸、苏氨酸和苯丙氨酸等进行特异性脱羰基的作用，左右着酱油的香气；酵母菌在后酵过程中产生的醇类等物质与酸形成具有香气的酯类物质，是酱油香气的主要贡献物质。在酱油发酵过程中，采用多菌种发酵，合理协调不同微生物的作用，对提高和改善酱油风味具有重要意义。

（3）生产工艺 传统的酱油发酵工艺主要特点是"多菌种低温制曲，低温制醪天然发酵"，主要采用天然曲发酵，采用"春曲、夏酱、秋油"的生产工艺，各种菌在发酵过程中相互协同作用，从而形成酱油独特的风味。在低盐固态发酵工艺中采用单菌种发酵，提高发酵的温度，从而使发酵时间缩短，但经该种工艺发酵所得的酱油产品风味明显不及传统发酵工艺。所以生产工艺对酱油风味的影响也是不可忽略的。根据不同生产工艺优劣点的不同，对生产工艺进行改造，取长补短，是提高和改善酱油风味，同时实现生产周期缩短，生产成本降低的有效途径。

3. 提高酱油风味的途径和应用技术

要改善酱油风味，必须有优质的原料和给微生物的生长代谢平衡创造适宜的制曲发酵环境的工艺条件。只有代谢产物的平衡与调和，才能达到风味的最佳效应。

(1) 原料方面

① 增加小麦的用量。小麦中的木质素经曲霉及球拟酵母作用生成 4-乙基愈创木酚和 4-乙基苯酚，具有特殊的酱香味。同时，小麦中的六碳糖由酵母发酵生成乙醇，具有醇香；经乳酸菌等微生物转化成有机酸，如乳酸、琥珀酸、柠檬酸、乙酸等；有机醇和有机酯进一步反应形成酯香物质。日本在酱油生产中，黄豆（豆粕）：小麦为 1：1，而在我国酱油生产中，大多数企业都使用一定量的麸皮。为了提高酱油的香气，应减少麸皮的用量或全部使用小麦。

② 采用膨化技术处理原料。膨化是指将酱油原料豆粕或混合料，在高温、高压状态下突然释放至常温、常压，使物料内部结构和性质发生变化的过程。该技术可达到使原料的熟化、灭菌和蛋白质一次变性等效果，可使淀粉颗粒得到解体，物体结构疏松，体积增大。该工艺在日本已用于酱油酿造生产，可提高产品风味。

(2) 微生物方面

① 采用多菌种混合发酵。顾立众的研究表明，以米曲霉 AS3.951 为主要生产菌，选用根霉、红曲霉为辅助生产菌，各菌种分别单独制种曲，按米曲霉种曲：根霉种曲：红曲霉种曲为 7：2：1 的比例混合，按制曲原料的 0.8%～1% 接种混合种曲，制曲时间为 36～42h，固态低盐发酵生产酱油，使酱油的香气和色泽有了很大的提高，同时也提高了酱油原料的利用率和出品率。另外，杨钦阶等采用多菌种混合阶梯发酵工艺，其产品无论是感官指标还是理化指标都比未添加乳酸菌、酵母菌以及仅添加乳酸菌或酵母菌发酵的酱油好，其乳酸和总酯的含量明显提高，甚至可与日本特选酱油相媲美。

② 在后发酵阶段添加一定比例的鲁氏酵母、球拟酵母和乳酸菌可明显提高酱油风味。谢伟等在低盐固态发酵酱油中添加耐盐酵母或醪汁，经 1 个月后发酵，可改善酱油风味。另有报道鲁氏酵母和球拟酵母按 9：1 使用比较合理，乳酸菌的使用量控制在酵母菌的 1/10，否则会引起负面效果。一般情况下，先加入乳酸菌，10d 后再加入酵母菌。两种酵母菌可以同时加入，也可以先加入鲁氏酵母，10d 后加入球拟酵母。

(3) 选用合适的工艺条件　已有报道和实践证明，选用以下工艺条件可以不同程度地提高酱油风味。

① 将淋浇技术应用于低盐固态发酵，同时在发酵后期添加一定量的酵母菌。采用淋浇工艺酿制的酱油氨态氮含量平均提高 7.24%，氨基酸转化率平均提高 1.38%；挥发性风味成分醇类、酯类、酚类等比对照组多 20 种，酱油中主要风

味物质 4-乙基愈创木酚（4-EG）、4-乙基苯酚（4-EP）、4-羟基-2-乙基-5 甲基-3-呋喃酮（HEMF）都有一定含量；

② 利用液体曲酿制酱油；

③ 采用低温发酵酱油工艺；

④ 应用酶制剂进行酱油酿造；

⑤ 选择适宜的酱油灭菌设备；

⑥ 延长发酵时间；

⑦ 晒露酱醅浸出液；

⑧ 固定酶或固定微生物法。

第二节　食醋的生产工艺及风味特点

食醋是一种富含营养的液体酸性调味料，在我国已有 2000 多年的酿造历史，古时称作"酢"、"醯"、"苦酒"等。

食醋的主要酸性成分为醋酸（乙酸），同时还含有糖、氨基酸等营养物质。目前，食醋已经不仅仅作为一种调味佳品，出现在餐桌上，更作为一种具有保健甚至药用功能的饮品，深受人们喜爱。有研究报道，食醋不仅能够促进食欲，缓解疲劳，促进血液循环，解酒保肝；还能够有效预防感冒，抑制血糖升高，防治糖尿病。

一、分类

广义而言，食醋可分为酿造醋、合成醋和再制醋三大类，通常所讲的食醋仅指酿造醋。下文所述的"食醋"若无特殊说明，仅指"酿造醋"。

在我国，食醋的分类如下所述。

1. 根据醋酸发酵阶段物料状态

（1）固态发酵食醋　以粮食及其副产品为原料，采用固态醋酸发酵酿制而成的食醋。

（2）液态发酵食醋　以粮食、糖类、果类或酒精为原料，采用液态醋酸发酵酿制而成的食醋。

2. 根据原料类型

凡含有淀粉质、糖质、酒精的物质均可作为酿醋的原料。根据酿醋原料的不同可分为：

（1）粮食醋　以粮食及其副产品为原料酿造的食醋，如传统的米醋、麸醋以及近年研制的紫薯醋、薏苡仁醋等。

(2) 糖醋　以蜂蜜、蔗糖（甘蔗）、壳聚糖等糖类物质为原料酿制的食醋。

(3) 果蔬类食醋　以水果和蔬菜为原料酿制的食醋，多为具有保健功能的饮品，如苹果醋、大蒜醋、山楂醋和桑叶萝卜醋等。

(4) 酒醋　以酒精或白酒为原料酿制的食醋，又称白醋。

此外，依据酿醋原料是否经过蒸煮处理，还可将食醋分为生料醋和熟料醋；依据成品的色泽可分为浓色醋、淡色醋和白醋。

3. 国外主要的食醋品种

世界上几乎每个国家都有食醋生产。除中国外，日本、美国和法国等也是主要的食醋生产国，其食醋品种如下所述。

日本：米醋、谷物醋、苹果醋、葡萄醋、酒精醋、酒糟醋、黑醋和保健醋等。

美国：红酒醋、白葡萄酒醋等。

法国：白葡萄酒醋、红葡萄酒醋和苹果醋等。

随着科技的进步和人们生活水平的提高，食醋的花色日渐增多，产品琳琅满目，而且诸如小麦胚芽醋、低聚糖醋、壳聚糖醋、番茄醋等保健醋品也作为饮品，渐入市场，改善着人们的生活。

二、食醋酿造原理

食醋的主体成分是水，主要酸性成分是醋酸，此外还有多种氨基酸、有机酸、还原糖、矿物质、香味成分和色素物质等数百种成分，这些成分是由原料经过工艺处理和微生物及其分泌的酶，经过一系列生物化学反应形成的，并共同构成了食醋的色、香、味、体。

1. 食醋酿造过程中的主要生化反应

以谷物、薯类等淀粉质原料酿醋大致分为 3 个重要的生化反应过程。

(1) 糖化作用　糖化作用是指糊化淀粉被淀粉酶水解生成可发酵性糖的过程。

催化该阶段反应的酶主要有 α-淀粉酶（液化酶）、淀粉 1,4-葡萄糖苷酶（糖化酶）、淀粉 1,6-糊精酶和淀粉 1,6-葡萄糖苷酶等。参与该阶段反应的发酵剂常称作糖化剂，如大曲、小曲、红曲、麸曲和酶制剂等。影响糖化的主要因素有淀粉浓度、原料蒸煮、糖化曲用量三个方面。

在糖化阶段，除了上述主要生化反应外，还伴随着蛋白质的分解，纤维素、半纤维素和果胶等植物组织成分的降解，以及植酸和单宁成分的降解。

(2) 酒精发酵　指酵母菌在厌氧条件下经体内一系列酶的作用，把可发酵性糖转化成酒精和 CO_2，并通过细胞膜把产物排出菌体外的过程。参与该阶段的发酵剂为酵母菌，又称作酒母，而催化该阶段反应的酶系称为酒化酶系，包括糖酵解途径的各种酶、丙酮酸脱羧酶以及乙醇脱氢酶。

酒精发酵阶段，主要产物除酒精和 CO_2 外，同时还伴随着几十种发酵副产物，主要是醇、醛、酸、酯四大类，这些物质中有些对产品风味的形成是有益的，有些则是不利的，对不利的副产品应特别加强控制。

(3) 醋酸发酵 醋酸发酵指酒精在醋酸菌分泌的氧化酶的作用下，氧化生成醋酸的过程。总反应式如下：

$$CH_3CH_2OH + O_2 \xrightarrow{\text{氧化酶系}} CH_3COOH + H_2O + \text{热量（493.7kJ/mol 酒精）}$$

参与该阶段的发酵剂为醋酸菌，而催化该阶段反应的酶系称为氧化酶系，包括乙醇脱氢酶、乙醛脱氢酶。

醋酸菌发酵能力的强弱，决定着发酵速度的快慢、出品率的高低以及产品质量的好坏；因此优良的醋酸菌菌种是酿醋工艺中关键因素之一。此外，由于醋酸菌是好气菌，通风条件也是影响醋酸发酵的重要因素之一。

除了上述三个重要的生化反应过程外，有机酸与醇类物质结合生成芳香酯类的酯化作用以及食醋陈酿过程中的后熟作用（色泽变化和风味变化）也是与成品醋色、香、味、体关系极为密切的反应过程。

实际上在酿醋过程中，上述生物化学反应过程并不能截然分开，尤其在传统发酵工艺中，存在着边糖化、边酒化的双边发酵，甚至是糖化、酒化和醋化同时进行的多边发酵，因此不能孤立看待某一阶段，而应重视其连续性。

2. 与食醋酿造有关的微生物

在食醋酿造过程中，微生物及其分泌的各种酶类是催化上述重要生物化学反应的主要动力。用于食醋酿造的微生物很多，主要有曲霉菌、酵母菌、醋酸菌和乳酸菌。

(1) 传统工艺酿醋（即老法酿醋） 利用自然界中野生菌制曲、发酵，涉及的微生物种类较为丰富，包括霉菌（根霉、曲霉、毛霉、犁头霉）、酵母菌（汉逊酵母、假丝酵母等）和各种细菌（芽孢杆菌、乳酸菌、醋酸菌、产气杆菌等）。

(2) 新法酿醋 均采用经人工选育的纯培养菌株，进行制曲、酒精发酵和醋酸发酵，酿醋周期缩短，原料利用率提高，经济效益显著。

① 糖化阶段 由于黑曲霉具有较强淀粉糖化酶活力和较强的单宁酶活力，是酿醋工业中常用制曲的微生物。较为优良的菌株有：甘薯曲霉 AS3.324、邬氏曲霉 AS3.758、东酒一号（AS3.758 的变异株）和黑曲霉 AS3.4309 等。

② 酒精发酵阶段 酿醋用的醋酸菌与酿酒使用的酵母相同。通常根据原料选择菌株。适用于淀粉质原料酿醋的酵母菌株为 AS2.109 和 AS2.399；适用于糖蜜原料的有 AS2.1189 和 AS2.1190。通常为了增加食醋香气，部分厂家还添加产酯能力强的产酯酵母进行混合发酵，常用的菌株有 AS2.300、AS2.338 和中国食品发酵科研所的 1295 和 1312 等。

③ 醋酸发酵阶段　要选用发酵能力较强的醋酸菌株。常用的醋酸菌主要有 AS1.41 和沪酿 1.01 菌株。AS1.41 属恶臭醋酸杆菌，其最适生长温度为 28～30℃，最适生酸为 28～33℃；最适 pH 为 3.5～6.0，耐受酒精浓度 8%。最高产醋酸 7%～9%，能氧化分解醋酸为 CO_2 和水。沪酿 1.01 醋酸菌是从丹东速酿醋中分离得到的。在含酒精的培养液中，常在表面生长，形成淡青灰色薄层菌膜，该菌由酒精产醋酸的转化率平均达到 93%～95%。

3. 食醋色香味体的形成

(1) 食醋的色素来源

① 原料本身的色素带入；

② 原料预处理时发生化学反应产生有色物质进入食醋中；

③ 发酵过程中由化学反应、酶反应生成的色素，美拉德反应是形成食醋色素的主要途径；

④ 微生物的有色代谢产物；

⑤ 熏醅时产生的色素（主要是焦糖色素）以及进行配制时人工添加的色素。

(2) 食醋的香气　主要源于酿醋产生的酯类、醇类、醛类、酚类等。其中，酯类以乙酸乙酯为主；醇类除了乙醇外，还含有甲醇、丙醇、异丁醇、戊醇等；醛类主要有乙醛、糠醛、乙缩醛、香草醛、甘油醛、异丁醛、异戊醛等；酚类主要为 4-乙基愈创木酚等，但双乙酰、3-羟基丁酮的过量存在会使食醋香气变劣。

有的食醋还添加香辛料如芝麻、茴香、桂皮、陈皮等以增加香气。

(3) 食醋的味

① 酸味　主体是醋酸，是挥发性酸，酸味强，尖酸突出，有刺激气味。还有一定量的不挥发性有机酸，如琥珀酸、苹果酸、柠檬酸、葡萄糖酸和乳酸等，使食醋的酸味变得柔和。

② 甜味　残存在醋液中的由淀粉水解产生出的但未被微生物利用完的糖以及发酵过程中形成的甘油、二酮赋予食醋甜味，也有部分厂家添加甘草汁、食糖等添加剂以增强甜味。

③ 咸味　酿醋过程中添加食盐，可以使食醋具有适当的咸味，从而使醋的酸味得到缓冲，口感更好。

④ 鲜味　食醋中因存在氨基酸、核苷酸的钠盐而呈鲜味。氨基酸是由蛋白质水解产生的，而酵母菌、细菌的菌体自溶后产生出各种核苷酸，如 5′-鸟苷酸、5′-肌苷酸也是强烈的助鲜剂。

(4) 食醋的体态　食醋的体态是由固形物含量决定的，固形物包括：有机酸、酯类、糖分、氨基酸、蛋白质、糊精、色素、盐类等。用淀粉质原料酿制的醋因固形物含量高，体态好。

三、酿醋原料及其处理

凡含有淀粉质、糖质、酒精三类物质的都可以作为酿醋的原料。

1. 酿醋原料的基本要求

首先，原料中可发酵性物质含量要高；其次，原料应资源丰富，供应量大且易收集；再次，原料要易贮藏，加工方便；然后，原料产地离工厂近，便于运输，以节省费用；最后，原料中不含对人体有害的成分，符合食品卫生要求。

2. 酿醋的原料及其分类

酿醋原料按工艺要求通常分为主料、辅料、填充剂和添加剂四大类。原料的种类和配比对食醋品质有较大影响。

（1）主料 主料指能够发酵生成醋酸的原料，即富含淀粉、糖分或乙醇的物质，如谷物、薯类、果蔬、糖蜜和酒类等。谷物类原料主要有大米、高粱、玉米和小米等；薯类原料主要有甘薯、马铃薯和木薯；糖类原料主要有富含糖分的甘蔗糖蜜、甜菜糖蜜、蜂蜜和果类；食用酒精、白酒、果酒和啤酒等富含酒精的物质也可用于酿醋。

为了节约粮食，需要寻找酿醋代用原料，酿醋原料的范围已显著扩大。目前采用的原料除了高产粮食，还有玉米、甘薯、甘薯干、马铃薯、马铃薯干；粮食加工下脚料，如碎米、麸皮、细谷糠（统糠）、脱脂米糠、高粱糠；其他下脚料，如糖糟、干淀粉渣、废糖蜜；含有淀粉的野生植物，如橡子、菊芋；以及果蔬类，如梨、柿、红枣、黑枣、番茄等。制醋工艺中使用上述原料除了节省粮食外，有时还利用它们来改善食醋风味或创制新风格产品。

（2）辅料 一般使用麸皮、细谷糠和豆粕等作为酿醋的辅助原料。它们不仅含有碳水化合物，还含有丰富的蛋白质、维生素和矿物质，与食醋的色、香、味成分的形成密切相关。

（3）填充料 固态发酵法和速酿法制醋都需要填充料，其主要作用是疏松醋醅，积存和流通空气，以利于醋酸菌的好氧发酵。

填充料要求疏松、接触面积大，有适当的硬度和惰性，无异味。常用的填充料有谷壳、稻壳、高粱壳、玉米芯、木炭、刨花、浮石和多孔玻璃纤维等。

（4）添加剂 酿醋常用的添加剂有食盐、蔗糖、香料、中草药、炒米色和果汁等，一般都能不同程度地增加食醋成品固形物含量，增进食醋的色泽和风味，改善体态，提高食醋的质量。

醋醅成熟后，加入食盐可抑制醋酸菌活动，防止醋酸分解，此外还能起到调和食醋风味的作用。蔗糖能增加食醋甜度和浓度。香辛料（八角茴香、芝麻、生姜等）、中草药和果汁等可赋予食醋特殊的风味和营养保健功能。炒米色和糖色则可以增加食醋色泽及香气。

另外，食醋生产常用苯甲酸钠作为防腐剂。

3. 原料处理

（1）除去杂质　制醋所用原料多为植物原料，要除去在收割、采集和贮运过程中混入泥石、金属之类杂物，以免磨损机械设备，堵塞管路、阀门和泵；剔除霉变的原料，以免大幅度降低食醋的产量和质量；对于带皮壳的原料，要在粉碎之前去除皮壳，以免降低设备利用率，堵塞管线，妨碍酒精发酵；谷物原料多采用分选机筛选谷粒，以去除原料中的尘土和轻的夹杂物；鲜薯类要洗涤除去表面附着，多用搅拌棒式洗涤机进行洗涤。

（2）粉碎与水磨　为了扩大原料同微生物的接触面积，充分利用有效成分，在大多数情况下，粮食原料应先进行粉碎，然后再进行蒸煮糖化，常用的设备有刀片轧碎机、锤击式粉碎机和钢磨。采用酶法液化通风回流制醋工艺时，用水磨法粉碎原料。

（3）蒸煮　蒸煮的目的有三，即破坏植物组织和细胞，使淀粉被释放；使淀粉糊化，易于被水解；杀灭原料中杂菌，减少污染机会。蒸煮时宜适当添加较多水，抑制黑色素形成；不宜用很高温度和压力蒸煮，蒸煮时间不宜太久，以避免糖分损失和甲醇产生。不同原料的淀粉，糊化的温度也不同。生产上蒸煮温度通常超过 100℃。

四、发酵剂及发酵剂的制备

食醋酿造是一个复杂的生化和微生物学过程。一般要经过糖化、酒精发酵和醋酸发酵三个反应过程。糖化剂、酒母（酵母）和醋母（醋酸菌）则为上述三个阶段的发酵剂。

1. 糖化剂

将淀粉转变为可发酵性糖所用的催化剂即为糖化剂，包括曲和酶制剂。

糖化酶制剂：通过培养产生淀粉酶能力很强的微生物，再从其培养液中提取淀粉酶并制成酶制剂，将其用作食醋酿造的糖化剂。例如，常用的有枯草芽孢杆菌 α-淀粉酶和拟内孢霉或根霉葡萄糖淀粉酶制剂，前者用于淀粉液化，后两者则主要用于将液化产物进一步糖化。

曲是以麸皮、碎米等为原料，以曲霉菌纯菌制曲或多菌种混合进行微生物培养制得的糖化剂。包括大曲、小曲、麸曲、红曲和液体曲，其特点和制备工艺流程简述如下。

（1）大曲　包含的微生物以根霉、曲霉、酵母为主，并有其他野生菌混杂其中。

① 特点　菌类多，分泌酶种类多，成醋风味佳，香味浓，质量好，一些名醋仍采用大曲制作，且不需接种，保管和运输便利。但大曲糖化力弱，用曲量大，生产周期长，出醋率较低。

② 制备工艺　大曲制备工艺流程见图 5-6。

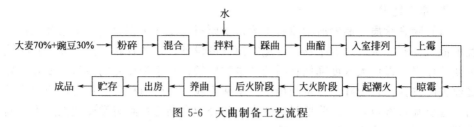

图 5-6 大曲制备工艺流程

(2) 小曲 又称酒药、药曲、甜酒曲等，南方常用，因其曲坯小而得名。

① 特点 小曲制备以碎米、米糠或米粉为主要原料，添加或不添加中草药，接入纯种酵母、根霉或接入曲母培养而成。适于糯米、大米、高粱等酿醋原料，不适于薯类及野生植物原料。

② 制备工艺 以药小曲的制备为例说明其制备工艺，工艺流程见图 5-7。

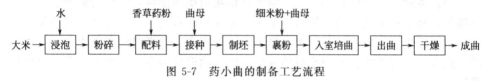

图 5-7 药小曲的制备工艺流程

(3) 红曲 也称红米，我国特产。

① 特点 是在蒸熟的米饭上培养红曲霉制成的。红曲具有较强的淀粉酶、糖化酶活力，其分泌的红曲霉红素（一种蒽醌衍生物），稀薄时呈鲜红色，浓稠时呈黑褐色，能增加食醋色泽，广泛应用于增色及红曲醋、玫瑰醋的酿造中。

② 制备工艺 红曲制备工艺流程见图 5-8。

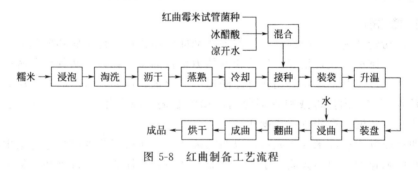

图 5-8 红曲制备工艺流程

(4) 麸曲

① 特点 麸曲是以麸皮为主要制曲原料，纯培养的曲霉菌为制曲菌种，采用固体培养法制得。其优点是曲的制备成本低，制曲周期短，糖化力强，对酿醋原料适应性强，出醋率高；缺点是麸曲不宜长期保存，酿成的醋风味不如用老法曲制得的食醋好。

② 制备工艺流程 麸曲的生产方法有曲盘制曲、帘子制曲和机械通风制曲。生产多采用机械通风制曲，其工艺流程见图 5-9，具体工艺参考酱油生产机械通

风制曲。

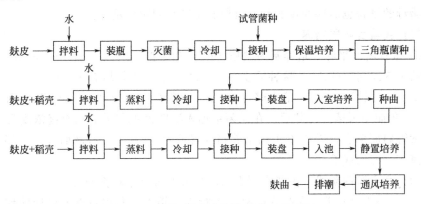

图 5-9　机械通风制曲制备麸曲工艺流程

（5）液体曲　液体曲是以纯培养的曲霉菌为菌种，经发酵罐深层培养，得到一种液态的含淀粉酶和糖化酶的糖化剂，可替代固体曲用于酿醋。液体曲的生产机械化程度高，可节约劳动力，但设备投资和动力消耗较大。

2. 酒母

（1）酒母及其制备　酒母即选择优良的酵母菌株经逐级扩大纯培养后接入糖化醪进行酒精发酵。酒母制备的工艺流程见图 5-10。

$$\boxed{\text{酵母原菌}} \longrightarrow \boxed{\text{小三角瓶培养}} \longrightarrow \boxed{\text{大三角瓶培养}} \longrightarrow \boxed{\text{卡式罐培养}} \longrightarrow \boxed{\text{酒母罐培养}} \longrightarrow \text{酒母}$$

图 5-10　酒母制备工艺流程

从试管装酵母原菌制备酒母需经实验室和生产车间两个阶段的培养方可。实验室阶段（从酵母原菌到大三角瓶培养）多采用米曲汁和麦芽汁为培养基进行培养；生产车间培养则采用淀粉质原料制备的糖化醪，其中以玉米为原料最好。

（2）活性干酵母的活化与使用　20 世纪 80 年代以来，很多食醋生产厂家采用活性干酵母进行酒精发酵，不仅简化了生产过程，而且质量稳定，便于贮藏和使用。由于活性干酵母水分含量仅 4%～5%，因此使用前需要先复水活化。

① 复水活化　将干酵母加入其 10 倍量左右的 4～5°Bé 的稀糖液（约 38℃）混匀，静置，自然冷却到 30℃，活化 2h 左右。

② 使用方法　活性干酵母的使用方法有两种，即直接法和间接法。直接法是用活性干酵母经活化后直接加入发酵罐中；间接法是将活性干酵母接入酒母罐，经扩大培养后再接入发酵罐。由于间接法不仅节省干酵母用量，而且与传统工艺相比改变不大，可使酵母适应糖化醪，利于发酵，因此被多数工厂采纳。

3. 醋母

醋母的制备也需要经过实验室阶段和生产车间阶段培养。

(1) 实验室阶段培养

① 试管斜面培养　培养基为酒精 2mL，葡萄糖 1g，酵母膏 1g，琼脂 2.5g，碳酸钙 1.5g，水 100mL。接种后于 30～32℃恒温培养箱培养 48h 即可。

② 三角瓶培养　培养基为酵母膏 1g，葡萄糖 0.3g，加水 100mL 溶解后装入 1L 三角瓶中灭菌。冷却后，在无菌室加入浓度为 95% 的酒精至终浓度为 4%。接入试管斜面菌后，于 30℃恒温培养箱静置培养 5～7 天，待液面长出有醋酸清香的薄膜，即为成熟。

(2) 生产车间阶段　主要有固态大缸培养和种子罐培养两种方式。

1）固态大缸培养　是指在醋醅上进行固态培养，利用自然通风回流使其大量繁殖。将新鲜酒醅拌好成熟的三角瓶培养的纯醋酸菌种，放入带有假底的缸中，盖好缸口使醋酸菌生长繁殖。品温升高后，采用回流法降温，控制品温不高于 38℃。培养至醋汁酸度达 4g/100mL，即可接种于大生产的酒醅中。

2）种子罐培养　种子罐内盛酒精度 4%～5% 的酒精醪，装填系数为 0.7～0.75，灭菌后冷却至 32℃，按接种量 10% 接入三角瓶种子，于 30～31℃通风培养，通风量 1∶0.1，培养 22～24h 即成熟。

优质醋母的特点：细胞形态整齐、健壮、无杂菌，革兰染色呈阴性，醪液总酸（以醋酸计）为 1.5～1.8g/100mL。

影响醋母质量的因素：

① 培养基质，六碳糖含量丰富的原料最佳。

② 培养温度，30℃左右最佳。

③ 通风条件，醋酸菌好氧。

④ 酸度，一般醋酸 1.5%～2.5% 时即完全停止繁殖。

⑤ 酒精度，一般耐 5%～12%。

⑥ 耐食盐能力，1%～1.5%。

⑦ 杂菌污染，加强灭菌防止污染。

五、食醋酿造工艺

根据醋酸发酵阶段各物料状态不同，可将食醋酿造工艺分为两大类，即固态发酵工艺和液态发酵工艺。

我国酿醋历史虽然能追溯到几千年前，但传统工艺中醋出品率很低，质量不稳定，而且劳动强度大，发酵周期长。随着科技的发展，技术的进步，近几十年来，我国食醋酿造工艺有了很大的改进，主要体现在固态机械化、自吸式液态深层发酵以及液-固结合法（二步法）等方面。

1. 我国食醋酿造工艺沿革

传统固态发酵：出品率很低、质量不稳定、劳动强度大、周期长。

1960年，上海酶法液化自然通风回流工艺，替代了人工倒醅，基本保持传统食醋的风味，提高了原料的利用率，缩短了醋酸发酵周期。

1973年，液态深层发酵：原料淀粉利用率高，设备先进，产品卫生好，周期短，便于机械化、管道化和连续化生产等。

1977年，北京生料酿醋：主辅料全是生的，节约用煤和蒸煮工段劳动力。

1987年，严复等固定化细胞技术制醋：省时1/2，简化了种子扩大培养，适于连续化生产。

2. 固态发酵工艺

固态发酵工艺制醋时，为保证二氧化碳排出和氧气的进入，醋醅要有一定的透气性和疏松度，故需要加入麸皮、稻壳等疏松材料，温度的调节则主要通过翻搅醋醅来实现。该法酿造的食醋香味浓郁、口味醇厚、色泽好，其生产周期最短的1个月左右，最长的达1年以上。

食醋的整个生产过程在固态条件下进行，称为固-固法，例如一般固体发酵工艺和山西老陈醋、镇江香醋和四川老法麸醋的生产工艺等，也有部分工艺，例如酶法液化回流制醋和生料酿醋工艺的糖化和酒化在液态条件下进行，称为液-固法。下面将6种常用的发酵工艺作一介绍。

(1) 一般固体发酵工艺

① 工艺流程　以甘薯干和碎米为制醋原料，其工艺流程如图5-11所示。

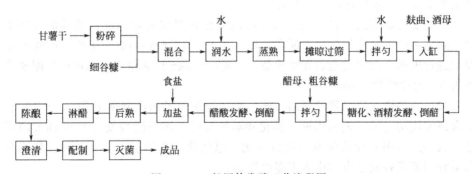

图5-11　一般固体发酵工艺流程图

② 操作要点　原料及处理：将甘薯干（或碎米）100kg粉碎成粉，与175kg细谷糠混合拌匀，然后润水，即加入275kg水，随翻随加，使原料与水充分拌匀。润水完毕后，蒸料（0.15MPa，40min）1h，将熟料摊凉过筛，除去团块。

添加麸曲和酵母：待熟料降温至30～33℃（夏季）或40℃（冬季），洒入冷水，翻匀摊平。将细碎的麸曲铺于面层，再将搅匀的酒母均匀撒上，翻拌均匀，入缸摊平，缸口盖上草盖。每缸装醋醅约160kg，醋醅水分含量宜为60%～62%。

糖化及酒精发酵：缸内醅温应在 24～28℃，室温保持 28℃左右，待醅温升至 38℃时，倒醅，即每 10～20 个缸留出 1 个空缸，将已升温的醋醅移入空缸，再将下一缸倒在新空出的缸内，依次进行。经 5～8h，醅温又升至 38～39℃，再倒醅 1 次。48h 后，醅温逐渐降低，每天倒醅 1 次，至第 5 天醅温降至 33～35℃，表明糖化及酒精发酵完成。此时醋醅酒精含量为 8%左右。

醋酸发酵：酒精发酵结束后，每缸拌入约 10kg（夏季适当减少，冬季适当增加）粗谷糠和 8kg 醋母。加入粗谷糠和醋母后，第 1 天，醅温不会很快升高，第 2～3 天即很快升高，醅温应控制在 39～41℃。每天倒醅 1 次，约经 12 天，醅温趋于下降，当醅温下降至 38℃以下时，表明醋酸发酵结束，同时掌握醋醅中醋酸含量为冬季 7.5%以上，夏季 7%以上。

加盐及后熟：醋酸发酵结束应立即加盐，每缸醋醅加盐 3kg（夏季）或 1.5kg（冬季）。加盐后，放置 2 天，作为后熟。

淋醋：采用淋缸三套循环法（类似酱油浸提所用的套淋法），最终醋渣中残酸仅 0.1%，可作饲料用。

陈酿：陈酿是指醋酸发酵后为改善食醋风味进行的贮存、后熟的过程，是提高醋品质量的有效措施之一。经陈酿，醋的色泽明显加深，酸度增高，香味醇厚，质量明显提高。陈酿可分为醋醅陈酿和醋液陈酿。醋醅陈酿，即将后熟的醋醅移入院中缸内砸实，用食盐封面，并用泥土封顶，放置 15～20 天时倒醅 1 次，并封缸，通常陈酿 1 个月，即可进行淋醋，夏季则需防止烧醅。醋液陈酿，即将醋液放在院中缸或坛子内，上口加盖，陈酿 1～2 个月。但醋液陈酿时，当醋酸含量低于 5%时易变质，不宜采用。

灭菌及配制成品：将头醋移入澄清池沉淀并根据质量标准调整其成分和浓度。除现销产品及高档醋外，通常要加入 0.1%苯甲酸钠防腐。生醋加热至 80℃以上进行灭菌，灭菌后包装即得成品。通常，100kg 甘薯粉或碎米可产出醋酸含量为 5%的食醋约 700kg。

(2) 酶法液化通风回流制醋工艺　酶法液化通风回流制醋工艺于 1967 年在上海研究成功，该工艺采用液态糖化和酒精发酵、固态醋酸发酵的液-固发酵工艺，其特点是用 α-淀粉酶制剂进行液化，速度快，节约能源；且利用自然通风和醋汁回流代替固态发酵中人工多次倒醅。

① 工艺流程　如图 5-12 所示。

② 操作要点　原料配比（1 个发酵池用量）：碎米 1200kg，砻糠 1650kg，麸皮 400kg，食盐 100kg，水 3250kg，麸曲 60kg（碎米的 5%），酒母 500kg，醋母 200kg，α-淀粉酶 2.4kg（8U/g 碎米），$CaCl_2$ 2.4kg（碎米的 0.2%），Na_2CO_3 1.2kg（碎米的 0.1%）。

水磨和调浆：用水浸泡碎米至米粒膨胀，将米与水按比例 1:1.5 送入磨粉机，磨成 70 目以上细度粉浆（18～20°Bé），送入调浆桶，用 Na_2CO_3 调节

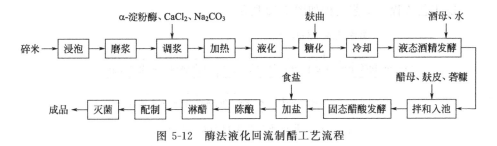

图 5-12　酶法液化回流制醋工艺流程

pH6.2～6.4，加入 $CaCl_2$ 和 α-淀粉酶，充分搅拌均匀。

糖化与液化：将调好的浆料加热至 85～92℃，保持 10～15min，用碘液检测呈棕黄色时表明液化完成。继续加热，待液化醪缓慢升温至 100℃，保持 10min，以灭菌并使酶灭活。液化结束后，将液化醪冷却至 63℃左右时，加入麸曲，糖化 3h。冷却糖化醪至 27℃时，将其泵入酒精发酵罐。

酒精发酵：3000kg 糖化醪，加水 3250kg，调节 pH4.2～4.4，接入酒母 500kg。保持醪温 33℃、pH6.2～6.4 左右，发酵约 64h，酒精含量达 8.5％左右，酸度 0.3～0.4。

醋酸发酵：

a. 进池　将酒化醪、麸皮、砻糠和醋母用制醅机充分混合，入醋酸发酵池。进池温度以 35～38℃为宜。

b. 松醅　由于面层醋醅的醋酸菌繁殖快，醅温 24h 即可升至 40℃，而中层醅温低，故需要将上层和中层醋醅尽可能疏松均匀，即松醅，使醅温一致。

c. 回流　松醅后醅温升至 40℃即可进行醋汁回流，使醅温降低，每次放出醋汁 100～200kg 回流，每天可进行 6 次左右。醋酸发酵温度前期可掌握在 42～44℃，后期则为 36～38℃，若醅温升高过快，除醋汁回流降温外，还可将通风洞部分或全部塞住以调节醅温。通常醋酸发酵周期为 20～25d，醋醅成熟时，其中酒精含量甚微，酸度也不再上升。

加盐：由于醋酸菌不耐盐（超过 1％～1.5％时就停止活动），醋酸发酵结束时，应立即加入食盐 100kg，以抑制醋酸菌的氧化作用。

淋醋：淋醋在发酵池内进行。将二醋分次浇淋在成熟醋醅面层，从池底收集醋汁（头醋），当流出的醋汁中醋酸含量将为 5g/100mL 时即停止收集，所得的头醋可配制成品。头醋收集完毕，再在醋醅面层淋浇三醋，从池底收集醋液，即二醋；最后再在醅面加水，并从池底收集获得三醋。二醋和三醋供下批淋醋循环使用。一般而言，每池可产头醋 10t，平均每千克碎米可出醋 8kg。

灭菌与配制成品的方法同上述一般固态发酵工艺。

(3) 生料酿醋工艺　生料酿醋工艺是 20 世纪 70 年代发展起来的一种酿醋工艺。现以北京龙门醋生料酿醋工艺为例对其工艺流程及工艺特点加以介绍。

① 工艺流程　工艺流程如图 5-13 所示。

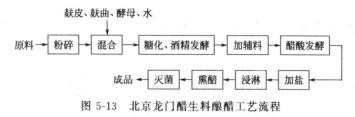

图 5-13　北京龙门醋生料酿醋工艺流程

② 工艺特点

a. 原料经粉碎、浸泡后，不经蒸煮，直接加入糖化剂（麸曲）、酒母和部分辅料进行发酵。较一般固态发酵工艺工艺简化，劳动强度低，节约能源，但由于生淀粉糖化较难，糖化剂使用量大，占主料的 40%～50%。另外，由于原料未经蒸煮灭菌，易染杂菌，致使原料利用低且风味不佳，有待完善。

b. 该工艺采用前期稀醪发酵，后期固态发酵的液-固发酵工艺。稀醪发酵阶段，为了缩短发酵周期，应尽可能增加酒母接种量，一般为 10%。后期固态发酵阶段，当醋醅温度达 40℃ 以上时，使温度继续升至 45℃ 左右，以利于乳酸菌的生长繁殖，从而增加食醋中乳酸含量，提高食醋的色、香、味和清亮程度。

c. 熏醅即将部分成熟的醋醅进行煤火或水浴熏醅，并将未熏过的醋醅淋出的醋汁浸泡熏醅，淋得的醋即为熏醋，熏醋颜色乌黑发亮，熏香味浓厚，且无焦煳气味，风味明显提高。水浴熏醅，即将大缸置于水浴池中，保持水温 90℃ 10天左右；煤火熏醅即将缸连砌在一起，内留火道，把成熟的醅放入缸内用煤火熏醅，保持醅温最低 80℃，每天翻醅 1 次，持续 1 周即可。

3. 液态发酵工艺

我国常用的液态发酵酿醋工艺主要有表面液态发酵工艺、速酿工艺、深层液态发酵工艺和浇淋法酿醋工艺等。福建红曲老醋和浙江玫瑰香醋即采用液态发酵工艺。下文将针对上述常用液态发酵工艺的工艺流程、操作要点以及产品特点加以介绍。

(1) 表面液态发酵工艺　依据原料不同，表面液态发酵法可分为糖醋、酒醋（白醋）和米醋等生产方法。酒醋是在敞口容器中置醋种（通常为上批的成熟醋），加入酒精（稀释至酒精含量 3% 左右）及少量营养物质，在自然气温或30℃ 的保温室内自然发酵制得，其成品清澈无色，醋酸含量 2.5～3g/100mL。糖醋是以饴糖为原料，接入醋母后用纸封缸进行发酵，保持室温 30℃ 左右约 30d成熟，其成品醋酸含量 3～4.5g/100mL。米醋是以大米为原料进行液态表面发酵的制品。现以我国著名的江浙玫瑰醋的酿制工艺为例说明表面发酵法的工艺及操作要点。

① 工艺流程　江浙玫瑰红醋以大米为原料，经洗净蒸熟后，于酒坛或大缸中自然发霉，然后加水常温发酵制得，其产品呈玫瑰红色，口味酸中略带鲜甜，具宜人的特殊香味。其生产工艺流程见图 5-14。

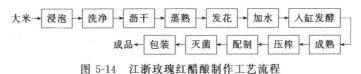

图 5-14　江浙玫瑰红醋酿制作工艺流程

② 操作要点　原料处理：大米浸泡程度以米粒充分吸水，且余水无浑浊为宜；蒸熟程度要求米粒成饭不结块，无白心，蒸熟后要立即晾凉。

发花：即培菌。将米饭转入酒坛或大缸中进行自然发霉，分别称为"坛花"或"缸花"。目前多用人工接入米曲霉代替自然发霉。

加水发酵："发花"完成后，按米饭质量的 1.2 倍加入温水，搅匀，加盖放置至米粒沉降，加草盖于缸口进行发酵。20d 左右时，液面出现薄层菌膜（醋酸菌），此后隔天轻搅液面，保持 3～4 个月，待醪液渐清，呈玫瑰红色，即为发酵完毕。

此工艺中，醋酸发酵主要发生于醪液表面，不涉及液体深层。制得的米醋口味纯正，醋酸含量 3～5g/100mL。

(2) 速酿醋工艺　我国速酿醋工艺始于 20 世纪 40 年代，是以白酒为原料，使其在速酿塔中经醋酸菌氧化成醋酸，再经陈酿而成，故又称塔醋。现在速酿醋生产主要在东北地区，现以辽宁丹东白醋为例，加以介绍。

① 工艺流程　速酿法工艺流程图见图 5-15。

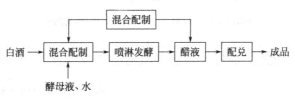

图 5-15　速酿法酿制丹东白醋工艺流程

② 工艺特点　该工艺采用速酿塔进行醋酸发酵，其主要特点是采用循环种醋（经速酿塔发酵成熟的醋液）与原料混合配制，不仅可以增加塔中醋酸菌含量，加快发酵速度，还可以调节原料液的酸度，防止杂菌感染。速酿法多以白酒（50%）为原料，其产品无色或略显微黄色，体态澄清透明，醋香味较纯正；也可用食用酒精代替白酒，但其产品醋香味不及前者。

总体而言，速酿法工艺发酵速度快，出醋率较高，每 1kg 50% 的白酒原料出醋 8kg，高于一般固态发酵，但风味较为单纯。

(3) 浇淋法酿醋工艺　浇淋法酿醋是将酒液反复浇淋于醋化塔进行醋酸发酵，醋化塔中填充玉米芯和刨花等用作醋酸菌的载体，此法在我国河南等地应用较为广泛。

① 工艺流程 浇淋法酿醋工艺流程见图 5-16。

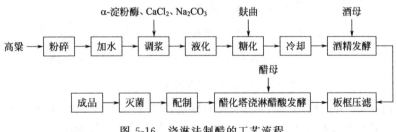

图 5-16 浇淋法制醋的工艺流程

② 工艺要点 原料及其处理以及糖化、液化和酒精发酵均同酶法液化回流制醋。酒精发酵结束后，用板框压滤酒醪除渣，在酒液（约 6%）中接入 10% 的优质醋。淋醋时，留 15% 醋液作为醋母，再补充新的酒液，如此循环浇淋（先少量，后大量），大约经过 48h，醋液酸度不再增加，醋化基本完成，经调配、杀菌和包装，即为成品。

浇淋醋酸发酵所用主要设备为醋化塔，由于醋化塔中氧气供应充足，所以醋酸菌发酵速度快，产量高。通常 5.5%～6.0% 酒精可生成总酸 4%～5% 的液体食醋。

(4) 液态深层发酵工艺 液态深层发酵于 20 世纪 70 年代始用于我国酿醋工业，由于该工艺具有原料淀粉利用率高，设备先进，产品卫生好，周期短，便于机械化、管道化和连续化生产等诸多优点，目前已被国内外广泛采用。

① 工艺流程 液态深层发酵法工艺流程见图 5-17。

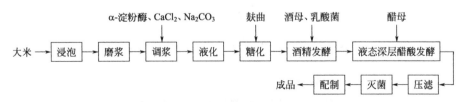

图 5-17 液态深层发酵酿醋工艺流程

② 主要设备 原料及其处理，以及糖化、液化和酒精发酵所用的设备同酶法液化回流制醋工艺。醋酸发酵则采用自吸式发酵罐，通常为 20t。

③ 工艺要点 原料处理、糖化、液化和酒精发酵均同酶法回流制醋工艺。

醋酸发酵：用蒸汽法将洗净的发酵罐常压灭菌 1h。将酒醪泵入发酵罐，待酒醪淹没发酵罐转子时启动自吸式通风搅拌，保持醪温 32℃。装液量为罐体积的 70% 时，接入醋母 10%（体积分数），开始进行醋酸发酵。发酵条件为：醪温 32～35℃，通风比 1∶0.08（前期）或 1∶0.1（后期），待酒精耗尽，酸度不再增加，即为发酵完成，发酵周期大约为 65～72h。

液态深层发酵酿醋可采用分割法取醋，即醋酸发酵成熟时取出 1/3 醋醪，同时补充等量酒醪，继续进行醋酸发酵，如此分割取醋，直到菌种老化时更换菌种。分割法半连续发酵有利于提高原料利用率和产品质量，并能缩短发酵周期，目前被广泛采用。需要注意的是，由于醋酸菌是好气性菌，故取醋和补充酒醪时要充分搅拌通气。

压滤和配兑：醋酸发酵结束，采用板框压滤机进行压滤，并根据质量标准配兑，加热至 75～80℃灭菌，然后输入成品罐至贮存期满，包装即为成品。

由于速酿醋发酵周期短，风味单一，故应适当延长贮存期，以利于食醋香气和色素物质形成，提高食醋风味。通常 1kg 大米可产出食醋（5%）6.6～6.9kg。

六、我国四种名特醋产品的酿造工艺及风味特点

我国酿醋历史悠久，制醋所用的原料和工艺因地而因，形成了风格不同的传统酿醋工艺，而今，山西老陈醋、江苏镇江香醋、四川保宁麸醋和福建红曲老醋享誉海内外，并称为我国四大名醋。下文将在叙述酿醋工艺流程的基础上，从原料、糖化曲、特色工艺以及产品风味等方面，对上述四大名醋进行比较介绍。

1. 山西老陈醋

山西老陈醋的酿制工艺始于清朝顺治年间，是中国陈醋的代表，具有色泽黑紫、气味清香、质地浓稠、绵酸醇厚、挂杯均匀、久放不变质等特点，素有"天下第一醋"的盛誉。山西老陈醋采用固态发酵工艺进行酿制，工艺流程见图 5-18。

(1) 工艺流程

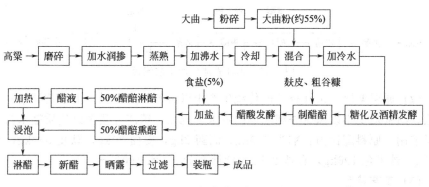

图 5-18 山西老陈醋生产工艺流程

(2) 原料配比 山西老陈醋酿制工艺原料配比为：高粱 100kg，大曲 62.5kg，谷糠 73kg，麸皮 73kg，香辛料（花椒、桂皮等）0.05kg，食盐 5kg，水 340kg。其中，水分为三次加入，即蒸料前加入温水 60kg，蒸料后加入沸水 215kg，入缸前加入冷开水 65kg。

（3）工艺特色

① 以微生物种类丰富大曲为糖化、发酵剂；

② 采用低温长时酒精发酵，易保持酶活力，酒精损耗小，利于酯类等风味物质形成；

③ 醋酸发酵顶温高，抑制了非产酸菌，利于不挥发性有机酸形成；

④ 成熟醋醅一半熏醅，另一半淋醋，可增加熏香味，利于色素物质形成；

⑤ 新醋经露天陈酿，以增加固形物含量（糖类、氨基酸以及有机酸种类和含量均高于镇江香醋）。

上述诸多特色工艺，造就了具有特殊的熏香、陈香、酯香，自然协调，食而绵酸，口感醇厚，酸甜适口，回味绵长，微鲜，即"绵、酸、香、甜、鲜"的山西老陈醋。

100kg 高粱仅可陈酿得 120～140kg 老陈醋。

2. 镇江香醋

镇江香醋始产于 20 世纪中期，以"酸而不涩，香而微甜，色浓味鲜"的特点誉满中外，是我国南方最著名的食醋之一。采用固态分层发酵工艺进行酿制，工艺流程如图 5-19 所示。

（1）工艺流程

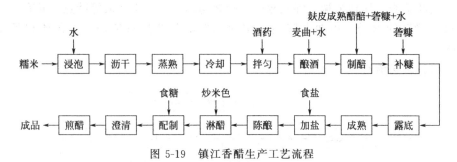

图 5-19　镇江香醋生产工艺流程

（2）原料配比　镇江香醋的传统生产中以黄酒糟为原料。由于黄酒糟酒精含量低，酒糟量少难以满足香醋生产的需求，现在，镇江香醋多以优质糯米为主要原料酿制。原料配比为：糯米 500kg，酒药 2kg，麦曲 30kg，麸皮 850kg，砻糠 475kg，炒米色 196kg，食盐 29kg，食糖 8.7kg，水 1500kg。

（3）工艺特色

① 以优质糯米为主要原料；

② 采用酒药和麦曲为糖化、发酵剂；

③ 采用科学选育的优良醋酸菌种，且采用固态分层醋酸发酵，使醋酸菌充分繁殖；

④ 成熟醋醅经陈酿，即醋醅结束后，立即加盐、并缸、封缸，1 周后换缸 1

次，总周期 20～30d，利于风味和色素物质的形成；

⑤ 独特的炒米色工艺形成香醋特有的颜色和香味。将优质大米经适当炒制后溶于热水，形成深褐色，清亮有光泽，特有的米油及焦香淀粉香味于一体，称为炒米色。

每 100kg 糯米可产一级香醋 350kg。

3. 四川老法麸醋

四川各地多用麸皮酿醋，而以保宁（今阆中县）醋最著名。保宁醋色黑褐，味幽香，酸柔和，体澄清，久贮而不腐，颇受消费者喜爱。其酿造特点是：以麸皮为主要原料，以麸皮进行固态醋酸发酵，工艺流程见图 5-20。

(1) 工艺流程

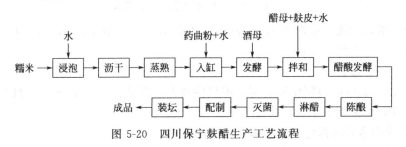

图 5-20　四川保宁麸醋生产工艺流程

(2) 原料配比　麸皮 650kg，糯米 30kg，药曲 0.3kg，辣蓼汁 1～1.5kg，水 1500kg。

(3) 特色工艺

① 采用传统的麸皮制醋，集主料、辅料、填充料的功能于一身，节约了粮食，简化了原料配比，而且麸皮富含戊糖和半纤维素等成分，利于产品色、香、味、体的形成。

② 采用 60 余味中草药制成的药曲对淀粉物质进行糖化和酒化，富含多种有机物和芳香族物质，赋予四川麸醋特殊的风味和香气。

③ 固态多菌扩大培养方式培养酵母，即醋母制备主要是糯米淀粉的糖化和霉菌、酵母、醋酸菌等多种微生物繁殖，进一步协调醋酸菌系作用。

④ 糖化、酒化和醋化同池进行，并通过 9 次秒糟（翻醅）使糖化、酒化和醋化三者同时兼顾，赋予保宁麸醋柔和、圆润、浓厚、幽香的特色。

每批 650kg 麸皮及 30kg 糯米可产醋 1200kg 左右。

4. 福建红曲老醋

福建红曲老醋也以糯米为原料，但特别在于采用了"古田红曲"，所以又名"乌醋"，其色泽棕黑，酸中带甜，口味醇厚，风味独特，畅销海内外。该醋酿造工艺独特，即以红曲为糖化发酵剂，采用分次添加液态发酵工艺，生产工艺见图 5-21。

(1) 工艺流程

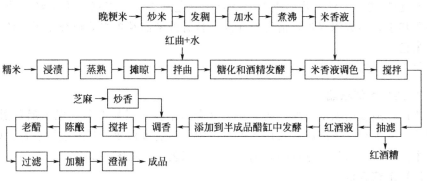

图 5-21 福建红曲老醋生产工艺流程

(2) 原料配比 糯米 270kg, 古田红曲 70kg, 米香液 100kg, 炒芝麻 40kg, 白糖 5kg, 冷开水 1000kg。

(3) 特色工艺

① 以古田红曲为糖化发酵剂, 不仅淀粉酶、糖化酶活力较强, 而且分泌的红色素和黄色素能够增加食醋的色泽。

② 采用米香液调色, 芝麻调香, 白糖调味。

③ 采用分次添加液态发酵工艺: 即从发酵贮存 3 年已成熟的老醋缸中 50% 醋液入成品缸, 从贮存 2 年的醋缸中取 50% 醋液补足 3 年存的醋缸, 再从 1 年存的醋缸中取 50% 醋液补足 2 年存的醋缸, 而将新制的红酒液补入 1 年存的醋缸, 且 1 年存的醋缸中要加入 4% 的炒芝麻用来调香。如此循环进行醋酸发酵。

④ 将贮存 3 年已陈酿成熟的老醋过滤, 加入 2% 白糖, 搅匀, 自然沉淀后取上清液即为成品红曲老醋。

每 100kg 糯米可制得福建红曲老醋 100kg。

5. 四种名醋感官和理化指标比较

山西老陈醋、江苏镇江香醋、四川保宁麸醋和福建红曲老醋酿醋原料、工艺及产品各有特色, 生成了各领风骚的"醋文化", 总结四种名醋的感官指标和理化指标如表 5-5 和表 5-6 所示。

表 5-5 四种名醋的感官指标

名 称	色 泽	香 气	口 味
山西老陈醋	色泽黑紫,有光泽	有特殊的清香和熏香	绵酸醇厚,酸甜适口,微鲜
镇江恒顺香醋	深褐色或红棕色,色泽光亮	醋香浓郁,酯香突出	酸味柔和,香而微甜,色浓味鲜
四川老法麸醋	色泽黑褐色,无沉淀	特殊芳香	酸味柔和,圆润浓厚,微鲜
福建红曲老醋	色泽棕黑,液清	香气浓郁	酸中带甜,口味醇厚

表 5-6　四种名醋的理化指标　　　　　单位：g/100mL

名　称	浓度/°Bé	总酸(以醋酸计)	总酯(以乙酸乙酯计)	还原糖(以葡萄糖计)	氨基氮
山西老陈醋	18	9.5	3.8	4.5	0.3
镇江恒顺香醋	10	6.4	4.0	2.5	0.25
四川老法麸醋	15.5	6.0	—	2.5	0.1
福建红曲老醋	5	8.0	1.0	2.18	0.22

第三节　腐乳的生产工艺及其风味特点

腐乳又名乳腐，也被称为豆腐乳、霉豆腐、酱豆腐、长毛豆腐等，是我国人民发明创造的一种极具特色的发酵型豆制品，以大豆为主要原料，经加工磨浆、制坯、培菌、发酵而制成。腐乳源于我国，驰名中外，英文译名有 sufu、tusufu、soybeancheese、Chinesecheese 等，其口味鲜美，营养丰富，是深受广大消费者喜爱的调味、佐餐制品。

一、腐乳的加工工艺

我国现代的腐乳种类繁多，按原料配方、产品的颜色和产品风味大体上可分为红腐乳、白腐乳、青腐乳、酱腐乳以及各种花色腐乳。但各式腐乳生产工艺过程大体相同。一般可以分成三个主要阶段，第一个阶段为制坯阶段，是大豆通过制浆、点浆、上箱、划坯等工段生产规格的豆腐坯。第二阶段为前期发酵，接种菌种，让微生物生长产酶。第三阶段为后期发酵，利用微生物产生的酶类，及其各种调味料物质发生复杂的生化反应生成腐乳特有的色香味体。

1. 白坯的制备

豆腐坯，又名白坯，指的是以大豆为原料，经制浆、点浆、成型、划块而成的豆腐坯，用以制造腐乳。

(1) 工艺流程

大豆→预处理→浸泡→磨浆→滤浆→煮浆→点浆→蹲脑→压榨成型→划坯→豆腐坯

(2) 操作要点

① 预处理　去除大豆中的泥土、石块、杂草等异物。

② 浸泡　应采用两次浸泡，第一次浸泡使蛋白质部分吸水而软化，第二次浸泡使纤维质充分吸水而脆化进而使得大豆颗粒充分吸水膨胀，在下面步骤中使得大豆中蛋白质尽量溶出。浸泡时最好采用软水，用水量为干大豆质量的 3.5～4 倍，当水温为 10～15℃，浸泡 8～12h；当水温为 0～5℃，浸泡 12～16h。

③ 磨浆 也称磨糊、磨豆。其目的是破坏大豆颗粒结构，使得大豆可溶性蛋白质及其他水溶性成分便于溶出，进而让水分子吸附到蛋白质分子周围，形成液态溶胶状的豆浆。磨浆可以采用钢磨、砂轮磨或粉碎机等。磨浆时需不断添加水分，以达到降温，便于蛋白质溶解和豆浆流出的目的，加水量为大豆干重的 8～9 倍为宜。豆糊要求粗细均匀，细而适度，直径最好控制在 8～10μm。若豆糊太细小，会使小粒纤维通过网筛混入豆浆，造成白坯质地死板、无弹性；若豆渣太粗，则会导致蛋白质提取不充分而影响出品率。

④ 复磨 在头磨的豆糊分离基础上，使豆渣流入搅拌桶内，适当加入水量呈糊状，置入磨内再次磨细，称复磨，将其送入分离机内进行第 2 次分离，此浆称二浆，与头浆合并为豆浆。复磨目的是为了充分使豆渣纤维组织中蛋白质释放出来，提高原料利用率。磨豆过程要快，避免微生物等对蛋白质的分解，同时要防止磨温过高，温度过高会导致蛋白质变性凝聚，降低蛋白质利用率。

⑤ 滤浆 也称豆糊分离，主要目的是将豆中的水溶性物质与残渣分开。分离可手工扯浆也可使用六角滚筛、往复振动筛、磨浆自动分离机及锥形离心机等设备。目前离心机使用较为普遍，转速为 1450r/min，滤布为 96～102 目的尼龙绢丝布。豆渣最好洗涤 4 次。采用四浆套三浆、三浆套二浆，二浆与头浆合并为豆浆的套用生产方式。最后生产的豆浆浓度一般控制在 6～8°Bé（以豆乳汁表测定为准）。

⑥ 煮浆 也称烧浆，煮浆的主要目的是为了使蛋白质热变性，疏水性基团暴露，破坏水化层，为蛋白质凝固创造条件，同时还可以起到杀死细菌，破坏对人体有害成分，灭酶等作用。煮浆操作，要快速达到 100℃，同时要闷浆 5min。温度不能过低，否则不能达到煮浆目的，但若温度过高也会引起蛋白质过度变性，反而降低蛋白质利用率。

⑦ 点浆 主要目的是添加凝固剂，使得豆浆中的蛋白质凝固析出。熟豆浆过 80 目过滤筛，冷却到 75～80℃时，用酸浆水和 1.0% 的氢氧化钠溶液调豆浆 pH 为 6.6～6.8，即可下卤。用 20～24°Bé 稀盐卤液缓慢下卤，同时缓慢搅动豆浆，使得盐卤和蛋白质充分解除，豆浆出现少量豆腐脑即停止下卤。

⑧ 蹲脑 蹲脑又称为涨浆或养花，是大豆蛋白质凝固过程的继续。点浆结束后，蛋白质网状结构尚不牢固，凝固过程仍在继续。此时需加盖保温静置进行蹲脑，时间约 10min。

⑨ 压榨成型 蹲脑完成后，排干黄泔水，将豆腐脑倒入箱套内的滤垫，包好，上面放重物缓慢加压，直至箱内不再有水分流出为止。各种腐乳的规格及水分含量见表 5-7。

⑩ 划坯 划坯也称划块。将整板豆腐放在框子中用刀将整板豆腐切成所需大小的块状豆腐坯。

表 5-7　各种腐乳的规格及水分含量

品种	规格/cm	水分/%	品种	规格/cm	水分/%
小红方	4.1×4.1×1.8	70～73	太方	7.2×7.2×2.4	68～70
小油方	4.1×4.1×1.8	70～73	小白方	3.1×3.1×1.8	76～78
大红方	5.5×5.5×1.8	70～73			

2. 腐乳发酵

传统腐乳发酵一般采用自然发酵,由于自然发酵具有产品质量不稳定,原料利用率低,生产受到季节气候等条件的制约等缺点,现在工艺一般都采用纯菌种发酵。腐乳生产常用的菌株主要有毛霉、根霉、细菌等种类。根据发酵过程中常用菌种的不同,可以将腐乳分为细菌型腐乳和霉菌型腐乳。细菌型腐乳指的是在前期培菌时,所用菌种为细菌,经后期发酵而成的腐乳。霉菌型腐乳指的是在前期培菌时,所用菌种为霉菌或白坯腌制后,加入面曲或豆瓣曲、料酒等,经后期发酵而成的腐乳。细菌型腐乳较为少见,比较有名的有黑龙江克东腐乳。霉菌型腐乳最为常见,生产过程中常用的霉菌有毛霉、根霉、曲霉等。由于毛霉菌丝洁白细长,质地软黏而坚韧,能在腐乳表面形成 0.1～0.2cm 的嫩滑皮膜,而赋予腐乳良好的外形和柔糯、细腻、润滑质感;同时毛霉还分泌蛋白膜、肽酶、脂肪酶和纤维素酶等多种有益酶系,经毛霉酿制的腐乳气味清香纯正,所以毛霉是我国使用量最大、覆盖面最广的生产菌株,约占国内腐乳菌种的 90%～95%。常用菌株有五通桥毛霉(*Mucor wutungkiao*)、腐乳毛霉(*Mucor sufu*)、总状毛霉(*Mucor racemosus*)、雅致放射毛霉(*Actinomucor elegans*)等。

下面以毛霉型腐乳发酵为例,阐述腐乳发酵过程。

(1) 生产工艺流程　如图 5-22 所示。

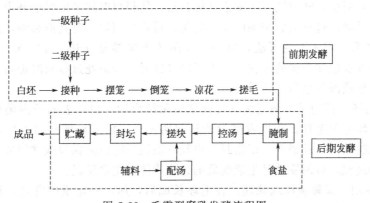

图 5-22　毛霉型腐乳发酵流程图

(2) 操作要点

① 前期发酵　又称为前期培菌,指的是豆腐白坯制成后,在适当温度下接上菌种,在培菌室内进行保温培养的过程。毛霉在前期培菌的作用主要有两点:

一是使霉菌充分生长，代谢分泌蛋白酶等酶系，以利于在后发酵期间蛋白质等各种物质的水解；二是在白坯表面形成一层由菌丝包裹的菌膜，形成腐乳的形状。

② 菌种培养

a. 一级种子　即为试管菌种，7～8°Bé 饴糖液，每100mL 加入蛋白胨1.5～1.9g，pH5.6～6.2，琼脂2g，灭菌倒斜面，接种后于28～30℃培养三天，即可使用或冰箱保藏。

b. 二级种子　即克氏瓶菌种，将麸皮和水按100∶(120～140) 比例配制培养基，每克氏瓶装40～50g 后灭菌，接种，于28～30℃平放三天备用。菌悬液体的制备：每霉菌克氏瓶，拌入300g 已灭菌的面粉或米粉，混合磨碎后用40～48 目筛过，筛出的粉状物即为固体菌种粉。

③ 接种　将划好的豆腐坯，按规定摆放到木格内，块与块之间留有空隙，当温度降到15～20℃时，将制备好的菌种粉均匀地喷洒在豆腐块上。

④ 摆笼　又称上笼摆屉。接种后的白坯，用人工将其整齐地摆在笼屉或曲盘上，每块间距在1cm 左右，以利于霉菌菌丝的生长。

⑤ 培养　豆腐坯接种后，摆笼后置于木格与培养室中堆放培养。毛霉生长受温度、水分和空气影响，需要根据毛霉生长状况，对环境做出相应调整。通常，豆腐坯接种后18～22h 便开始萌发，22h 左右快速生长，此时需要倒笼来补充空气，调节温度。28h 后，需要再次倒笼，32～36h 后微生物生长成熟。

⑥ 倒笼　又称倒屉或倒盘，为了有利于毛坯上微生物的正常生长，需定时把将码放一定高度的笼屉或曲盘上下调换位置，以达到调节温度的目的。

⑦ 晾花　菌丝成熟后需要降温晾花。晾花有利于毛霉分泌包括蛋白膜在内的各种有益酶系，同时还可以促进菌体自溶，使得豆腐坯形成黏滑外表。应准确把握晾花时间，过早会影响菌的生长繁殖，过晚会因温度升高而影响产品质量。

⑧ 搓毛　用人工的方法，将毛坯间菌丝连接部分分开，并将菌丝体搓倒，使其成为外衣包住毛坯的过程。搓毛工序要紧紧配合晾花过程及时进行，当毛霉呈现微黄色或淡黄色时开始进行。

⑨ 毛坯　指的是霉菌型腐乳在前期培菌结束后，白坯表面长满菌丝体，此时的豆腐坯称为毛坯。后期发酵指的是前期发酵（前期培菌）结束后，通过腌制，加入腐乳汤料或辅料装坛密封，再经一段较长时间的保温或常温发酵，至腐乳成熟的过程。后期发酵是生成腐乳的色香味体的主要阶段。

⑩ 腌制　又称腌渍或腌坯。在毛坯长成后，加入一定量的食盐，利用渗透作用排出卤水的过程即为腌制，腌制后的毛坯称作盐坯。将毛坯按规定放入腌制容器中，放置时，应避免毛坯未长菌的一面朝上或者朝下，以避免毛坯变性。每排放一层都应该均匀加盐，最后总的加盐量应该控制在毛坯重量的20％左右。腌制的主要目的有三个，一是使得豆腐坯析出水分，收缩变硬，这样在长期的后

发酵期间不易溃烂；二是可以抑制各种酶的活性和微生物的生长，防止毛坯被过分水解和腐烂；三是还可以为腐乳提供咸味，增加鲜味。

⑪ 控汤　毛坯经腌制后，从腌制容器中捞出，放在木屉内沥去盐水的过程，也可从腌制容器的下部直接放掉盐水。

⑫ 搓块　为使盐坯均匀接触腐乳汤料或辅料，在入坛发酵前，将粘在一起的盐坯一块块搓开，使其六面都沾上汤料或辅料，这一工艺过程称为搓块。

⑬ 配汤　配制腐乳汤料的过程。腐乳汤料指的是腐乳进入后期发酵时，加入的酒、香料、糖、盐、水及各种调味料的混合汁液。腐乳生产所用的汤料直接决定了腐乳最后成品的色、香、味、体的形成。因为汤料的不同和腐乳性状的不同，形成了各种不同的腐乳。

a. 红腐乳　规格为 4.1cm×4.1cm×(1.6～1.8)cm，每坛装 280 块，每 10000 块使用酒精度为 15%～16% 的酒 100kg，面曲 2.8kg，红曲 4.5kg，糖精 15g。用染缸红曲卤汤将腌制的咸坯染红后，依次放入坛中，填满后，倒入装坛红曲卤并淹没盐坯 1.5～2cm，再加入面曲，荷叶盖于面层，在荷叶上加食盐封口送至仓库发酵。

b. 青方　规格为 4.2cm×4.2cm×1.8cm，一般春夏生产，青方腐乳水分一般控制在 75% 左右，腌坯后含盐量在 14%。用黄浆水加花椒、食盐、凉水配置成 8.5°Bé 的灌卤液，装坛完毕后用灌卤液倒入至封口，每坛加封面土烧酒 50g。

c. 白方　规格 3.1cm×3.1cm×1.8cm，一般在秋天和冬天生产，毛坯直接在坛内腌坯 4 天，每坛装 350 块，腌坯用盐 0.6kg，再加入同青方相同配法的 8% 盐卤至坛口，加入封面黄酒 25kg。

d. 小糟方　规格为 4.1cm×4.1cm×1.6cm，每万块需要加有糟米的混合酒总量为 95kg，酒精分为 14% 左右，每坛平均放糟米折合 0.5kg。每装一层腌坯，加一碗糟米混合酒，坛顶封食盐 150kg。

⑭ 封坛　将盐坯加入汤料或辅料，装入容器中进行后期发酵时，需将容器密封，一般使用的容器是坛子，故称封坛。

⑮ 贮藏　咸坯装坛，加入汤料后，封口送入仓库。腐乳因为其配料和品种不同，其成熟时间也各不相同。小红方等小块形腐乳的成熟期一般需要 4 个月，特大块形腐乳的成熟期往往要超过 8 个月。而小白方和青方水分大，盐分少，成熟较快，一般小白方 20 天即可成熟，而青方通常在 1～2 个月内成熟。

二、腐乳的风味特点

腐乳发酵过程主要是利用微生物产生的酶系针对白坯中的蛋白质、淀粉、脂肪等物质进行酶解，同时利用其酶解的多种产物如游离氨基酸、还原糖、有机酸等物质，在多种有益菌的共同作用下，经过一系列极为复杂的生物化学物理变化，最后形成腐乳特有的色香味体的过程。由于腐乳发酵过程极为复杂，迄今为止，对其发酵机理及发酵过程中的所有变化并未全部了解清楚，仍需深入研究。

1. 腐乳发酵中的微生物情况

传统观念认为，腐乳前期发酵是毛霉或根霉生长，积累各种酶系的阶段，而后期发酵是利用前期发酵过程中产生的酶进行各种酶促反应的过程。毛霉或根霉的生长特性有大量的科学研究，基本与前发酵管理参数相吻合。

腐乳生产实际上是单一纯菌种接种，在敞开环境下进行发酵。环境中的微生物及配料中携带的微生物不可避免地进入发酵体系，腐乳酿造中微生物种类十分复杂。在腐乳发酵过程中，分离鉴定出的非生产用菌种包括红曲霉、紫红曲霉、米曲霉、溶胶根霉、青霉、交链孢霉、枝孢霉、普雷恩毛霉、黄色毛霉、芽枝霉、裂殖酵母、芽孢杆菌、链球菌、棒状杆菌、藤黄小球菌、黏质沙雷菌，囊括了曲霉、青霉、根霉、毛霉、酵母菌、细菌等多达几十个种的微生物。

现代微生物学证实，在微生物生态环境中，可纯培养的微生物种类不到自然界总数量的 1%，这使得腐乳发酵过程中微生物系统比人们想象中的更为复杂。利用不依赖于纯培养的 DNA 指纹图谱对腐乳发酵过程中的微生物菌群结构进行研究，证实了腐乳发酵过程中微生物种群非常丰富，某些微生物种群在前期发酵和后期发酵中都稳定存在，而在前期发酵和后期发酵中，又各自存在其特征微生物种群。对其中部分 DNA 序列进行比对，鉴定出可能会含有肺炎克雷伯杆菌、萝卜软腐欧文菌、鲍氏不动杆菌、胡萝卜软腐欧文菌等微生物。微生物体系种类的组成对腐乳最终产品质量及其风味具有重要影响。

2. 腐乳发酵过程中的酶系特征

对腐乳发酵过程中酶系的研究主要集中在其生产菌种的产酶特征上。腐乳生产菌种毛霉具有分泌蛋白酶、α-淀粉酶、α-半乳糖苷酶、谷氨酰胺酶、脂肪酶、儿茶酚氧化酶等多种酶类。儿茶酚氧化酶在形成腐乳特有黄色方面具有重要作用，脂肪酶参与腐乳中香气成分的形成，谷氨酰胺酶与腐乳的鲜味形成有关，而淀粉酶、糖苷酶等与腐乳甜味相关，但是其中最重要也最详细的研究是蛋白酶。毛霉可以分泌酸性、中性、碱性蛋白酶，蛋白酶作用 pH 范围较广，其中最适作用 pH 为豆腐白坯的 pH5.5，因而在腐乳生产过程中能较好地发挥蛋白水解作用。毛霉分泌的蛋白酶酶系既有端肽酶，也有内肽酶，其主要表现为内肽酶活性，这也很好地解释了腐乳最终产品中游离氨基酸较少，而水溶性多肽较多。由于腐乳是蛋白质不完全水解产物，所以生产菌种分泌的蛋白酶并不是活性越高越好，而是活性适中方好。

3. 腐乳生产过程中大分子物质的变化

腐乳发酵过程中，其中各种大分子物质如蛋白质、脂肪、淀粉等被微生物分泌的相应酶类分解。其中蛋白质在多种蛋白酶的作用下被逐步分解，研究表明，在发酵过程中，其中游离氨基酸、可溶性多肽不断增加，最终可水溶性蛋白的含量比豆腐白坯提高了 3～6 倍，分子量更小的中分子蛋白和低分子蛋白的含量提高了 3～8 倍，游离 α-氨基酸态氮的含量也得到了提高。其中水溶性蛋白质平均具有 10 个氨基酸残基，总转化率可以达到 35％～41％。而其中大部分蛋白质是以部分水解的非水溶性状态存在的。而这种部分水解蛋白质对腐乳的口感起到重要作用。需要注意的是，腐乳发酵并不是要将蛋白质完全水解成游离氨基酸，甚至无须完全转化成水溶性的多肽。如果全部转化成水溶性多肽或是游离氨基酸，则腐乳将失去支撑而溃烂。

脂肪含量在腐乳生产过程中的白坯、毛坯和盐坯阶段基本保持不变，而后期发酵阶段呈现下降的趋势。一般认为是被脂肪酶水解生成了脂肪酸类物质，这些脂肪酸又与微生物代谢产生及辅料中含有的各种醇类接合生成腐乳特有的一些香气成分。

大豆内含碳水化合物约 25％，其中非水溶性的半纤维素与纤维素被排除在豆渣中，而水溶性蔗糖与野芝麻四糖则大量溶解于豆腐黄浆水中，而在豆腐白坯中仅有少量的多糖。所以腐乳分解过程中，往往会添加甜酒酿卤或者面酱等辅料而增加腐乳中的甜味。

4. 腐乳中的色泽

腐乳中的色泽来自于原辅料及微生物代谢过程中产生的各种色素类物质。

(1) 黄色 大豆中含有水溶性黄酮与异黄酮类物质，黄酮和异黄酮类物质本身无颜色，但其氧化态的羟基化合物呈现黄色，其中羟基越多，黄色越重。在腐乳发酵过程中，在微生物分泌的多种氧化酶的作用下，还原态的黄酮和异黄酮类物质被氧化成氧化态的羟基化合物而呈现黄色。毛霉氧化酶随着毛霉的生长时间逐渐积累，因此可以通过延长前期发酵，即毛霉菌生长时间，使白腐乳具有较深的奶黄色泽。

(2) 红色 红腐乳表面呈鲜红色或枣红色，这种颜色主要是来自于辅料中的红曲。红曲中含有的红曲红色素在后期发酵过程中被汤料溶出，将腐乳由表层到内部逐步染上颜色，时间越长，腐乳内部颜色越深，一般需要进行 4～8 月后方能将腐乳内部转变成为杏黄色。

(3) 黑色 白腐乳离开卤汁极易变黑，主要是酪氨酸在微生物分泌的酪氨酸酶的催化下被氧氧化聚合成为黑色素的结果。在游离氧分子存在的条件下，酪氨酸酶将酪氨酸氧化成多巴，再进一步将多巴氧化成巴醌。随后巴醌分子内部重排加成形成吲哚衍生物，称为无色多巴色素。无色多巴色素可以继续被酪氨酸催化氧化，生成了红色的多巴色素（醌式），红色的多巴色素脱羟及异构化，形成 5,6-二羟吲哚，5,6-二羟吲哚继续氧化为 5,6-羟醌，5,6-二羟吲哚与 5,6-羟醌形成二聚体，二聚体再与二羟吲哚聚合，形成高聚物黑色素。由于酪氨酸酶只有在游离氧分子存在的情况下才能发挥氧化作用，所以用腐乳卤汁覆盖腐乳表面，可防止腐乳变黑。

（4）**白色** 在腐乳表面或腐乳汁液中有时会出现直径约 1mm 的乳白色硬质圆粒状小点，称之为白点，这些白点是氨基酸的结晶体，主要由酪氨酸以及少量苯丙氨酸组成。白点本身无毒无害，但是会严重影响产品外观质量。白点的形成与产品中游离酪氨酸浓度直接相关，选择产生适宜蛋白酶系菌种，减少酪氨酸的生成量，可以减少白点的形成。

5. 腐乳中的香气成分

腐乳的美味吸引了大量学者研究兴趣，一般认为腐乳中独特的风味和芳香是在盐浸和老化阶段大量产生的。腐乳中的可挥发性香气成分异常复杂。在各种腐乳中检测到的香气成分超过了几百种，种类包括了酯类、醛酮类、杂环类、酚类、醇类、醚类、含硫类、酸类、烃类、酰胺类等几大类。不同的研究者采用不同的研究方法，选取不同的样品，测得的结果也大相径庭，甚至相互矛盾。随着检测技术的进步，腐乳中被鉴定出来的香气成分也会越来越多。

（1）**酯类** 酯类化合物是腐乳中含量最多，对腐乳香气贡献最大的组分。在腐乳中检测到非常多的酯类成分，有乙酸乙酯、丁酸乙酯、己酸乙酯、庚酸乙酯、辛酸乙酯、十四碳酸乙酯、亚油酸乙酯、油酸乙酯、乳酸乙酯、苯乙酸乙酯、肉桂酸乙酯、棕榈酸乙酯等等。酯类物质可以通过酶促反应和非酶促反应生成。

丁酸乙酯、2-甲基丁酸乙酯、乳酸乙酯、辛酸乙酯、苯乙酸乙酯具有哈密瓜水果味、双乙酰味和蜂蜜味等诱人的风味；3-丙酸苯乙酯具有梅干味；而十四酸乙酯、十六酸乙酯、十八酸乙酯等大分子量的酯类具有香营根味、微弱的辣味、淡淡的花味；琥珀酸二乙酯有微弱的香味；肉桂酸乙酯具有甜味、蜂蜜味、香脂味、肉桂味及梅干味；棕榈酸乙酯具有轻微的辣味。酯类物质中小分子量酯的香气独特，阈值较低，对腐乳的风味具有重要影响。大分子量的酯类虽然其阈值高，香气弱，但在腐乳中含量高，对腐乳的总体风味也具有显著的影响。

（2）**醇类** 在腐乳中检测到的醇有乙醇、丙醇、丁醇、1-戊-3-醇、戊醇、己醇、辛醇、苯基乙醇等等。丙醇具有酒精味和甜味，丁醇具有甜味、香脂味，1-戊-3-醇具有奶油味和淡淡的新鲜味，戊醇具有甜味和香脂味，己醇具有水果味和芳香味，辛醇具有坚果味、草味、甜瓜味及柑橘味，苯基乙醇具有淡淡的风信子花味。其中乙醇含量最高，一小部分由腐乳中的酵母菌发酵产生，大部分是在后酵过程中作为汤料加入的。乙醇本身风味阈值较高，对风味贡献不大，但乙醇的加入对腐乳中其他挥发性风味成分尤其是酯类物质的产生具有重要的贡献，同时乙醇也可以掩盖产品中的某些不良风味。

（3）**酚类** 在腐乳检测到的酚类有丁香酚、4-乙基酚、2-甲基-4-乙烯基苯酚、4-乙烯基苯酚（香草味）。其中 4-乙基酚具有木质味、酚味和甜味，2-甲基-4-乙烯基苯酚具有香辣味和丁香味，4-乙烯基苯酚具有香草味。

（4）**醛类** 在腐乳中检测到的醛类物质有戊醛、苯甲醛、2-苯基-2-丁醛苯乙醛、3-甲基丁醛、苯乙醛、2-苯基-2-丁烯醛、4-甲氧基苯甲醛、肉桂醛等。戊醛、苯甲醛、2-苯基 2-丁醛苯乙醛、3-甲基丁醛会产生诱人的风味；己醛本身是大豆蛋白风味中存在的主要物质，能产生某种新鲜味；苯乙醛稀释后具有山楂味和玫瑰味；2-苯基-2-丁烯醛具有黑茶叶味；4-甲氧基苯甲醛具有甜的含羞草味和山楂味；肉桂醛则具有辛辣的肉桂味。

(5) 酮类 在腐乳中发现的酮类物质有 2-庚酮、3-辛酮、2-辛酮、1-羟基-2-丙酮等。其中 2-庚酮具有水果味、香辣味和桂皮味，3-辛酮具有花香味、新鲜味、草本味及水果味，3-羟基-2 丁酮具有奶油味，3-羟基-2-甲基-4H-吡喃-4-酮具有麦芽烘烤味，1-羟基-2-丙酮呈蘑菇味。

(6) 杂环类 在腐乳中检测到的杂环类化合物有茴香脑、2-正戊基呋喃、糠醛、2,6-二甲基吡嗪、3-乙基-2,5-二甲基吡嗪、2,3,5-三甲基-6-乙基吡嗪、5-甲基呋喃、2-氢呋喃酮、3-羟基-2-甲基-4-吡喃酮等物质。茴香脑具有八角茴香味及甜味，也被认为是白腐乳中的特征香气成分。吡啶类物质主要通过美拉德反应生成，呈现焙烤香味。吡嗪和烷基吡嗪具有坚果味。3-甲基-1H-吡咯具有强烈的烟味、轻微的木质味和草本味。1H-吲哚在高浓度时具有不愉快的味道、尸臭味、粪便味和腐烂味，但在低浓度时具有花香味。5-甲基呋喃具有新鲜的焦糖味及香辣味，2-氢呋喃酮具有微弱的焦糖味，3-羟基-2-甲基-4-吡喃酮具有麦芽烘烤味，2-乙酰吡咯呈水果和花香味。

(7) 含硫化合物 含硫化合物有强烈的甜汤味或肉味，虽然在腐乳中浓度较低，但由于其阈值低，即使在极低的浓度下也易被人感知到。在腐乳中检测到的含硫化合物有 3-甲硫基丙醛、1-甲硫基丙醛、二甲基三硫醚、硫化氢等物质。

3-甲硫基丙醛有土豆、番茄、蔬菜等香气，还有霉味和肉香；1-甲硫基丙醛具有土豆、蔬菜、肉等香味；二甲基三硫醚具有肉香、洋葱、蔬菜样香气；硫化氢具有臭鸡蛋气味，是青方中臭味的主要贡献者。

(8) 烃类 检测到一些烷烃类物质，辛烷、十五烷、十六烷、十七烷。但烷烯烃类的风味阈值较高，从总体上对腐乳风味贡献并不大。

6. 腐乳的滋味

腐乳主要呈现咸味和鲜味，苦味、甜味和涩味在腐乳中也有所呈现，但是不同腐乳表现不同。腐乳中的鲜味主要来自游离谷氨酸、天冬氨酸钠、谷氨酰胺等游离氨基酸及其钠盐，也有一些为微生物菌体水解释放出 5′-鸟苷酸、5′-肌苷酸等强烈的助鲜剂，此外，一些具有呈味作用的短肽与腐乳的鲜味密切相关。腐乳中的咸味主要来自添加的食盐，同时鲜味物质和咸味也具有一定的协同效应。腐乳中的苦味成分，主要来自于蛋白质降解产生的疏水性短肽和一些呈现苦味的游离氨基酸，如缬氨酸、蛋氨酸、异亮氨酸、亮氨酸、苯丙氨酸、组氨酸、色氨酸、赖氨酸等。腐乳中的甜味一部分来自于添加辅料中的糖类物质，也有一部分由游离氨基酸比如缬氨酸、苏氨酸、丙氨酸、丝氨酸、脯氨酸、苏氨酸等提供。

腐乳中的酸味较弱，推测主要与极少量的游离脂肪酸和酸性氨基酸的含量有关；涩味一般指的是唾液中的蛋白质与多酚类化合物作用生成沉淀或聚合物，推测与淀粉含量有关。

7. 腐乳体态

腐乳体态外表面包裹一层由毛霉或根霉菌丝形成的致密坚韧光滑的菌丝膜，内部是被酶类部分水解后的呈现柔软细嫩的豆腐块，整体保持了腐乳的完整形态，又呈现出细腻、柔糯、润滑的，与粗糙的豆腐完全不同的质感，维持一种腐而不化的状态。

腐乳发酵过程中，其质构特性也随着改变。在发酵过程中，蛋白质不断被酶水解破坏，其硬度、弹性、胶黏性、咀嚼性及表观黏度方面都有大幅度降低，而黏性却大幅度增加。其中表观黏度随着时间的延长逐渐下降且趋于平衡，说明腐乳具有触变性流体的特征。表观黏度描述的是涂抹性质，表观黏度越低，涂抹性能越好，说明腐乳具有良好的涂抹性能。

第四节　酱腌菜的生产工艺及其风味特点

酱腌菜是以新鲜蔬菜为主要原料，采用不同腌渍工艺制作而成的各种蔬菜制品的总称。由于加工方法简单、成本低廉、容易保存，产品具有独特的色、香、味，为其他加工品所不能代替，深受消费者喜爱。酱腌菜可以使用多种原料，常用的有白萝卜、胡萝卜、黄瓜、莴笋、蒜薹、莲花白、辣椒等。我国各地传统的酱腌菜制品有上海雪里蕻、重庆涪陵榨菜、四川冬菜、江苏扬州酱萝卜干、北京八宝酱菜、贵州独酸菜、四川泡菜和山西什锦酸菜等。日本的酱菜、韩国的泡菜、欧洲的腌泡菜也久负盛誉。按生产工艺及辅料不同，酱腌菜一般包括盐渍菜、酱菜、泡菜、酸菜、糖醋渍菜等多个种类。

一、盐渍菜

盐渍菜是以蔬菜为原料，用食盐腌渍而成的蔬菜制品。盐渍菜根据其形态可分为湿态盐渍菜、半干态盐渍菜、干态盐渍菜三类。

腌制初期，蔬菜仍具有生命活性，此时细胞膜是具有选择透性的半透膜。由于盐水的浓度高于蔬菜细胞内溶液的浓度，细胞液的水分向外流出。尽管会造成蔬菜营养成分的一定流失，但也能起到消除蔬菜组织汁液的辛辣味，改善腌制品风味及品质的作用。进入腌制中后期时，由于食盐溶液的作用，蔬菜组织严重脱水，导致蔬菜细胞失活，原生质膜变为全透性膜，失去了选择透性。外部的腌渍液向蔬菜组织内扩散，蔬菜细胞由于渗入了大量的腌渍液而使蔬菜恢复了膨压。

1. 盐渍菜的通用生产工艺

（1）生产工艺

鲜菜→ 预处理 → 洗涤 → 盐渍 → 倒菜 → 渍制 →成品

（2）操作要点　盐渍菜是酱腌菜产品中产量最大的一类，不仅以成品直接销售到市场，还可作为酱渍菜和其他渍菜的半成品。盐渍菜品质量的好坏，直接影响到其他渍制品的质量。

① 鲜菜预处理和洗涤：鲜菜收购后，需严格按照规格要求验收、挑选和整理。洗涤去掉多余的部分和泥沙，洗涤后的鲜菜应立即盐渍。

② 盐渍时应把食盐均匀拌入蔬菜中，使蔬菜都能接触到食盐，避免没接触到食盐的蔬菜发生腐烂变质。

③ 盐渍菜在盐渍过程中必须倒菜，使食盐更均匀地接触菜体，保证上下菜渍制均匀，并尽快散发出渍制过程中产生的不良气味，缩短渍制时间。

④ 渍制实际上是渍制品的后熟期，食盐进一步渗入菜体，并通过微生物的作用，产生各种风味物质。此过程必须避免菜体与空气隔绝。

2. 咸菜

咸菜种类繁多，有上千品种。采用不同的蔬菜原料、辅助原料、工艺条件、操作方法，生产出的咸菜风味迥异。按蔬菜原料可将咸菜分为根菜类、茎菜类、叶菜类、花菜类、果菜类和其他类。

咸菜通常是依靠食盐的高渗透压和高盐度进行腌制，利用有益微生物活动的生成物以及各种配料来加强制品的保藏性，起主要作用的是食盐、微生物以及蛋白质的变化，应注意腌制品的保脆和保绿。

腌制时，咸菜制品食盐用量较多，通常在 $13\%\sim15\%$。世界卫生组织建议，一般成人每日的盐摄入量在 $3\sim5g$ 有益健康，显然，高盐腌渍菜已难以满足人们对健康饮食的需求，低盐蔬菜加工已成为盐渍菜的发展方向。

3. 榨菜

生产榨菜的原料俗称青菜头，属十字花科，肉质茎，是芥菜的一个新变种。榨菜是中国品种繁多的酱腌菜制品中的佼佼者，具有似碧玉的外观形态，鲜、香、嫩、脆的特殊风味，营养丰富、方便可口，佐餐、调味用途多样，耐存贮、耐烹调，同德国的甜酸甘蓝、欧洲酱黄瓜一起并称世界三大名腌菜，驰名中外。涪陵榨菜同时也是中国对外出口的三大名菜（榨菜、薇菜、竹笋）之一。

我国榨菜产业的发展经历了 4 个阶段：坛装高盐榨菜（第 1 阶段）→小包装高盐、加防腐剂榨菜（第 2 阶段）→小包装低盐、无防腐剂，工业化生产，喷淋隧道式巴氏杀菌技术相结合的榨菜（第 3 阶段）→高新技术的引入，利用生物技术进行快速发酵增香的新型冷链型榨菜（第 4 阶段）。随着发酵与杀菌技术的不断提升，榨菜产业正蓬勃发展。随着人民饮食结构的变化，酱腌菜的销量不断增加，每年以 25％ 的速度增长。榨菜是消费者心中和餐桌上必不可少的佐餐食品，消费量占据酱腌菜市场总量的 50％ 以上，是最为强势和主流的方便佐餐开胃菜。

(1) 传统榨菜生产工艺　涪陵民间传统的加工贮藏方法是将青菜头剥去老皮，置于通风处晾至半干，切成丝或片，经淘洗晾干水汽，再以盐和香料腌制成咸菜，用陶罐盛装，以盐菜叶封口，倒置于瓦盘之内，盘内加水密闭，经久不坏，越陈越香，此民间技艺至今犹存。其工艺流程为：

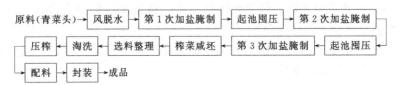

(2) 风味榨菜的制作　风味榨菜是以传统方法腌制的不加辣椒末及香料末的成品白块榨菜为原料，经改形、调味、称量、装袋、抽气、密封、杀菌、冷却而制成的风味多样、清洁卫生、保存期长的小包装方便榨菜，其工艺流程为：

榨菜咸坯 → 选料整理 → 清洗 → 切分 → 脱盐 → 脱水 → 拌料调味

成品 ← 装箱 ← 预储 ← 杀菌 ← 封口 ← 计量分装

(3) 四川榨菜生产工艺　该工艺是在传统榨菜的基础上应用控温发酵技术，使榨菜发酵更易于人工掌握和控制，生产环境安全卫生，不易被杂菌污染。产品不但味道鲜美、质地嫩脆，而且发酵型香气更加宜人。

该工艺流程为：

原料 → 原料处理 → 腌制 → 修整、沥水 → 拌料、发酵 → 成品

操作要点是：

① 原料处理：将青菜头根茎的老皮剥去，撕去老筋后，切成 380g 大小的圆形或椭圆形菜块，再用线将菜块穿成串，搭于架上晾晒，晒至菜块回软后，下架入池腌制。

② 腌制：将干菜块分层下池（坛），一层菜一层盐，每层必须压紧，压至菜块出汁为止。第 1 道腌制，大约需盐 1.8kg，时间为 3d，第 2 道腌制是利用原池盐水将第 1 道腌制菜块边淘洗边捞起，放在带漏水的架子上，人工挤压，沥去水分，1 天后再入坛，仍按第 1 道腌制的方法撒盐，盐量为 2kg，腌制时间为 5d。菜块经盐浸透后，再用原池盐水边淘洗边出池，放在漏架上压，沥水时间大约 1d。

③ 修整、沥水：将菜块逐块修剪光滑，抽去未尽的老筋，再用澄清的盐水做第 3 道淘洗，去尽泥沙，经挤压沥去水分。

④ 拌料入发酵罐：大约 24h 后，将菜块、香料面、辣椒面和食盐等混合，

搅拌均匀，一同装入罐中，边装边用力压紧，使菜块之间尽量减少空隙。装满后将盖盖严，调节温度为 20℃左右，发酵 6d 左右即为成品。

榨菜如其他蔬菜腌制品一样，香气和滋味的形成十分复杂，其风味物质是蔬菜在腌制过程中经过理化变化、生化变化和微生物发酵作用形成的。榨菜由许多不同的化学物质组成，主要分为水溶性物质和非水溶性物质，前者溶解于水，组成榨菜的汁液部分，如糖、果胶、有机酸、多元醇、单宁物质、无机盐、含氮物质、水溶性微生物等；后者是组成榨菜的固体部分的物质，有纤维素、半纤维素、脂肪、脂溶性维生素、淀粉、色素、矿物质和有机盐、部分含氮物质等。这些物质有的是榨菜风味直接来源，有的则经过复杂的理化变化后生成一系列榨菜特有的风味物质。

二、酱菜

酱菜是在腌制基础上再渍制而成的，因此，这类产品细胞结构的变化有别于盐渍菜。腌制好的咸坯在酱渍之前，需经过脱盐、脱水两步，先用清水浸泡咸坯脱盐，再用压榨的方法脱除部分水分，然后，将处理好的咸坯放入酱等辅料中。在浸渍过程中，由于咸坯细胞液与渍制液之间存在较大的浓度差，而此时咸坯的细胞膜已成为全透膜，渍制液中的有关成分能顺利进入细胞内，故酱等渍制液中的营养物质大量地向咸坯细胞内扩散，形成酱菜独特的风味，并恢复了细胞的外观形态。

酱菜在形态上与盐渍菜没有多大差别，但由于扩散作用，使酱菜细胞内的营养成分发生了很大的变化。因为扩散速度与浓度梯度成正比，故在酱渍中，要使渍制品尽快吸收更多的物质，就必须增大酱与咸坯细胞液的浓度差。浓度差越大，生产周期越短。增大浓度差可以从两方面着手，一方面是增加渍制液的浓度，另一方面是降低咸坯的食盐浓度，咸坯含盐量越低，扩散速度就越快。

1. 传统酱腌菜生产工艺

酱菜的品种很多，风味、口感各异，但是传统酱腌菜的制作过程、操作方法基本一致，都是先将蔬菜腌成半成品，切制成形，然后再进行酱制。

（1）酱菜生产工艺流程

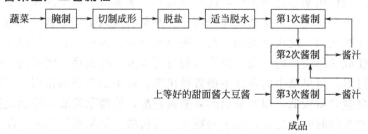

(2) 酱菜的制作

① 预先腌制好经贮藏的蔬菜，食盐含量较高，需经脱盐工艺处理，降低食盐含量。

② 根据蔬菜的品种及酱菜的要求，将咸蔬菜切制成不同的形状（有的品种不需要切制）。

③ 用清水浸泡，将菜坯中的食盐含量降低至质量分数为 10% 以下时，经适当的脱水处理，进行酱制。

④ 传统的酱菜生产工艺是将处理后的菜坯装入布袋，放入甜面酱（或豆酱）进行酱制。酱制过程中需要经过 3 次倒菜。一般经 1 个月的酱制过程即得成品。

(3) 酱菜制作注意事项

① 采用机械切菜时，应保持刀片锋利，否则会使菜坯表面粗糙，光泽度较差，同时产生碎末，造成浪费。

② 菜坯脱盐时，应采用少加水的方法，以水没过菜坯为佳。及时搅拌，当菜卤中的食盐含量达到平衡时及时换水。夏季天热时，应注意菜坯的食盐变化，及时进行脱水酱制。防止因食盐含量过低，而产生杂菌污染，使菜坯发黏或产生异味。

③ 为提高酱菜的风味、口感，节约酱的用量，一般采用套用酱酱制的方法。每次使用的酱连续套用 3 次。即第 1 次酱制菜坯放入使用过两次的酱内酱制，使其脱卤，将菜坯中的不良气味渗出；第 2 次酱制，将第 1 次倒菜后的菜坯放入使用过 1 次的酱内酱制，使酱中残存的有效成分渗入菜坯，并继续将菜坯中的菜卤置换出来；第 3 次酱制，将经第 2 次倒菜后的菜坯放入上等好酱内酱制，此时菜坯中的菜卤大部分已渗出，并有部分酱汁中的有效成分渗入，当菜坯中渗透的有效成分与酱中的有效成分达到平衡时酱制过程结束。

④ 菜坯入酱后应及时倒菜。切制好的蔬菜经脱盐后酱制时，食盐含量较低，一般在 10% 左右。放入酱中与空气隔绝，一些厌氧的微生物很容易产酸。第 1 次倒菜应在酱制 7 天进行。此时的菜坯经一周的静置渗透，在酱和菜坯自身的压力和渗透作用下，菜卤大部分进入次酱中，渗透基本达到平衡。此时倒菜的目的是使菜坯疏松，各部位疏松一致，并将菜坯中的卤汁控出，同时防止产酸。经第 1 次倒菜后的菜坯，一部分菜卤已被次酱中的有效成分置换，菜的风味有所改变。此时采用较第 1 次使用的酱质量较高的中等酱酱制，继续进行渗透置换。再过 7 天，渗透作用基本达到平衡，此时进行第 2 次倒菜。第 1 次和第 2 次倒菜时应适当将菜坯挤压一下，使菜卤充分溢出。倒菜后放入上等好酱中酱制，再过 7 天进行第 3 次倒菜。此次倒菜的目的是使菜坯均匀，疏松一致。再过 7 天进行倒菜 1 次，使成品品质均匀一致。整个酱制过程需要 3 次倒菜。倒菜的时间不能过早也不能过迟。过早菜中的卤汁不能置换出来，起不到酱制的作用，过晚，由于菜坯中的食盐含量较低，很容易引起乳酸菌发酵，使酱菜发酸，特别是夏季更应注意。随着酱制时间的延长，酱中的糖类、有机酸、氨基酸等物质不断渗入到菜

坯中去，逐渐达到平衡。温度对酱菜的生产周期有一定的影响，因此在冬季应注意生产车间的保暖工作。

2. 酱汁酱腌菜制作方法

(1) 工艺流程

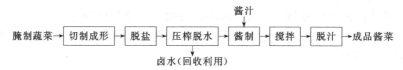

(2) 操作要点

① 按不同的蔬菜品种及酱菜要求将腌制好的蔬菜切制成形。

② 按一定比例加入清水，浸泡脱盐，定时搅拌，经 4～6h 后，达到要求即可送入脱水设备脱水。

③ 脱水后，将菜坯送入酱汁酱制罐内酱制，入罐后每隔 4h 搅拌 1 次。

④ 经 48h 酱制后，菜坯与酱汁达到平衡，蔬菜细胞完全恢复正常，此时酱制完成。

(3) 注意事项

① 脱盐在带有搅拌的浸泡罐中进行，加水量应根据蔬菜的含盐量来决定，并及时搅拌使食盐迅速脱掉。为节约用水可采用低浓度回泡的脱盐方法，用较少的水，达到脱盐的目的。

② 压榨时采用缓慢的压力匀速压榨，避免破坏蔬菜细胞，将水分通过细胞壁渗透出。

③ 酱制过程中要间隔搅拌，促使蔬菜细胞对酱汁的渗透吸收速度加快，并使其均匀，力争在较短时间内达到酱制效果。

总之，目前我国酱菜的发展趋势是在保持传统酱菜品种、风味的同时，开发生产出符合现代消费者口味的低盐、低糖、清淡和营养的产品，并根据消费者的需求配制成不同风味、不同口感的产品，满足不同层次的人群需求。酱菜的包装也向着多元化发展，特别是在提高小袋包装的档次上，不仅能够保持酱菜的色、香、味，而且不添加任何防腐剂也可将保质期延长到半年以上。

三、泡菜

泡菜是指将蔬菜经过预处理后直接浸泡在一定浓度的食盐溶液中，通过自身所含微生物或人工接种的乳酸菌进行乳酸发酵，并伴随着酒精发酵和醋酸发酵而形成的有特殊风味的发酵制品。泡菜是我国民间最广泛、最大众化的蔬菜加工品。凡组织紧密、质地嫩脆、肉质肥厚、不易软化，含有一定糖分的幼嫩蔬菜都可以加工泡菜。所用辅料主要包括酒、糖、食盐、红椒、香料等。制作可采用不同规格的泡菜坛，要求坛子不漏气，不渗水。

1. 四川泡菜自制工艺

(1) 四川泡菜的制作工艺

市购蔬菜→ 清洗 → 整形 → 晾晒 → 入坛浸泡 → 乳酸发酵 →成品→拌料食用

(2) 操作过程

① 清洗：将市购蔬菜浸入水中淘洗，去除污泥及各种杂质。

② 整形：用刀去除不可食用的部分，并根据蔬菜的不同特点纵向或横向切割为条块状或片状。

③ 晾晒：将切割为条块状或片状的蔬菜置于干净通风处（有太阳最好）晾晒至表面无水。

④ 入坛浸泡：将晾晒好的蔬菜投入有泡菜盐水的四川泡菜坛子中，盐水必须浸泡淹没过蔬菜。

⑤ 乳酸发酵：由于蔬菜中自带乳酸菌，因此随着时间的推移发酵也就自然形成。泡菜泡制成熟后（泡制成熟时间根据各类蔬菜的不同特点而定，半天到几天不等）捞出，根据个人的口味拌入辣椒红油、味精及花椒粉食用。

2. 工业化大规模生产

(1) 工业化大规模生产工艺

市购蔬菜→ 清洗 → 整形 → 盐渍 → 脱盐 → 入坛浸泡 → 乳酸发酵 →成品→拌料食用

(2) 操作要点

① 盐渍：将整形好的蔬菜放入配制好的高盐水池中，盐水必须浸泡淹没过蔬菜，再压实密封以保证其品质良好。盐渍完成后蔬菜含盐量为 15% 左右。

② 脱盐：盐渍一段时间后（约 15d），将蔬菜捞出投入清水池中浸泡 1~2d 后再次捞出，脱盐后蔬菜含盐量为 4% 左右。

③ 入坛浸泡：将脱盐捞出的蔬菜投入制作好盐水的泡菜坛中浸泡（泡制成熟时间根据各类蔬菜的不同特点而定）。

④ 乳酸发酵：由于蔬菜中自带和坛中盐水中的乳酸菌作用，随着时间的推移，发酵自然形成。发酵完成后蔬菜含盐量为 5% 左右。

⑤ 泡菜泡制成熟后捞出，根据个人的口味拌入辣椒红油、味精及花椒粉食用。

3. 韩国泡菜

(1) 制作工艺

市场蔬菜→ 清洗 → 整形 → 淡盐渍 → 盐渍 → 拌料 → 入缸 → 压实 → 乳酸发酵 →成品

(2) 操作要点

① 将收拾干净的整棵白菜分两半或四等份（竖切），腌于盐水中。

② 将萝卜切成细丝，牡蛎（海蛎子）和海鲜用盐水洗净，萝卜丝里放入适量的辣椒面，将其搅拌，并将各种调味料（蒜、姜等）捣成泥状加入，加入适量鱼酱、盐、白糖调味拌匀，最后放入牡蛎拌匀（馅制作完）。

③ 将馅夹进腌好的白菜叶之间，从白菜心开始抹馅，直到外层的叶子抹完，最后用最外层叶包住。把辣白菜整齐地码进缸里，上面用一层腌白菜叶轻压。

四、酸菜

酸菜是选用大白菜或圆白菜及其他调味料等，经过渍泡，在乳酸杆菌作用下发酵而成的。大肉包心芥菜是南方最常用作腌制酸菜的蔬菜，其他可腌制酸菜的蔬菜品种有芥菜、大白菜、小白菜、甘蓝、萝卜、黄瓜等。

1. 工艺流程

大肉包心芥菜 → 适时采收 → 晾晒 → 整理 → 入缸 → 加盐水、调味料 → 腌制 → 整型 → 成品

2. 操作要点

① 大肉包心芥菜等原料宜选晴天采收，晾晒 $1\sim2d$，使其软化，然后整理切头，除去老黄叶、病叶，菜要分层压实，要用塑料薄膜封口。

② 根据腌制量的多少，选择合适的容器（用 1000 倍的高锰酸钾液杀菌消毒）。

五、糖醋菜

糖醋渍菜是以蔬菜咸坯为原料，经脱盐脱水后，用糖、糖水、食醋或糖醋浸渍而成的蔬菜制品，如糖醋黄瓜、糖醋萝卜等。

1. 工艺流程

鲜菜 → 整理洗净 → 盐腌 → 脱盐 → 沥干 → 配料糖醋香液 → 入坛浸渍 → 成品

2. 操作要点

① 原料的选择和整理与酱菜的要求基本一致。

② 整理好的原料用 8% 左右的食盐腌制几天，至原料呈半透明为止。腌制过程中注意隔绝空气，防止原料露空。

③ 糖醋液与制品品质密切相关，要求甜酸适中，一般要求含糖 30%～40%，含酸 2% 左右。为增加风味，可适当加一些调味料，如加入 0.5% 的白酒、0.3% 的辣椒、0.05%～0.1% 的香料或香精。

六、酱腌菜的风味特点

蔬菜腌制品香气和滋味的形成十分复杂，不同的蔬菜腌制品有其自身的特征风味，其风味物质是蔬菜在腌制过程中经过理化变化、生化变化和微生物发酵作用形成的。

1. 酱腌菜的风味来源

(1) 从原辅料中获得的风味 酱腌菜风味的形成与所选原材料密不可分，如：腌萝卜较温和的辛辣味是由香气化合物 4-甲硫基-3-丁烯基硫异氰酸酯引起的；腌制雪里蕻的典型风味是由烯丙基异硫氰酸酯引起的；生姜有姜醇、姜酮和姜酚等风味成分；大蒜中含有蒜素、甲基烯丙基二硫化物、二烯丙基二硫化物等物质；腈类化合物也具有特殊香味。另外，蔬菜本身含有的一些有机酸及挥发油（醇、醛等）也都具有浓郁的香气。

腌菜腌制过程中，由于加入了酱、醋、糖等调味料，使其从辅料中也获得一些香气和滋味，从而使得腌制后的蔬菜香味更加浓郁，口味更加鲜美。各种辛香料也有各自的特征风味成分，可赋予酱腌菜特殊的香味。

(2) 蛋白质水解形成风味 蔬菜中含有一定量的蛋白质和氨基酸，一般蔬菜含蛋白质 0.6%～0.9%，菜豆类含 2.5%～13.5%，黄豆高达 40%。在腌制过程和后熟期间，蔬菜所含的蛋白质在微生物和蔬菜自身所含的蛋白酶的作用下逐步水解为氨基酸，这是蔬菜在腌制过程和后熟期间非常重要的生化变化，也是腌菜制品产生特定色泽香气和滋味的主要来源。其中具有令人愉快香气的丙氨酸、具有鲜味的天冬氨酸和谷氨酸以及具有甜味的甘氨酸对腌菜的风味影响较大。榨菜成品中氨基酸达 17 种之多，其中谷氨酸、天冬氨酸含量最高。腌菜色香味的形成大都与氨基酸有关，腌菜氨基酸含量越丰富，则鲜味、甜味和香味越浓。

(3) 发酵作用产生的风味 我国酱腌菜制品的发酵，大都借助于天然附着在蔬菜表面的微生物作用进行。腌菜制品发酵一般以乳酸发酵为主并伴有少量的酒精发酵和微量的醋酸发酵。乳酸发酵的最终产物除乳酸外，还有少量乙醇、甲酸、乙酸、琥珀酸、高级醇以及二氧化碳、氨等。醇类具有轻快的醇香味，有机酸类能赋予泡菜柔和的酸味。乳酸菌还可将蔬菜中的脂肪分解成甘油和脂肪酸，而低级饱和脂肪酸和脂肪醇所形成的酯类有水果香味。此外，乳酸发酵还能在丙酮酸脱氢酶、丙酮酸脱羧酶及乙偶姻脱氢酶的参与下形成 2,3-丁二醇、乙偶姻及双乙酰等对风味有重要影响的一类物质。后期发酵环境比较适合酵母菌的生长发育，酵母菌在缺氧条件下进行酒精发酵生成乙醇，醋酸菌在好氧条件下把酒精转化为醋酸，醋酸本身具有独特风味，还可与乙醇形成乙酸乙酯，给腌制品增加芳香气味。

(4) 各种产物之间的反应所形成的风味 有机酸或氨基酸与发酵中的酒精产生酯化反应，能生成乳酸乙酯、醋酸乙酯、氨基丙酸乙酯等酯类物质。此外，氨基酸与戊糖或甲基戊糖的还原产物 4-羟基戊烯醛作用生成含有氨基类的烯醛类的香味物质。氨基酸种类不同，与戊糖作用所产生的香味也有差别。

2. 蔬菜腌制品主要风味物质呈味特点

(1) 氨基酸类 蔬菜腌制品中发现的氨基酸已确定达 30 多种，其中具有令人愉快香气的丙氨酸、具有鲜味的天冬氨酸和谷氨酸以及具有甜味的甘氨酸、脯氨酸、丝氨酸和色氨酸，对腌菜的风味影响大，特别是谷氨酸和天冬氨酸与腌菜中钠离子结合后，使腌制品味道更为鲜美。

（2）有机酸类、醇类、醛酮类及酯类 有机酸类主要包括乳酸、醋酸、柠檬酸、丁二酸、苹果酸及琥珀酸等。乳酸本身就是一种较好的调味剂，其温和的酸味使腌制品独具风味，可以增强人们的食欲。醋酸具有刺激性，适量醋酸可起调味作用。柠檬酸有温和而爽快的酸味、苹果酸有爽快的酸味且略有苦味。琥珀酸钠可以用作化学调味剂，具有类似于贝类的鲜味。丁二酸对腌制品也有助鲜作用。

醇类主要包括乙醇、丙醇、丁醇、2,3-丁二醇、苯乙醇等。乙醇、丙醇和丁醇具有轻快醇香味。2,3-丁二醇和苯乙醇有令人愉快香气。其中乙醇和 2,3-丁二醇对风味贡献较大。醛酮类主要包括乙醛、乙偶姻及双乙酰等。它们是乳酸发酵腌制品的主要芳香来源。它们微量存在时对风味形成有利，而超过一定量时，则令人难以接受。

酯类主要包括醋酸乙酯、乳酸乙酯及氨基丙酸乙酯等。这些由低级的饱和单羧酸与低级饱和醇所形成的酯，都具有愉快的水果香气，能使腌制品呈现酯香味。

（3）含氮含硫化合物类 主要包括苯并噻唑、腈类化合物、异硫氰酸酯及硫氰酸酯等。苯并噻唑是美拉德反应的产物，它天然存在于李子中，具有果香特征气味。其他 3 种是芥菜类腌制品的特征风味物质。

七、酱腌菜中常见的问题及解决方法

1. 脆度的变化及保脆措施

口感脆嫩是腌渍菜重要的一项感官质量指标，腌渍菜在生产中脆度的变化主要是由于蔬菜组织细胞膨压的变化和细胞胞间层中原果胶水解引起的，有害微生物大量生长繁殖也是造成腌渍蔬菜脆性下降的重要原因之一。由于腌渍菜脆性降低的因素很多，为保持腌渍菜的脆性，应采取相应的措施：

① 采收的蔬菜及时进行腌制，避免呼吸消耗细胞内营养物质引起蔬菜品质下降。腌制前，需剔除那些过熟的或受过机械伤的蔬菜。

② 渍制过程需控制环境条件（如盐水浓度、菜卤的 pH 值和环境的温度），抑制有害微生物的活动。

③ 适当使用硬化剂。在渍制过程中加入具有硬化作用的物质，蔬菜中的原果胶物质在原果胶酶、果胶酶的作用下，生成果胶和果胶酸，果胶酸与钙离子结合生成果胶酸钙，粘连细胞，而保持渍制品的脆性。

2. 色泽的变化和保色

绿色蔬菜含有大量的叶绿素和花青素，它们的稳定性均受酸碱性影响，而易失去原有的颜色。腌制过程中，由于微生物的作用，生成乳酸，改变了腌菜中的酸碱性，使叶绿素和花青素遭到破坏，蔬菜就会失去原有颜色。酱腌菜的色泽是重要的感官指标之一，尽可能保持其天然色泽是生产过程中一个重要的问题。

① 腌渍菜加工过程中要及时进行翻倒，因初腌时，大量蔬菜堆放在一起，大量的呼吸热不能及时排除，会升高温度，加快乳酸发酵，引起叶绿素分解，而使蔬菜失去绿色。

② 适当掌握用盐量。绿色蔬菜初腌时，一般为 10%～22% 的食盐溶液，这样既能抑制微生物的生长繁殖，又能抑制蔬菜呼吸作用，用盐量过高，虽然能保持绿色，但会影响渍制品的质量和出品率，还会浪费食盐，盐量过低不足以抑制有害微生物活动。

③ 蔬菜在初腌前，先用微碱水溶液浸泡。如腌黄瓜时，把黄瓜浸在 pH 为 7.6 左右的井水里，然后再用盐渍制，就可保持黄瓜的绿色。

④ 可用热烫的方法破坏叶绿素水解酶的活性来保持绿色。常用 60～70℃ 的热水烫漂。

3. 腌制菜的褐变及其抑制

褐变是蔬菜加工中常见的一种现象，可分为酶促褐变和非酶褐变。

酶促褐变的过程很复杂，蔬菜腌制品在腌制及保藏期间，蛋白质水解所产生的酪氨酸，在酪氨酸酶的作用下，经过一系列的氧化作用，最后生成一种黄褐色或黑褐色的黑色素，又称为黑蛋白。可选择含单宁物质少，还原糖较少，品质好，易保色的品种作为酱腌菜的原料。成熟的蔬菜含单宁物质、氧化酶、含氮物质均高于鲜嫩的蔬菜，故成熟的蔬菜不如幼嫩的蔬菜利于保色。氧化酶能参与单宁和色素的氧化反应，抑制或破坏氧化酶、过氧化酶、酚酶等酶系统，会有效地防止渍制品的褐变。破坏酶系统可以用沸水或蒸汽处理，用硫黄熏蒸、亚硫酸溶液浸泡也可破坏氧化酶系统。褐变反应的速度与温度的高低有关，春夏季渍制品要比秋冬褐变得快。

蔬菜制品中的非酶褐变是由于产品中的还原糖与氨基酸发生化学反应引起的。氨基酸与还原糖作用所生成的黑色素，使腌制品色泽变黑。一般来说，腌制品装坛后的后熟时间愈长、温度愈高，则黑色素的形成愈快愈多，糖类参与糖胺型褐变反应也就较容易，所以渍制液的 pH 值应控制在 4 左右，以抑制褐变速度。减少游离水，隔绝空气，避免日光直射都可以抑制褐变。

4. 腌制菜的保藏措施

(1) 利用食盐及其渗透作用 腌制菜时一般利用食盐产生较高的渗透压，来防止有害微生物的生长繁殖。

(2) 利用微生物发酵或添加有机酸 腌制菜在腌制、贮藏过程中发生不同程度的乳酸发酵，产生的乳酸降低了腌制菜的 pH 值，致使大部分不耐酸的腐败菌不能繁殖。对于乳酸发酵不太强烈的腌制菜，由于本身含酸量低（如酱菜类），可添加酸味料（如添加柠檬酸、苹果酸、乳酸等）来降低腌制菜的 pH 值，抑制微生物的繁殖。

（3）利用香辛料的防腐作用　蔬菜腌制加工过程中，常加入一些香辛料，如大蒜、生姜、醋等，不但起调味作用，还具有不同程度的防腐能力。

（4）利用真空小包装长期保藏腌制菜　真空小包装是防止腌制品杂菌感染，长期保藏的行之有效的方法，使用小包装可使低盐化盐渍菜得到长期保藏。

（5）低温保藏　低温既可抑制有害微生物生长繁殖，又可降低理化因素引起的腌制菜劣变速度。

（6）使用防腐剂　为弥补自然防腐的不足，在生产中常加入一些防腐剂以减少制品的败坏。我国在腌制菜中常用的防腐剂有苯甲酸及其钠盐、山梨酸及其钾盐等。

5. 酱腌菜低盐化措施

低盐腌渍菜是指含盐量通常在 7% 以下、可供消费者直接食用的腌渍菜。现代医学证明，人类心脑血管疾病的高发在很大程度上与经常食用高盐度食品有关，降低食盐摄入量能降低血压，减少对心脏的压力。人们对健康饮食的需求已成为腌渍菜低盐化发展的必然要素之一。另外，腌渍菜的低盐化也将为食品风味的多样化和系列化创造前提条件。

（1）直接低盐腌制法　食品直接低盐腌制法的一般加工工艺流程如下：

新鲜原料→清洗修正切片→初腌→压榨→复腌→入坛→后熟→成品

此工艺方法用盐量较少，工艺较为简单，但原料通常在后熟的过程中容易酸变而导致质地软化和不堪食用，在技术没有突破性进展的情况下不宜采用。

（2）高盐咸坯脱盐法　食品高盐咸坯脱盐法的一般加工工艺流程如下：

此工艺是对原材料先进行高盐量的腌制，在需要加工成成品时，以高盐咸坯为半成品原料经前述工艺按特定低盐要求加工制成，就目前来说，此种工艺方法是腌制菜低盐化的最有效途径。在调味配方固定不变的情况下，根据设计的成品含盐量，掌握适当的脱盐终点，再通过调味配方的匹配以及包装材料、杀菌工艺的优化，可以确保成品腌制菜的品质，是目前实施腌渍菜低盐化比较成熟的方法。

第五节　鸡精、鸡粉的生产工艺及其风味特点

鸡精（粉）作为一种日常调味用品，是继普通味精、特鲜味精（强力味精）

之后的第三代鲜味调味料。世界上最早的鸡粉（chicken powder）是由瑞士工程师诺尔（Knorr）于 1950 年研制出来的，其产品定位于复合型香味调味料，并由此发展成美国的 CPC 公司。而鸡精则是由太太乐创始人于 1984 年 12 月在我国山东首先研制出来的，并逐渐向全国推广。其产品定位区别于鸡粉，以替代味精为目标。

鸡精（chicken essence seasoning）的标准称谓是鸡精调味料，在现行的《鸡精调味料》（GB/T 10371—2003）国家行业标准中对鸡精产品的定义是：以味精、食用盐、鸡肉/鸡骨的粉末或其浓缩抽提物、呈味核苷酸二钠及其他辅料为原料，添加或不添加香辛料和/或食用香料等增香剂，经混合、干燥加工而成，具有鸡的鲜味和香味的复合调味料。其产品应具有原、辅料混合加工后特有的色泽；鸡香味纯正，无不良气味；具有鸡的鲜美滋味，口感和顺，无不良滋味；产品形态可为粉状、小颗粒状或块状。鸡精产品多以颗粒状为主，故又有文献称之为"颗粒鸡精"（granulated chickenbouillon）。

鸡粉（chicken powder seasoning）的标准称谓是鸡粉调味料，在现行的《鸡粉调味料》（GB/T 10415—2007）国家行业标准中对鸡粉产品的定义是：以食用盐、味精、鸡肉/鸡骨的粉末或其浓缩抽提物、呈味核苷酸二钠及其他辅料为原料，添加或不添加香辛料和/或食用香料等增香剂，经混合加工而成，具有鸡的香味和鲜味的复合调味料，其形态是粉状。

鸡精、鸡粉标准中对产品的定义基本相同，同时明确了产品必须有"鸡"的成分，因此，常有人把鸡粉与鸡精混淆。鸡粉与鸡精有一定相似之处，它们都是有鸡味的调味料，但在配料、生产工艺、产品形态、风味及用途上存在较多的差异。现行标准中对这两种产品的理化指标要求有一定的区别，鸡精产品中谷氨酸钠含量≥35g/100g，呈味核苷酸二钠≥1.1g/100g。而鸡粉标准中规定产品谷氨酸钠≥10g/100g，呈味核苷酸二钠≥0.3g/100。由此可见，鸡精产品更加注重鲜味，主要适用于调味；而鸡粉则着重产品具有鸡肉的自然鲜香，其鲜味成分少，主要适于做汤料。

一、鸡精（粉）的主要特征

1. 呈味综合性

鸡精（粉）是多种呈味物质综合作用的结果，主要由鲜味、鸡味和香辛味三大味系组成。鸡精（粉）充分利用了味精和呈味核苷酸的鲜味相乘效应，突破了传统味精的鲜度极限，其鲜度可达到味精的数倍，具有强烈的增鲜作用。与味精相比，由于鸡精（粉）采用生物技术和先进工艺将鲜鸡肉加工成复合氨基酸及肽类，其主鲜料为肌苷酸二钠、鸡肉蛋白，再配以多种调味风味物质，形成了浓郁的鸡肉风味，因此口感更加复合丰满，协调性更好。其香气纯正浓郁，滋味鲜美醇厚，且避免了味精食后的口干感。

2. 营养性

鸡精（粉）含有鸡肉、核苷酸等成分，提高了其作为调味料的营养价值，除了含有蛋白质外，还含有丰富的维生素和矿物质，如维生素 A、B 族维生素、维生素 C 和维生素 E，矿物质有钙、磷、铁等。

3. 安全性

鸡精（粉）是由鸡肉、鸡骨等原料的抽提物（浓缩的煮汁）与其他调味料配制而成颗粒状或粉状的复合调味料，鸡精被溶解时，其溶液（汤汁）具有浓厚的鸡肉风味和香味；鸡粉降低了味精的含量，增加了鸡肉等营养物质，不含对机体有害的成分。

4. 方便性

鸡精（粉）鲜味成分在高温下也不会发生变化，产品在烹饪期间的随意性很大，可以根据个人喜好，随时随量，直至鲜美可口。鸡精（粉）可用于食品工业中方便食品、快餐调味，酒店、餐饮烹调，也适用作家庭调味料调制各式菜肴、火锅、汤羹、面食及腌渍肉制品等，既快捷，又保证了色、香、味，满足了人们快节奏的生活需要。

二、鸡精（粉）的配方

1. 常用原材料及其功能特点

（1）食盐　盐乃百味之王，在调味料中，咸味是最基本的味。咸味作为人类的基本味感，在食品调味中占有首要位置。研究表明，鲜味、醇厚味等滋味都只有在一定盐浓度下才可以得到更好体现，一定浓度的盐含量对体现食物的综合口感是必不可少的。盐在鸡精（粉）中用量最大，主要起风味增强和调味作用，又能降低鸡精（粉）的水分活度，抑制微生物的生长繁殖，延长保质期，用量一般为 50%～70%。

（2）鸡肉提取物　鸡肉提取物是将鸡肉成分在一定条件下处理所得到的产物。其主要成分包括蛋白质、肽类、氨基酸等，具有鸡肉的特征香气和滋味。在鸡精生产中，鸡肉提取物可以起到提供鸡肉香气、赋予鸡肉口感，赋予产品鲜美、醇厚的综合口感和一定的渗延感的作用。在使用了鸡肉提取物的鸡精产品中，其滋味往往更丰满，更协调，也更容易为人们所接受。

（3）鲜味剂　鸡精（粉）中重要的鲜味剂是味精，一般用量为 10%～20%，但因消费者都不喜欢鸡精中含味精，故而应选用幼针以下味精，最好是 40 目左右，否则容易看到味精晶体，影响外观。实际使用中，谷氨酸钠所呈现的鲜味强度与溶液的 pH 值有关，一般认为 6.0～7.0 的 pH 范围比较适合。同时，高温或长时间的受热都会对谷氨酸钠的呈鲜效果造成影响。

另一重要的鲜味剂是核苷酸。核苷酸与味精共同使用有相乘效果。核苷酸呈味的有 5′-肌苷酸（I）、5′-鸟苷酸（G）和 5′-尿苷酸，其中 5′-肌苷酸和 5′-鸟苷酸鲜味最强。5′-肌苷酸更接近肉的鲜味，而市面上多以两者各占 50％ 的 I＋G 形式出售。鸡精中 I＋G 的用量约为味精的 5％，若单独用 5′-肌苷酸代替 I＋G，鲜味效果更理想。鸡精（粉）中还可添加 0.1％ 左右的琥珀酸二钠（SSA），以增强鲜味，使之更接近天然风味。

（4）甜味剂 甜味具有掩盖杂味，协调各种风味，令口感圆润等功能，用量因地域而异。用量弹性较大，为 10％～25％，在华南地区习惯用量较大。如生产需造粒的鸡精，一般要达 15％ 以上，否则会影响造粒。甜味剂多选用蔗糖，档次高的可适量用些葡萄糖。葡萄糖属还原性单糖，具有抗氧化作用，且口感较蔗糖清纯，对改善口感及提高保质期均有帮助。

需要注意的是，食盐与甜味剂比例太大或太小，都不能达到增鲜缓咸的作用，而且还对鸡精的风味、口感有很大的影响。一般食盐与蔗糖的比例取（2～3）：1 为宜。

（5）填充剂 填充剂主要作用是补充配方中原料总和等于 100％，并可降低成本。所选填充剂必须性质稳定，不影响产品色、香、味。淀粉和糊精是鸡精中常用的填充物，同时起到赋形剂的作用。淀粉中又以玉米淀粉为佳，如产品档次要求不高，亦可选用面粉。将淀粉和糊精搭配使用，有利于鸡精生产中的造粒和烘干以及保证成品具有一定形态，而这些又对鸡精的抗吸潮性、保质期、溶解性甚至口感等都会造成影响。

（6）香辛料 许多鸡精配方中都使用香辛料，常用的包括大蒜、胡椒、大葱等。香辛料的合理使用可以增强鸡精产品的特征香气，更加突出表现力，从而带来更好的应用效果。天然香辛料与鸡味搭配较好的香辛料当首选大蒜、洋葱、大葱，胡椒则因地区而异。其中大蒜中的物质与还原糖热反应能产生肉类香气化合物，配方中一般都添加。香辛料的加量不能太大，过大就会使香辛料的气味过重，掩盖了主体的肉香味。恰当的比例，既能提供香气，又能掩盖异味，其比例以 0.5％～0.8％（总量）为宜。

（7）鸡香精油和抗结剂 鸡香精油是一类具有浓郁鸡肉香气的香精产品，主要是为产品提供头香，可以用来增强产品的吸引力。抗结剂的主要作用是增强产品的流动性，防止产品在短时间内出现吸潮、板结等现象，影响产品的货架寿命。鸡精（粉）贮存太久或受潮原因会产生结块现象，抗结剂可延缓此现象发生。抗结剂主要有二氧化硅或磷酸钙，国内没有使用限制，一般用量为 1.0％ 以下，冬季干燥时可少加或不用，要造粒的鸡精可不用。

（8）风味增强剂 鸡精（粉）作为复合型调味料，要有甘浓圆满的滋味和浓烈的鸡香味，关键要选择合适的鸡味香精油、鸡肉提取物及风味增强剂。鸡味香精油、鸡肉提取物作用是使鸡精（粉）有浓烈的鸡气味，风味增强剂因主要成分是蛋白质降解物（多肽、游离氨基酸、部分核苷酸等），与熬煮肉汤的成分及风味都相近，因而和鸡味香精油、鸡肉提取物的选择构成整个配方成败的关键。另外还可能添加酵母抽提物、水解植物蛋白（HVP），可以起到平衡口感、稳定香气、提升品质的作用。

2. 配方设计原则

了解鸡精中常用的原材料及其特性为设计出符合自己需要的鸡精配方打下了良好的基础，但在实际的配方设计中还需要掌握以下的一些设计原则。

鸡精标准对影响鸡精产品品质的各项指标都作了明确的要求，如何使产品满足标准要求，是设计配方时必须考虑的。在标准要求的各项指标中，除干燥失重外，其他几项如：谷氨酸钠、总氮、呈味核苷酸二钠、其他氮、氯化物等都由配方来决定，要设计出一款符合标准的配方，有必要对标准要求的各项指标的来源及其检测方法进行进一步的了解。

总氮是指产品中各种含氮原材料所含的氮的总和，在常用的原材料中，含氮原材料包括谷氨酸钠、鸡肉提取物、酵母抽提物、水解植物蛋白等。由于标准规定谷氨酸钠的检测方法是通过测定游离氨基酸后折算出的谷氨酸钠含量，所以产品中谷氨酸钠的含量并不完全来源于配方中所添加的谷氨酸钠量，呈味核苷酸二钠主要来源于配方中，但酵母抽提物中也含有一定量的呈味核苷酸二钠。标准中对其他氮的定义是总氮减去谷氨酸钠和所含有的氮，而谷氨酸钠的检测方法又决定了配方中的其他含氮原料所提供的氮，并不能全部被视为其他氮。所以其他氮的来源应该是鸡肉提取物、酵母抽提物、水解植物蛋白等成分中以肽类蛋白质等形式存在的氮。

氯化物的来源除了配方中添加的食盐外，还应该包括其他原料中所含有的氯化物。

好的鸡精配方应该使生产出来的产品具有自己的风味特征。这包括根据配方生产出来的产品可以在色泽、香气、口感、形态等各个方面都满足目标消费群的要求，而且还应该有自己产品所独有的特点。以国内某公司生产的粉末鸡精、颗粒鸡精为例，见表 5-8 和表 5-9。

表 5-8 国内某公司生产的粉末鸡精配方组成

原　料	用量/kg	原　料	用量/kg
食盐	30	热反应鸡粉	10
白砂糖	10	味精	20
淀粉	5	麦芽糊精	5.3
鸡肉精油	0.5	白胡椒粉	0.2
蛋黄粉	10	葡萄糖	6

表 5-9 国内某公司生产的颗粒鸡精配方组成

原　料	用量/kg	原　料	用量/kg
盐	30	白砂糖	10
味精粉	20	I+G	1
淀粉	5	麦芽糊精	9.3
白胡椒粉	0.2	鸡肉精油	0.5
鸡肉膏状香精	2	天然鸡肉粉	12
蛋黄粉	10		

三、鸡精（粉）调味料加工工艺

虽然不同生产企业的鸡精调味料随配料不同，其生产加工工艺也有所差异，但基本的生产加工工艺可以归纳为配料处理过程、混合过程、干燥加工过程、包装过程。

配料处理过程包括从原料鸡开始生产鸡粉配料，经水相抽提、浓缩、乳化、调和、喷雾干燥等工艺，使天然鸡肉中所富含的有效成分和鲜香味物质得到很大限度地提取，产品具有真实的鸡肉风味，生产企业也可以外购鸡粉配料进行生产。前处理过程还包含原料的筛选、粉碎等工序。

混合过程是将生产鸡精的配料按不同的工艺要求进行混合，混合的方式可以是固体方式，也可以是液体（半固体）均质等。鸡精（粉）的生产工艺较为简单，关键是混合和湿度控制。生产鸡精（粉）的配料都易吸潮，操作间相对湿度要控制在60％以下。生产鸡精（粉）的重要设备是搅拌机。搅拌机主要有卧式搅拌型、锥式双螺旋型和 V 形回转型三种，其中卧式简单、方便，但效益较低，V 形回转型操作相对复杂，一般选用锥式双螺旋型。投料顺序以大分量先投，液体其次，小分量后投。

通过干燥加工过程可以将产品制成粉末状或粒状。此过程有降低产品水分和防止霉变，便于保存的作用。

包装过程是把成品用不用形式的包装材料进行包装。

对于不同生产工艺要求，有的企业这 4 个过程具有很复杂的工序，有的就比较简单，现场核查时应着重于企业的质量控制和食品安全方面。

1. 鸡精（粉）的一般生产工艺

鸡精：原材料→ 混合 → 制粒 → 干燥灭菌 → 包装 → 堆码 → 进仓

鸡粉：原材料→ 混合 → 搅拌 → 包装 → 堆码 → 进仓

2. 操作要点

(1) 原料预处理　将配料中的盐、糖等用粉碎机粉碎为 60 目的粉末，备用。

(2) 称料混合　称取配方中的原料，将除鸡香精油外的其他原料投入混合机，拌和 15min；边搅拌边投入鸡香精油，拌和 30min，至物料均匀即可。

（3）造粒　将拌和物料投入造粒机，选用 15 目的造粒筛网造粒。

（4）干燥灭菌　造好的颗粒马上移入烘房烘干，烘房的温度控制在 140℃左右，烘干 8min。

（5）包装　冷却后，立刻密封包装，以免吸潮。

四、鸡精（粉）常见质量安全问题

1. 产品中未含鸡肉/鸡骨的粉末或其浓缩抽提物

GB/T 10371—2003《鸡精调味料》及 GB/T 10415—2007《鸡粉调味料》中对鸡精（粉）产品的定义明确规定了以鸡肉/鸡骨的粉末或浓缩抽提物为原料。企业在生产过程中，不得仅使用味精、食用盐等未含鸡成分的调味料生产鸡精（粉）产品。

2. 氯化物含量过高

在鸡精（粉）生产过程中，企业生产管理不严，大量使用食用盐替代其他原料以降低产品的生产成本，同时也降低了产品的品质和质量。

3. 食品添加剂超范围使用和超量使用

GB 2760—2007《食品添加剂使用卫生标准》中对食品添加剂的使用及添加量都进行了详细规定，企业在生产过程中，使用食品添加剂必须符合国家标准，以免造成食品添加剂超范围使用和超量使用。

4. 褐变

由于鸡精中有糖、氨基酸和水，在一定条件下可发生美拉德反应，使鸡精色泽变深、变暗，同时会使其香气、口感发生变化，影响产品质量，因此应引起高度重视。其具体措施有 4 个方面：①包装材料透气率低，封口要封实。②尽量降低糖分含量。③尽量降低水分含量。④加入防褐变的添加剂。

五、鸡精（粉）的发展趋势

随着鸡精（粉）各项专业标准相继出台及行业集中度的提高，鸡精（粉）行业也将朝着原料天然化、风味多样化、科技现代化、高档化等方向快速发展。

1. 原料天然化

随着生活水平的提高，人们对于调味料的要求也越来越苛刻，天然的和健康的调味料将成为首选。非天然的产品有逐渐被取代或淘汰的可能，因此绿色鸡精（粉）的出现将成为一种趋势。

2. 风味多样化

鸡精（粉）作为复合调味料，不同风味的品种相当多，发展速度非常快，除传统的原鸡肉香味、香辛味外，还有复合肉香味、海鲜味等。

3. 科技现代化

随着各种高新技术在食品行业中的应用，越来越多的先进技术也应用于鸡精（粉）行业，如酶解技术、热反应调香技术、新型杀菌技术、微胶囊包埋技术和新型干燥技术等。

(1) 酶解技术 酶解技术作为生物技术的一个重要组成部分，已广泛应用于食品加工领域。采用酶解技术，将动物蛋白和植物蛋白水解为各种肉风味的前体物质小分子肽和游离氨基酸用于调味料，不仅可以增香、增鲜，赋予调味料醇厚感和更复杂的综合味感，使其口味适应范围更广，而且还能增加其营养价值。由于可采用植物蛋白原料（如大豆蛋白、花生蛋白、小麦面筋和玉米蛋白等）和肉类加工副产品来替代优质动物蛋白，原料来源广泛，能缓解动物蛋白资源紧张的局面，产品成本较低，可大大提高资源的综合利用率，同时不同来源的原料能赋予产品不同的风味特征。随着生物技术的应用成熟和酶制剂工业的发展，将有越来越多更专一化、更经济的蛋白酶类和先进的酶技术被应用于蛋白质的水解中，从而可以生产出更多高质量的蛋白水解物，作为生产鸡精的基料，改善鸡精品质，符合当今调味料业"口感复合化、功能营养化"的发展趋势，能大大促进鸡精行业的发展。

(2) 热反应调香技术 获得热反应呈味料的主要途径包括美拉德反应、氨基酸和肽热降解、糖降解、硫胺素降解和类脂质降解，其中美拉德反应是食品产生风味最重要的途径之一，可以通过控制反应基质和反应条件获得不同风味的呈味料。热反应呈味料天然营养，香气浓郁，圆润、逼真，在高温时不易损失，易与其他配料发生协同反应，使主体香气及其他烘托香气体现得更完美协调，增加风味的立体感，可降低产品中鲜味剂及其他辅料的用量。呈味料中的氨基酸、美拉德反应产物均具良好的抗氧化性，可防止脂肪氧化，抑制细菌生长，能有效地延长制品保质期。热反应呈味料再经过口味修饰、调香润色后，可以作为配料，应用于鸡精中提高产品的风味，以更广泛地满足各类食品增香调味需要。

(3) 新型杀菌技术 用以保证产品的卫生安全性，延长产品保质期并最大程度地降低天然营养成分的破坏或损失。主要包括微波杀菌、超高压杀菌、臭氧杀菌、辐照杀菌。微波杀菌是利用快速升温和微波场的非热效应对生物体的破坏作用使微生物细胞死亡；超高压杀菌是在常温或低温下通过超高压对微生物的致死作用灭菌；臭氧杀菌是利用臭氧的强氧化性破坏细胞壁或细胞膜，使菌原体致死；辐照杀菌利用射线穿透力强，在照射过程中会产生化学效应，阻断细胞内生命活动，导致微生物死亡。这些技术均具有高效性、安全性，相对成本低，为鸡精的卫生质量、风味和营养提供了保证。

(4) 微胶囊包埋技术　微胶囊化的香料香精能将香精香料（芯材）由液态转化成稳定的可溶性固体粉末，便于加工和处理；降低外界因素（如光、氧、水等）对芯材的影响，保持芯材的稳定性；减少芯材向环境的扩散和蒸发，使风味成分、香气保存完整持久；可控制芯材的释放，从而提高芯材的使用效率。随着微胶囊制备技术的丰富和发展，将鸡精微胶囊化可以大大提高鸡精产品的品质、保存性，使其香气均衡持久，拓宽鸡精调味料在食品工业中的应用范围。

(5) 新型干燥技术　主要包括冷冻干燥、低温真空干燥、微波干燥、喷雾干燥。前两者是在低温条件下干燥；后两者加热过程具有就地生热、瞬时升温特点，比传统的干燥技术速度快得多，因而都利于鸡精中营养成分和风味的保存。

第六节　虾油、鱼露、蚝油等水产调味料的工艺及风味特点

我国海岸线绵长，沿海滩涂面积广阔，江河湖泊众多，水产资源十分丰富，主要包括鱼、虾、贝、藻等。充分利用水产资源，将水产品作为调味料进行综合开发利用，具有广阔的市场空间。

一、鱼露的生产工艺及风味特点

鱼露（fish sauce）是以水产品为原料经生物发酵加工而成的特殊氨基酸调味料，含有人体所必需的各种氨基酸，特别是含有丰富的赖氨酸和谷氨酸，其中，赖氨酸占鱼露总氨基酸的 $13\%\sim19\%$，谷氨酸占氨基酸总量的 $15\%\sim20\%$。此外，鱼露还富含脂肪、蛋白质、钙、碘、磷等。鱼露以其味道鲜美、营养丰富而深受消费者喜爱。

越南、柬埔寨、泰国是世界上盛产鱼露的国家。此外老挝、马来西亚、菲律宾以及日本都有生产，我国的鱼露主要产于广东、福建及江浙等地。像中国的一些饭馆每张餐桌备有酱油、醋一样，在泰国的餐馆里，辣椒和鱼露是每个餐桌上必备的调味料，鱼露也是泰国家家户户必不可少的调味料。其使用方法同中国人用酱油类似，但是作用却大不相同。因为鱼露极鲜美，除了咸味以外，还稍带一点虾的腥味。泰国人做菜、烧汤、吃面条等，鱼露都是不可或缺的，不加则味道不鲜。

目前，国内外主要以海水鱼为原料，食盐、香辛料等为辅料，采取类似酱油固态发酵的工艺生产鱼露。

1. 工艺流程

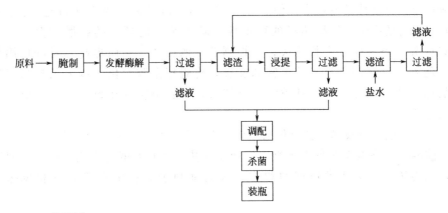

2. 工艺要点

(1) 原料选择 应选择蛋白质含量高、肉嫩、发酵后风味好的鱼类为原料，如鳀鱼、鳗鱼、七星鱼、三角鱼等。

(2) 腌制 将鲜鱼放入浸泡池内，条形大的鱼需用绞肉机绞碎，加入鱼重35％左右的食盐，搅拌均匀，每层用盐封闭。腌制用盐量应根据季节和原料鱼类的不同适当调节，最好一次加足。含脂肪高或鱼体不太新鲜的，加盐量可适当增加，以避免鱼体腐败。腌制时可适量加入茴香、花椒、桂皮等香料，混合均匀，以提高制品风味。

腌制过程是利用鱼体自身的组织蛋白酶和附带的细菌酶类实现鱼肉的自溶发酵，蛋白质分子分解，一般需 3 个月以上。待鱼体明显自溶变软，骨肉很容易分离后，将其转入发酵池或发酵缸发酵，每日勤加搅拌，以加速发酵。

(3) 发酵酶解 发酵可分为自然发酵和人工发酵。厂家可根据自己的实际情况，采取不同的发酵方法。

自然发酵是在常温下，利用鱼体的自身酶和微生物进行发酵。一般将发酵池建在室外，将腌渍好的鱼放入池中，充分利用自然气候和太阳能，靠日晒进行发酵。为使发酵温度均匀，每天早晚各搅拌一次，发酵程度视氨基酸的含量而定。当氨基酸的增加量趋于零、发酵液香气浓郁、口味鲜美时，即为发酵终点。一般需几个月的时间。

人工发酵是利用夹层保护池进行发酵，水浴保温，温度控制在 $50\sim60℃$，经半个月到 1 个月发酵基本完毕。为了加速发酵进程，可外加蛋白酶加速蛋白分解。可利用的蛋白酶有菠萝蛋白酶、木瓜蛋白酶、胰蛋白酶、复合蛋白酶等。需注意的是，菠萝蛋白酶最适 pH 值为 $4\sim6$，温度为 $40\sim50℃$；木瓜蛋白酶或胰蛋白酶最适 pH 值为 $7\sim8$，温度为 $35\sim50℃$；复合蛋白酶最适 pH 值为 7，温度为 $45\sim50℃$。生产厂家可根据自己的具体情况，选择适当的酶解方法。

(4) 过滤 发酵完毕后，将发酵醪经过滤器进行过滤，使发酵液与渣分离。

(5) 浸提　过滤后的渣可采用套浸的方式进行，即用第二次的过滤液浸泡第一次滤渣，第三次过滤液浸泡第二次滤渣，以此类推。浸提时将浸提液加到渣中，搅拌均匀，浸泡几小时，尽量使氨基酸溶出。过滤再浸提，反复几次，至氨基酸含量低于 0.2g/100mL 为止。最后将滤渣与盐水共煮，冷却后过滤，作为浸提液备用。

(6) 调配　浸提后的鱼露根据不同等级进行混合调配，较稀的可用浓缩锅浓缩，蒸发部分水分，使氨基酸含量及其他指标达到国家标准。

(7) 杀菌　将调配所得鱼露加热至 85～90℃，保持 20～30min，达到杀菌的目的。

(8) 装瓶　将调配好的不同等级的鱼露分别灌装于预先经清洗、消毒、干燥的玻璃瓶内，封口、贴标，即为成品。

3. 鱼露的风味特征

鱼露中低级肽所占比例较大，占全部氮成分的 61% 以上，而游离氨基酸所占的比例相对较低。因此，鱼露是靠较少的游离氨基酸与低级肽（二肽、三肽）共同显味的，特别是低级肽在显味方面发挥的作用不可忽视，使鱼露的味道鲜厚浓重。

同酱油相比，鱼露因其所用的原料基本上不含碳水化合物，不会导致由酵母进行的乙醇发酵，因此鱼露的香气成分较少，有的是类似奶酪、肉或氨的独特香气。这些气味的强弱取决于生产鱼露时所用鱼及水产品的种类，发酵环境中微生物及酶的种类等。

经鱼露调味后，在主鲜味的背后会隐约感到一种浑厚的发酵鱼腥味，这种味道较微弱，但正是这种微弱的感觉，才能使许多消费者在味觉上得到共鸣和满足。

二、虾油与虾酱的生产工艺及风味特点

虾油是利用毛虾为原料，以食盐、香辛料为辅料，经腌制、发酵、提油后得到的一种以氨基酸、虾香素为主体的，味道极为鲜美的复合性水溶性虾酱抽提物，也可视为虾酱油。虾油并非一些人们误解的虾体脂肪，也不同于目前市场上出现的以虾头和植物油制作的"虾香调味油"。生产虾油后的残渣经磨碎、灭菌后可得到虾酱。虾油呈黄棕色或红棕色，澄清，有虾油的香气，滋味鲜美。虾酱质地黏稠，酱质细腻，气味鲜香无腥味，盐度适中。

1. 工艺流程

原料 → 露天发酵 → 取油 → 过滤 → 虾油 → 杀菌 → 装瓶

过滤 → 余渣 → 磨碎 → 虾酱 → 杀菌 → 装瓶

2. 工艺要点

(1) 原料选择 原料虾以糠虾等小型虾为主，要求新鲜，无异味，无腐败变质。

(2) 露天发酵 将原料清洗后放入缸内，置室外日晒夜露 2 天后，早晚各搅拌 1 次，3～5 天后至缸面有红沫出现即可加盐搅拌。总用盐量为原料重 16％～20％。每天早晚各加盐 1 次，同时搅动，发酵半月左右成熟。此后每次用盐量减少 5％，1 个月后只需早上搅动，加盐少许，至规定盐量（虾重 35％）用完为止。3 个月后，有精油析出，呈浓黑色。

(3) 取油 炼油时先除去缸面浮油，然后加入煮沸冷却的盐水，盐水浓度为 5％～6％，用量为原料重量减去第一次除去的浮油量。加盐水后搅动3～4 次，早晚各 1 次，以促进油与杂质的分离。将取出的虾油混合烧煮，除去杂质。

(4) 磨碎 取油后的余渣用钢磨磨碎、灭菌后即为虾酱。

(5) 杀菌 将虾油（虾酱）加热至 85～90℃，保持 20～30min，达到杀菌的目的。

(6) 装瓶 杀菌后的虾油（虾酱）装入预先经过清洗、消毒、干燥的玻璃瓶内，压盖封口，贴标，即为成品。

三、蚝油的生产工艺及风味特点

广东人称牡蛎为蚝，蚝油即牡蛎油。蚝油是一种天然风味的高级调味料，是粤菜传统调味料之一。蚝油在广州、福建等地食用较为普遍，在港澳台地区及南洋群岛极为畅销，在国际上也享有一定声誉。

蚝油是蚝的提取物制作的调味料，有三种加工方式：一种是利用加工蚝干和制作蚝肉罐头的副产品——煮蚝汤汁，经浓缩称为浓缩蚝汁。浓缩蚝汁含氨基酸态氮高达 1％以上，鲜味突出，缺点是色泽灰褐，含杂质多，味道单调，腥味大并微带苦味。另一种是鲜蚝肉捣碎、研磨、煮汁，称为原汁蚝油。原汁蚝油因其提取了蚝肉的精华——蚝腹腔中的膏状物和肉汁，嗅感和味感均佳，但价格高，只有极个别厂家，为保持传统生产工艺和风味而生产原汁蚝油。目前蚝油泛指利用牡蛎蒸、煮后的汁液进行浓缩或直接用牡蛎肉酶解，再加入砂糖、食盐、淀粉或改性淀粉等原料，辅以其他配料和食品添加剂制成的调味料。蚝油一般呈稀糊状，具有天然的牡蛎风味，味道鲜美，气味芬芳，营养丰富，色泽红亮鲜艳，适用于烹饪各种肉类、蔬菜，调拌各种面食，可直接佐餐食用。蚝油可分两段生产，即沿海地区可专门生产浓缩纯蚝汁，供给内地各厂生产蚝油，各调配厂可根据当地的口味、消费水平，选择配方进行调配。

1. 工艺流程

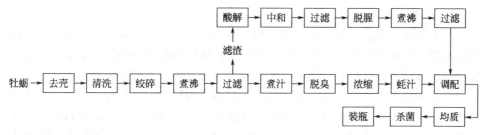

2. 工艺要点

（1）原料选择　用鲜活的牡蛎。

（2）去壳　将原料用沸水热烫，使其韧带收缩，两壳张开，去壳。

（3）清洗　将牡蛎肉放入容器内，加入肉重 1.5～2 倍的清水，缓慢搅拌，洗除附着于牡蛎肉身上的泥沙及黏液，拣去碎壳，捞起控干。

（4）绞碎　将清洗干净的牡蛎肉加入绞肉机或钢磨中绞碎。

（5）煮沸　把绞碎的牡蛎肉称重，放入夹层锅中煮沸。蚝肉和水的投入比例按 1∶2，保持微沸状态 2.5～3h，用 60～80 目筛网过滤。过滤后的牡蛎肉再加 5 倍的水继续煮沸 1.5～2h，过滤，将 2 次煮汁合并。

（6）脱腥　在煮汁中加入汁重 0.5%～1% 的活性炭，煮沸 20～30min，去除腥味，过滤，滤除活性炭。

（7）浓缩　将脱腥后的煮汁用夹层锅或真空浓缩锅浓缩至水分含量低于 65%，即为浓缩蚝汁或毛蚝汁。为利于保存，防止腐败变质，加入浓缩汁重 15% 左右的食盐，备用。使用时用水稀释，按配方调配。

（8）酸解　将煮汁后的干牡蛎肉称重，加入肉重 0.5 倍的水、0.6 倍的 20% 食用盐酸，在水解罐中 100℃ 下水解 8～12h。水解后在 40℃ 左右用碳酸钠中和至 pH5 左右，加热至沸，过滤，滤液即为水解液。在水解液中加入 0.5%～1% 的活性炭，煮沸 10～20min，补足失去的水分，过滤。

（9）制调味液　将八角茴香、姜、桂皮等调味料放入水中，加热煮沸 1.5～2h，过滤。

（10）混合调配　将浓缩汁、水解液、砂糖、食盐增鲜剂、增稠剂等分别按配方称重混合搅拌，加热至沸，最后加入黄酒、白醋、味精、香精，搅拌均匀。增稠剂溶解较困难，调配时可先用少量水或调味液溶化再加入。

（11）均质　用胶体磨将调配好的蚝油进行均质处理，使蚝油分子颗粒变小，分布均匀，否则易沉淀分层。

（12）杀菌　将均质后的蚝油加热至 85～90℃，保持 20～30min，达到灭菌的目的。

（13）装瓶　灭菌后的蚝油装入预先经过清洗、消毒、干燥的玻璃瓶内，压盖封口，贴标，即为成品。

3. 蚝油的风味

蚝油呈复合味感，鲜、甜、咸、酸等味调和，其主味感为鲜味，适量食盐起增鲜作用，次味感为甜味，由其所含部分呈甜味氨基酸和外加糖类而定，但加入糖量切不可过多，以免喧宾夺主，如甜味占主导，则掩盖蚝油的鲜味。

蚝油闻起来主要是特殊芬芳的蚝香，这由浓缩蚝汁的新鲜程度、含蛋白质和氨基酸等营养成分多寡及加入数量多少所决定，其次为醋香。有的配料中加入少量优质酒起调味料作用，经加工后酚香更明显，同时，酒能去除腥味，使蚝香纯正。

第七节　酱类、复合酱的生产工艺及其风味特点

酱指的是以富含蛋白质的豆类和富含淀粉的谷类及其副产品为主要原料，在微生物酶的催化作用下分解熟成的发酵型糊状调味料。酱类生产在我国历史悠久，早在东汉时期，就有明确的豆酱记载，如《论衡》中就有"世讳作豆酱恶闻雷"，说明我国在东汉以前已经开始生产豆酱。我国幅员辽阔，不同地区的人们根据各自地区的产物、气候特点逐步形成了酱的多种生产工艺，其产品也各具特点。根据所用原料不同，可以分为豆酱、面酱、复合酱等。豆酱又可以进一步细分为黄豆酱、蚕豆酱、杂豆酱；面酱可以细分为小麦面酱、杂面酱等。根据添加水分多少可以分为干态酱和液态酱。根据加工原料是否加热制熟可以分成生料酱和熟料酱等。

一、酱的加工工艺

1. 大豆酱的加工工艺

(1) 大豆酱加工工艺流程

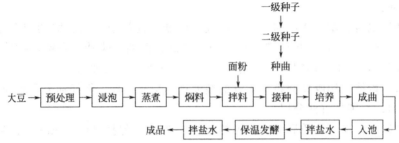

(2) 操作要点

① 种曲制备　种曲是制酱的基础，制备的好坏直接关系到酱最终产品好坏。

而制曲的目的是为了获得具有粗大强壮的菌丝体和数量多、发芽率高的孢子。目前生产中常用的曲种是沪酿 3.042。

一级种子，即为试管菌种，5°Bé 豆汁 100mL，添加 0.05％的 $(NH_4)_2SO_4$、0.1％的 KH_2PO_4、0.05％的 $MgSO_4$、可溶性淀粉 2％、琼脂 2％，灭菌摆斜面，接种在 28～30℃下培养三天，待试管斜面长满黄绿色孢子即可。

二级种子，即三角瓶菌种。麸皮与豆饼按照 8：2 的比例配料，添加物料质量 95％的水分，搅拌均匀后装入三角瓶中，物料厚度为 1cm，灭菌摇松冷却，接种 28～30℃下培养，每当物料结成饼状，需要摇瓶松散物料，培养三天后，整个物料呈鲜黄绿色，长满了肥壮、整齐、稠密的孢子时即种子成熟。

种曲的制备具体如下。

配料处理：使用 85％麸皮、15％的黄豆粉，加入麸皮和黄豆粉总质量 95％～100％的水，充分搅拌均匀，堆积润水 1h，常压下蒸煮 2h 后，出锅过筛分散曲料。

曲料冷却到 38～40℃，接 0.15％～0.3％曲种后，装入曲盒，厚度在 1cm 左右，入室培养。培养初期，曲盒采用直立式堆码，室温控制在 28～30℃，15～16h 后，品温升到 33～35℃，进行倒盒使得品温上下一致。当曲面发白微结块时，及时翻曲。翻曲后，曲盒采用更易散热的品字式堆码，并覆盖湿布。整个过程采用倒盒、翻曲等方式控制品温不能超过 36℃，培养 68～72h 后，曲料呈现鲜艳的黄绿色，长满了肥硕健壮的孢子，并有曲的特殊香味散出，种曲成熟。

② 原料预处理　大豆通过筛选，去掉石块、铁块、杂草等杂物。

③ 浸泡　筛选大豆加入清水浸泡 3～4h，大豆吸水溶胀，一般大豆吃水量大约为大豆质量的 80％。浸泡的目的是为了在蒸料时能使得大豆蛋白快速变性，同时为今后曲霉的生长提供水分。

④ 蒸煮　浸泡后大豆沥干，在 0.1MPa 蒸气压下蒸煮 40～60min，可以使用旋转式蒸煮锅。蒸煮的目的主要是使得大豆蛋白适度变性，有利于米曲霉的生长繁殖和各种酶类的产生，同时还可以起到原料灭菌的效果。

⑤ 焖料　蒸煮停汽后，不立刻排汽出料，焖料 2～3h。焖料的目的是为了增加蒸料效果，同时可以促使蒸熟的黄豆由黄白色转变成为紫红色，而给熟料上色。

⑥ 拌料　大豆出锅后，温度降至 80℃，加入面粉拌匀。过去加入的面粉经常要经过培炒、干蒸或者湿蒸等方法处理，但由于这种处理有劳动强度大、营养损失多、能耗多等缺点，基本上被淘汰，现在工厂一般使用生面粉。

⑦ 接种　拌面粉后熟料继续冷却到 38～40℃后，按照 0.3％～0.5％的接种量接入曲种，接种前曲种最好和少量面粉混合均匀，这样便于孢子均匀分布在曲料表面。最终的品温不能超过 32℃。

⑧ 培养　培养过程中要通过控制温度、湿度及通风来调节环境使得米曲霉

处于最佳生长状态。

曲料入池平整后，厚度控制在 30cm 左右。首先是孢子萌发期，培养时间大约 8~10h，品温逐渐上升，当品温超过 35℃，开始通风降温。接着进入菌丝生长期，培养时间大约 4~6h，首先是曲料结块，这时需要进行第一遍翻曲，打碎曲块，松散曲料。接着品温急剧上升，需要加大通风力度控制品温在 35℃ 以下，当曲料全部发白并产生裂缝时，需要进行第二次翻曲，第二次翻曲与第一次翻曲时间相差 5~6h。当总培养时间进入 20~24h 时，则进入孢子着生期，培养温度不要超过 33℃，当成曲长满菌丝，呈现旺盛的黄绿色孢子，即可出曲。

⑨ 出曲入池　成品曲移入发酵池中整平压紧。压紧的目的是使得盐分缓慢渗入，面层充分吸收盐水，并且有利于保温升温。入池后，在微生物和米曲霉的作用下，品温会自然上升。

⑩ 拌盐水　当品温自然升至 40℃ 时，加入占大豆总质量 80%、温度 45℃、16°Bé 的盐水，此时酱醅仍然呈现固体状态。盐分过多和过少都会对发酵造成不利影响。过少容易使杂菌生长，导致酱醅酸败；过多则会抑制有益菌和酶的活性，使得发酵难以进行。

⑪ 保温发酵　整个发酵时间大约在 15d 左右，前 7d 为第一阶段，品温控制在 40℃。后面的 7~8d 为第二阶段，品温控制在 45~50℃，不宜过高。平均每 3 天需要倒醅一次。通过倒醅，可以释放发酵过程中产生的二氧化碳，增加酱醅中氧气的溶解，促使酱的色香味体的形成。

如果生产黄干酱则不需要液体发酵，干酱的出品率大约为 1:1.7。

⑫ 第二次加盐水　固体发酵 15d 后，再次补加大豆曲质量 110% 的 16°Bé 的盐水，酱醪放稀后进行打耙，混合均匀，再次进行发酵，以后每天打耙 2~3 次，温度控制在 38℃。发酵 15d 左右即成熟，成熟后期为了避免再发酵和后期灭菌，保证产品质量，成熟期应该维持在 60℃ 左右高温。固体和液体两个发酵阶段总共需要 30d 左右。

2. 甜面酱的加工工艺

甜面酱又名面酱、甜酱，一般指的是以面粉为原料生产的一种咸中带甜的酱类。

(1) 甜面酱的加工工艺

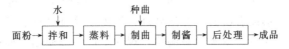

(2) 操作要点

① 拌和　面粉加入其质量 28%~30% 的水分和面，形成蚕豆大小的面疙瘩颗粒。传统面酱制备是首先制备馒头，再由馒头制曲发酵成酱，由于其劳动强度大，产品不稳定而被淘汰。

② 蒸料 拌和好的面料放入锅中，开启蒸汽，当蒸汽冒出料层后 5min 左右，即为成熟。蒸出面粒，表面呈玉色，口尝不能粘牙。蒸料也可以使用连续蒸料机。料成熟出锅后，用机械将其打散冷却。

③ 制曲 打散熟料冷却到 40℃后，接入 0.3%～0.5%左右的曲精，以薄层的方式放入竹匾或者曲盘中，送入曲房培养。培养温度控制在 40℃左右，当曲料全部变白，菌丝发育充分，有少量孢子产生时即为培养成熟，此时面曲质地轻而松脆，断面呈现白色粉状，口尝有甜味。

④ 制酱 制酱过程一般情况下有三种不同的操作方式。

第一种方式将面曲入发酵容器中耙平压实后，立即从四周缓慢地加入温度为 60～65℃、浓度为 13°Bé 的热盐水，盐水全部渗入曲种后压实进行保温发酵，品温控制在 53～55℃，每天搅拌 2 次，12～15d 后，就变成浓稠带甜的成熟酱醅。

第二种将面曲与其中质量的 50%、温度为 65～70℃、浓度为 13°Bé 的热盐水混合均匀后再入发酵容器，用少量食盐封口发酵。品温控制在 53～55℃，发酵 10d，再加入适量的沸盐水翻匀，即得到浓稠带甜的成熟酱醪。

第三种将面曲入发酵容器压实，加入浓度为 13°Bé 的冷盐水，盐水渗入面曲后压实保温发酵，温度将由低到高，最高可达到 53～55℃，每天搅拌两次，发酵 1 个月后，即可得到浓稠带甜的成熟酱醪。

⑤ 后处理 利用石磨或螺旋出酱机将发酵成熟的酱醪中含有的小面疙瘩磨细后，灌装出品。

二、酱的风味特点

1. 发酵酱中的微生物情况

传统酱的酿造过程采用天然接种发酵，而现代生产工艺一般情况下在曲种的制备过程中都采用纯菌种的制备，而在酱生产过程中制曲与发酵阶段是在敞开环境下进行的，那么环境中的各类微生物不可避免地会进入成曲与发酵过程。现在酱的酿造过程常见的微生物有霉菌、酵母和细菌等。

霉菌为制酱过程中的绝对优势菌，自然发酵的曲中鉴定出来了的霉菌包括米曲霉、黑曲霉、酱油曲霉、黄曲霉、烟色曲霉、土曲霉、烟曲霉、赭曲霉、局限曲霉、温特曲霉、淡黄曲霉、交链孢霉、孺孢霉、芽枝霉、头孢霉、单端孢霉、白埝霉、高大毛霉等多种霉菌。其中很多霉菌会产生霉味及分泌有毒物质，为有害菌。现在酱类制品的工业化生产制曲所用菌种多为米曲霉，用得最多的是沪酿 3.042。也有适用在天然发酵酱醪中分离的其他菌种，比如黑曲霉、红曲霉和不产毒素的黄曲霉等。在曲种阶段，主要是为了获得尽可能多的曲霉孢子，保证在制曲过程中菌种曲霉成为成曲过程中的优势菌，同时分泌出蛋白酶、糖化酶、果胶酶、纤维素酶、脂肪酶、氧化酶和肽酶等多种酶。在发酵阶段中曲霉大部分都会死亡，但是由曲霉分泌的酶类会催化多种复杂反应进而最终导致酱的色香味体的形成。曲霉生长状况直接影响到酱的成败。

酵母菌来自于环境，从酱醅中分离得到的酵母菌主要有啤酒酵母、鲁氏酵母、接合酵母、二孢子酵母、蜂蜜酵母、耐盐德巴利酵母、异常汉逊酵母、亚覆皮汉逊酵母、清酒球拟酵母、葛罗球拟酵母、杆状球拟酵母、无名球拟酵母、易变球拟酵母、异常球拟酵母、埃契球拟酵母、木兰球拟酵母、豆酱球拟酵母等。其中鲁氏酵母、接合酵母、球拟酵母等为有益菌种。有益酵母菌可以在高盐分的条件下发酵葡萄糖、麦芽糖产生乙醇、甘油、琥珀酸、阿拉伯糖醇、异丁醇、甘露醇、异戊醇、乙基苯酚、4-乙基愈创木酚、2-乙基-4-羟基-5-甲基-3($2H$)-呋喃酮（HEMF）等，可以与酱醪中的其他物质结合，产生酱特有的香味。

细菌也是来自环境中，在酱中存在数量非常多，当细菌数达到高峰时，每克酱醪中就可以含有 10^8 个细菌。与风味有直接关系的细菌是乳酸菌，其中主要包括植物乳杆菌、嗜盐片球菌、嗜盐四联球菌、嗜盐足球菌、发酵乳杆菌等。它们分泌乳酸，乳酸可以和醇类生成相应的酯类，同时乳酸菌还影响到酱醪的成熟。不可培养微生物的发现，使得人们意识到纯培养鉴定而出的菌种仅仅是酱生产过程中全部菌种的一小部分。不依赖纯培养的分子生态学技术的发展，使得人们可以深入研究发酵过程中微生物菌群状况。采用变性梯度凝胶电泳（DEEG）技术对传统豆酱发酵过程中微生物菌群进行分析，可以分离鉴定出多种不可培养微生物，甚至用变性梯度凝胶电泳（DGGE）分析鉴定出的变异链球菌、蜡状芽孢杆菌、双歧杆菌、米酒乳杆菌、嗜热链球菌、土星拟威尔酵母等也未能通过传统的培养方法筛选得到。但关于酱发酵过程中不可培养微生物的研究还很初级。

2. 酱发酵过程中的酶系特征

酱类制品其独特风味的主要来源是在制曲及酿造过程中，由微生物发酵作用及其分泌的酶催化的一系列生化反应而形成的。酶系在酱类发酵中起着至关重要的作用。在酱类生产过程中由微生物分泌的酶类主要有蛋白酶、肽酶、谷氨酰胺酶、淀粉酶系、纤维素酶、果胶酶、酯酶和脂肪酶等。蛋白酶可以分成内肽酶和端肽酶两大类，其中内肽酶可以在蛋白质内部水解，生成肽类物质。而端肽酶从蛋白质肽链的末端逐个将氨基酸水解下来，可以将多肽水解成为游离氨基酸。淀粉酶主要包括 α-淀粉酶和糖化酶两大类。其中 α-淀粉酶水解淀粉分子内部的 α-1,4-糖苷键，产生大量小分子的糊精和少量糖分。糖化酶作用于淀粉分子末端，从淀粉的非还原性末端顺次切开 α-1,4-糖苷键，可以将淀粉和糊精类物质全部水解成为葡萄糖。在酱类发酵过程中产生的纤维素酶是包括 C_1 酶、Cx 酶和 β-1,4-糖苷酶等几种酶的混合物，它可以水解纤维素 β-1,4-糖苷键，使纤维素变成纤维二糖和葡萄糖。这种酶可以溶解破坏原料组织细胞的细胞壁，使其内部包裹的营养物质充分溶解释放。果胶酶是分解原料中果胶的酶的通称，通常包括原果胶酶、果胶甲酯水解酶、果胶酸酶，是一种多酶复合物。酯酶和脂肪酶不仅可以水解原料中的酯类和脂肪，同时也可以催化生成酯类和脂肪类物质，在酱的香气成分形成中起到重要作用。酚氧化酶包括多酚氧化酶、邻苯二酚氧化酶、酪氨酸酶、漆酶、对苯二酚氧化酶和过氧化物酶，在米曲霉的孢子中含有该类酶系，此类酶可以催化酪氨酸形成黑色素，是酱制品中颜色来源的重要因素。谷氨酰胺酶可以分解谷氨酰胺生成谷氨酸和氨，增加酱类的咸味。

3. 发酵过程中大分子物质的变化

酱的生产过程伴随着原料中大分子物质如蛋白质、淀粉等不断分解，同时酱的各种特色物质不断生成的过程。

蛋白质物质的分解主要借助于与米曲霉分泌的各种蛋白酶，其中的内肽酶可以在蛋白质内部水解肽键，生成分子量较小的胨和多肽类物质，而分泌的端肽酶则可以从蛋白质的一端逐步切割肽键，生成游离的氨基酸。

淀粉类物质为米曲霉生长提供了碳源，在制酱过程中有大量损耗，一般100kg 的原料制曲，最终只能获得 84kg 左右的曲子。淀粉类物质在制曲和糖化后，还有大量的物质未被彻底糖化。在发酵过程中，利用制曲过程中微生物分泌的各种淀粉酶水解将其水解成为单糖、双糖和小分子糊精等物质。其中单糖类物质除去葡萄糖外，还有果糖和五碳糖等物质。这些糖类物质对酱的色香味体的形成至关重要。糖化得好，将为酱提供较好的黏稠度和甜味，糖类和氨基酸类物质的反应生成了酱特有的色泽，而葡萄糖发酵生成的醇类物质是酱油的特征香气成分重要的前体物质。

4. 酱色香味体的形成

酱特有的红褐色一般是由于多种呈色物质共同作用形成的，其中最主要的呈色物质为氨基糖、焦糖、黑色素。氨基糖呈现棕红色，是由于发酵过程中产生的葡萄糖上的二号碳原子上的羟基被氨基取代生成的。焦糖又名焦糖色素，一般呈现棕红色至黑色，是一种溶于水的无定形的胶体物质，一般带有烧焦的糖的气味。焦糖色素的产生来自两种反应，一种是美拉德反应，是羰基化合物主要是还原糖类和氨基化合物主要是氨基酸和蛋白质之间的反应，其反应过程非常复杂，最终会生成包括焦糖色素在内的多种棕色和黑色的呈色物质；另外一种反应为焦糖化反应，单纯的糖类物质受热脱水焦化反应。黑色素一般是大豆中的酪蛋白在微生物分泌的酪氨酸酶的催化下被氧氧化聚合而呈现黑色的大分子物质。

酱的香气成分主要是在酱的发酵后期形成的，其含量较少，但是对酱的特种风味的形成起到至关重要的作用，是评价酱类产品质量好坏的重要指标之一。采用酱的种类不同，分析方法的差异，检测出来的酱类风味物质含量组成及种类也不相同。现在已经分离得到的酱的风味物质已经超过 200 多种，其中包括酯、醇、酚、醛、有机酸等多种化合物。随着分析检测技术的进步，在酱中分离鉴定出来的风味物质总数和种类还在不断增加。酱中的特种香气是由多种风味物质协同作用而形成的，如馒头酱中的香气就包含了酸味、硫样气息、水果味、花香、酯甜香、烤香、焦糖香、青草味、煮土豆香、蘑菇味、草药味、霉味、咸菜味、坚果香、蔬菜香等等。

酯类：酯类物质是酱的香气成分的主体部分，包括挥发性酯类和非挥发性酯类两大类。其中挥发性酯有乙酸乙酯、己酸乙酯、异戊酸乙酯、辛酸乙酯等；而不挥发性酯有乳酸乙酯、琥珀酸乙酯、丙二酸乙酯、草酸乙酯、油酸乙酯等。酯类的形成途径主要有两种，一种是由于发酵过程中酵母菌的催化生成，另外一种是利用相应的有机酸和醇通过非酶催化的酯化反应生成。

醇类：在酱中存在的醇类包括乙醇、异丁醇、丁醇、丙醇、甲基戊醇、异戊醇等物质。乙醇主要是由酵母菌的酒精发酵而产生的，它可以赋予酱以酒味。戊醇和异戊醇主要是酵母菌分解亮氨酸和异亮氨酸而生成的，它们与乙酸反应生成乙酸酯类，具有香蕉的芳香气味。而甲醇是原料中果胶分解后的产物，对身体特别是眼睛有较强的毒害作用，但其含量非常低，对产品安全不造成影响。

酚类：其中比较重要的有 4-乙基愈创木酚、4-乙基苯酚、4-丙烯酸愈创木酚等物质，其中愈创木酚是酱的特征香气成分，对酱的风味有很大影响，主要经曲霉菌、球拟酵母等对小麦中的配糖体、木质素等前体物发酵而产生。

醛类：酱中醛类物质种类很多，但是含量较少。主要有甲醛、乙醛、丙醛、异丁醛、异戊醛、苯甲醛、香草醛、双乙酰、糠醛、羟甲基糠醛等。主要是相应的醇、酚在后期加热过程中氧化生成的。

酸类：包括乙酸、甲酸、丙酸、丁酸、异戊酸、香草酸等多种挥发性酸类物质。是在发酵过程中由醇类、醛类依次氧化而成的。

杂环类：在酱类产品中检测出来的有 2-乙基-4-羟基-5-甲基-3(2H)-呋喃酮（HEMF）、2-呋喃甲醇、2-乙酰呋喃、四甲基吡嗪、2,3,5-三甲基-6-乙基吡嗪等物质。其中 HEMF 被认为是酱的特征性风味物质，通常由耐盐酵母发酵产生。2-呋喃甲醇具有青毛豆味，2-乙酰呋喃具有烟熏味，四甲基吡嗪具有干香菇味，2,3,5-三甲基-6-乙基吡嗪具有花香味。

含硫化合物：包含二甲基三硫醚等成分。

酱主要呈现鲜味。甜味、酸味、咸味在酱中也有所呈现。其中鲜味主要来自氨基酸和核酸类物质的钠盐。蛋白质经过蛋白酶水解后可以生成 20 种氨基酸，其中多种氨基酸如谷氨酸、天冬氨酸钠、谷氨酰胺等游离氨基酸及其钠盐可以呈现鲜味。其中谷氨酸一钠盐是酱中的主要鲜味。酱由生长微生物体内的核酸类物质经过核酸酶水解后生成多种核苷酸，其中鸟苷酸、肌苷酸和黄苷酸的钠盐对谷氨酸起到协调作用，可以大幅度增加谷氨酸钠盐的鲜味。酱中甜味主要是来自水解淀粉而生成的葡萄糖和麦芽糖。蛋白质水解而产生的甘氨酸、丙氨酸和色氨酸等氨基酸也具有甜味。而酱中的酸味主要来自酱油发酵过程中产生的各种酸类物质，其中乳酸在酸味中起到最主要的作用。而酱中咸味来自发酵过程中添加的盐分。

第八节　复合调味料的生产工艺及其风味特点

复合调味料是指以两种以上调味料为主要原料，添加（或不添加）油脂、天然香辛料及动植物等成分，采用物理的或者生物的技术措施进行加工处理及包装，最终制成可供安全食用的一类定型调味料产品。按用途复合调味料分为：佐餐型、烹饪型及强化风味型；按原料分为：肉类、禽蛋类、水产类、果蔬类、粮油类、香辛料类及其他；按风味分为：中国传统风味、方便食品用风味、日式风味、西式风味、东南亚风味、伊斯兰风味及世界各国特色风味；按体态可分为：固态（包括块状、粉末状、颗粒状）、半固态（包括膏状、酱状）、液态复合调味料。

一、复合调味料的主要特征及类型

1. 复合调味料的主要特征

（1）方便性　以香辣酱、牛肉风味辣酱、辣子鸡风味香辣酱、风味豆豉和豆腐乳等使用方便的系列产品为代表，随后出现了更加方便的佐餐型复合调味料，使用时，只需就饭食用，相当方便。

（2）多味性　鸡精、牛肉精、麻辣鲜、排骨味、肉味、牛肉调味料等复合调味料明显呈风味多样化的发展趋势。牛肉味、鸡肉味、猪肉味、香辛料复合味、酱香复合味和山野菜风味等多种风味的复合调味料不断出现。口味多样化可以很好地体现复合调味料的特征。

（3）营养性　复合调味料不仅强调口感和风味的设计，还更多地考虑到复合调味料的综合因素，更注重其营养性。如采用纯鸡肉粉生产的鸡精，采用鸽肉加工的鸽精，采用牛肉和牛肉热反应粉等生产的牛肉精及采用复合型海鲜原料如鱼、虾和蟹等加工的海鲜精等。其他如蛋黄酱、沙拉酱、果酱和番茄沙司等西餐系列营养型调味料，在天然、营养性等方面都相当理想。除此以外，还有营养型纯牛肉粉和纯猪肉粉供生产营养型调味料和保健食品时选用。

（4）膳食性　科学分析对复合调味料的鲜度、香气和口感等形成的原因，有针对性地比较现有的肉品口味和10年前的肉品口味，在保留原有鲜肉主体风味不变的前提下进行改进，由此开发出肥羊火锅底料、老鸭汤、滋补火锅及炖鸡调味料等添加药膳成分的新品种，体现了复合调味料膳食性的一面。

2. 复合调味料的主要类型

（1）麻辣型复合调味料　麻辣型复合调味料辛辣奇浓，麻重爽口，油腻丰富，风味独特。主要原料有豆瓣酱、辣椒、花椒、豆豉、麦酱、醪糟汁、老姜、花生、大葱、陈皮、八角茴香、白糖等。主要品种有火锅底料、酸辣鱼料、凉拌鸡料、香辣酱、老干妈、老干爸等几十个。各种产品有自己的配料比例，如香辣酱配料比例为：菜油 12、白糖 2、味精 16、豆瓣酱 6、花生 1、酒料 1.5、海椒面 4、芝麻 1.5、食盐 0.4、花椒面 0.5、蒜泥 1.5、香油 2、生姜 1、酱油 3。

(2) 鲜味型复合调味料 鲜味型复合调味料鲜度无比，味香奇美，风味极佳。主要原材料有：L-谷氨酸钠、甘氨酸、$5'$-肌苷酸钠、鸡肉泥、鸡蛋清、面粉、食盐等。主要产品有鸡精、鲜味王等。我国目前的品牌鸡精有上海的太太乐、四川的豪吉等。鸡精、鲜味王的配料比例各不相同，特别讲究原料，不同的原料和配方会得到不同的效果。

(3) 杂合类复合调味料 杂合类复合调味料是根据消费者的不同口味和原料配比生产出的调味料。它是综合各地消费者的口味，据原料的特性和营养成分生产出的一种调味料。

二、调味原料的构成、性能及其作用

1. 原料构成

生产调味料所用的原料很多，常用的主要原料见表 5-10。

表 5-10 复合调味料中主要的调味原料组成

原料种类		原料的组成
咸味料		食盐等
鲜味料		味精, I+G, 酵母提取物, 水解植物蛋白等
香辛料	辛辣性	胡椒、辣椒、花椒、蒜粉、洋葱粉等
	芳香性	丁香、肉桂、肉蔻、八角茴香等
香精料	肉类香精	牛肉精、鸡肉精等
	菜类香精	番茄香精、葱油精等
着色料		焦糖色素、辣椒红、酱油粉等
油脂		动物油、植物油、调味料油等
鲜物料	肉类	牛肉、鸡肉等
	菜类	葱、姜、蒜等
脱水物料	肉类	牛肉干、鸡肉丁、虾肉等
	菜类	葱、胡萝卜、青豆、白菜、香菇等
其他填充料		糊精、苏打等

2. 各类原料的性能和作用

(1) 咸味剂 咸味剂是调味料的主体，是良好味感的基础，大多复合调味料是以咸味剂为基础，再配合其他调味料。咸味剂可以解腻、增鲜、除腥、去膻，突出原料中的鲜香味等。盐类大多呈现咸味，但只有食盐的咸味最为纯正，被称为"味中之王"，在味感上主要起风味增强和调味作用，其致味值一般为

0.2％。汤类中食盐含量一般为0.8％～1.2％，粉状的复合调味料中，食盐的比例为45％～70％。食盐与其他调味料一起构成复合调味料的味感平台。不仅用于调味，食盐还可用来防腐，在液体汤料中添加15％的食盐，可抑制细菌的生长。

(2) 鲜味剂 鲜味剂能引发食品原有的自然风味，是多种食品的基本呈味成分。最常用的鲜味剂是味精，琥珀酸钠、核苷酸、酵母提取物、水解动植物蛋白等均可作复合调味料中鲜味的来源。

味精易溶于水而有强烈的鲜味，水溶液的pH值为6～7时鲜味最强，最高耐热温度为120℃，长时间加热会生成焦谷氨酸钠而失去鲜味。味精在复合调味料中的使用量为食盐量的10％～30％。琥珀酸钠具有独特的类似贝类的鲜味，在调配复合海鲜风味调味料时，使用琥珀酸钠会收到良好的效果。

核苷酸呈味强烈，在复合调味料中作鲜味增强剂。干燥条件下核苷酸有很好的耐热性，日常保存和烹调条件下几乎不被破坏。I+G与味精混合使用，能给鲜味以持久性、宽广性，产生丰润佳美的感觉。I+G对甜味、肉味等良好滋味有增加作用，对咸味、酸味、苦味、焦味、油腻味有冲淡作用。

酵母提取物是通过酵母的自溶作用，将酵母细胞内的蛋白质降解成氨基酸、核酸降解成核苷酸制得的人体可以直接吸收利用的可溶性营养风味物质的浓缩物。酵母提取物中含20种氨基酸、肽类和蛋白质，还含有核苷酸、维生素、有机酸和矿物质等多种营养成分。其氨基酸平衡良好，味道鲜美浓郁，具有肉香味。除具有增鲜作用外，还具有营养保健功能，因此酵母提取物常用来改善复合调味料的风味。

水解动植物蛋白均从天然动植物原料中提取。生产方法有酸法水解及酶法水解两种。水解产物中含有多种氨基酸，营养价值高是复合调味料的另一种重要的天然风味基料。在复合调味料中可作为增味剂、氨基酸强化剂。国内某公司的水解动物蛋白的氨基酸组成见表5-11。

表 5-11 国内某公司水解动物蛋白的氨基酸组成

氨基酸名称	含量/%	氨基酸名称	含量/%
Asp	1.29	Leu	12.23
The	1.43	Tyr	17.16
Ser	0.74	Phe	5.75
Glu	6.05	Lys	1.73
Ala	5.32	His	0.82
Cys	1.69	Arg	11.61
Val	6.68	pro	3.29
Met	4.20	Gly	2.92
Heu	16.88	Σ	99.97

（3）**甜味剂**　常用的甜味剂有蔗糖、葡萄糖、果糖、饴糖、甜蜜素、蛋白糖和低分子糖醇类，能使复合调味料呈现出甜味，味感丰厚。甜味剂中，蔗糖的甜味最纯正和丰满，是复合调味料中不可缺少的甜味剂。某些低分子糖醇除了具有甜味外，还有清凉的口感。甜蜜素在人工合成的甜味剂中甜味最接近蔗糖，甜度为蔗糖的 40 倍左右。人工合成的甜味剂不能完全取代蔗糖，只能作为蔗糖的辅助增味剂，否则将呈现不正常的甜味，影响复合调味料的整体效果。甜味因酸味、苦味而减弱，因咸味而增加。

还原性糖类与调味料中含氮类小分子化合物反应，还能起到着色和增香作用。在经热反应加工的复合调味料生产中，可根据成品的颜色深浅要求，确定配方中还原糖的需要量。

（4）**酸味剂**　酸味是由于舌黏膜受到氢离子的刺激而产生的，凡在溶液中能解离出氢离子的化合物都具有酸味。酸味剂是食品调味中最重要的调味成分之一，也是用途较广的基本味，许多调味料 pH 值都呈偏酸性。常用的酸味剂是各种有机酸和醋酸、柠檬酸、乳酸、酒石酸等。每种酸都有自己的味质，醋酸具有刺激臭味，琥珀酸带有鲜腊味，柠檬酸带有温和的酸味，乳酸有湿的温和的酸味，酒石酸带有涩的酸味。食醋中醋酸与脂肪酸乙酯一同构成带有芳香气味的酸味，因此食醋是复合调味料中最常用的酸味调味料。

酸味剂在食品烹调中具有极强的除腥作用，适合配制水产类调味料。酸味剂还具有抑制细菌生长和防腐作用。

（5）**香辛料**　复合调味料中使用香辛料可以满足消费者对味感的不同嗜好，同时能起到增香、除腥、除臭、调味、调色等作用。表 5-12 按香辛料的用途进行了分类。

表 5-12　香辛料的用途分类

特　点	名　称
辛辣味香辛料	胡椒、辣椒、芥末、山嵛菜、姜
苦味香辛料	陈皮、砂仁
香气型香辛料	百里香、洋苏叶、月桂、小豆蔻、芫荽、罗勒、牛至
香和味兼具的香辛料	肉豆蔻、肉桂、多香果、丁香、洋葱、大蒜、花椒、香芹、小茴香
着色型香辛料	红辣椒、姜黄根、藏红花

在复合调味料中使用香辛料时，应根据不同香辛料的性能特点以及成品要求进行科学的搭配组合，调配出风味独特的调味料。常用香辛料在调味料中的用量见表 5-13。

（6）**香精**　香精是具有某种指定风味的呈味物质，含有丰富、浓厚的天然味道，能够产生诱人的主体香气，是调味料的灵魂。

（7）**着色剂**　着色剂能提高调味料的感观效果，增强味的真实感，提高食

表 5-13　常用香辛料在调味料中的用量

名　称	用量/(mg/kg)	名　称	用量/(mg/kg)
黑胡椒	690	丁香油	55
白胡椒	2700	丁香油树脂	14～40
八角茴香	96～5000	小茴香	50
肉豆蔻	100	姜油	13
肉桂	100	姜油树脂	10～1000

欲，如焦糖色素。

(8) 油脂　油脂可溶入多种风味物质，使味道更加浓厚、可口，同时在感观上具有增加食欲的独特效果。

(9) 鲜物料　鲜物料具有丰富的天然味道，协同香辛料、香精产生诱人的主体香味，增强调味料风味的真实性和营养性。

(10) 脱水物料　脱水物料具有天然的色、香、味，增强新鲜感和亲切感。

(11) 其他填充料　其他填充料品种很多，其性能和作用主要是协同主要物料并辅助产生和保持良好的味感。如麦芽糊精，适量添加可使汤料稠度增加；苏打粉，适量添加降低汤料中的酸度值，使汤味更可口；抗氧化剂，适量添加可保持油质的纯正气味，防止酸败。

3. 复合调味料的调配原理

复合调味原理，就是把各种调味原料依照其不同的性能和作用进行配比，通过加工工艺复合到一起，达到所要求的口味。由于各种原料调味性能不同，因而在调味中的作用也不同。复合调味料的配制以咸味料为配制中心，以鲜味剂和天然风味提取物为基本原料，以香辛料、酸味剂、甜味剂和填充料为辅料，经过适当的调色调香而制成。各种味感成分相互作用的结果是复合调味料口味的决定因素，味感成分的相互作用关系是复合调味的理论基础。

(1) 调味料的味感认识　调味料的味感包括口味、口感、气味、色泽等方面。味感是对味道的一种感觉，是人体各器官产生生理反应的一种综合效果。味道的好坏受盐分、酸度、甜度、香味、色泽等诸多因素的影响，因此在制作和评价调味料时，必须充分考虑以上因素。

(2) 各种味的相互作用关系

① 味的相乘作用　同时使用同一类的两种以上呈味物质，比单独使用一种呈味物质的味大大增强，如味精和 I＋G。味的相乘作用应用于复合调味料中，可以减少调味基料的使用量，降低生产成本，并取得良好的调味效果。

② 味的对比作用　一种呈味物质具有较强的味道，如果少量另一种呈味物质使原来呈味物质的味道变得更强，这就是味的对比作用。甜味与咸味、鲜味与咸味等，均具有很强的对比作用。

③ 味的相抵作用　味的相抵作用是加入一种呈味成分，能减轻原来呈味成分的味觉。如：苦味与甜味、酸味与甜味、咸味与鲜味、咸味与酸味等，具有明显的相抵作用。可以将具有相抵作用的呈味成分作为遮蔽剂，掩盖原有的味道。在 $1\%\sim2\%$ 的食盐溶液中，添加 $7\sim10$ 倍的蔗糖，咸味大致被抵消。

(3) 复合调味料的配兑　调味料味感的构成包括口感、观感和嗅感，是调味料各要素化学、物理反应的综合结果，是人们生理器官及心理对味觉反应的综合结果。选择合适的不同风味的原料和确定最佳用量，是决定复合调味料风味好坏的关键。在设计配方时，首先需进行资料收集，包括各种配方（表5-14）和各种原料的性质、价格、来源等。然后根据所设定的产品概念，运用调味理论知识的资料收集成果，进行复合调配。具体的配兑工作大致包括以下几个方面：

① 掌握原料的性质与产品风味的关系，加工方法对原料成分和风味的影响。

② 考虑各种味道之间的关系如相乘、对比、相抵等。

③ 设计配方时，应考虑既有独特风味，又讲究色、香、味的协调。

④ 确定原料比例时，应先决定食盐的量，再决定鲜味剂的量。其他成分的配比，则依据资料和个人的经验添加。

⑤ 有时产品风味不能立即体现出来，应间隔 $10\sim15$ 日再次品尝，若感觉风味已成熟，则确定为产品的最终风味。

⑥ 反复进行产品的试制和品尝，保存性试验直至出现满意的调味效果，定型后方可批量生产。

表 5-14　原辅料的选用和用量

种类	主要调味原料	用量（汤中的适口浓度）
咸味料	食盐等	$0.8\sim1.2$
甜味料	砂糖等	$0.2\sim0.5$
鲜味料	味精	$0.2\sim0.5$
	I＋G	$0.05\sim0.1$
	HVP	$0.05\sim0.1$
香辛料	辣椒、花椒、胡椒等	$0.004\sim0.05$
油脂	牛油、鸡油、调味油	$0.05\sim0.2$
着色料	焦糖色素等	$0.05\sim0.2$
香精	肉类香精等	$0.05\sim0.2$
其他填充料	麦芽糊精等	适量

注：表中的用量数值是理论经验数值，有普遍性，实践操作中，要依据原料的品质、调味料风味的要求等因素，加以灵活运用和掌握。

三、复合型调味料的发展趋势

1. 功能型调味料

如铁强化酱油，加碘、加锌、加钙的复合营养盐。与传统调味料品相比，它们虽然是初级的复合型调味料，但也因为其简单化的功能诉求，更能为大众所接受。

2. 专用型调味料

典型代表为海天老抽和太太乐鸡精，海天老抽目前的销量占其酱油总销量的40％～50％，太太乐鸡精更是鸡精行业的著名品牌。还有专门烹饪川、粤、鲁等大菜系的名肴调味料，复合型的专用拌菜、调面、烹虾、炸鸡调味料，各种调味酱、火锅底料等都属于这一类调味料。

3. 精深加工型调味料

如畜禽、水产、蔬菜、水果、酵母等天然提取物，因其原料味道鲜美自然，易被人体吸收，而被开发应用到各种复合调味料中，表现为各种肉类香精、大蒜精、姜精油、醋精、花椒精油等。

4. 营养保健型调味料

随着消费者对卫生、健康的需求不断增强，调味料也随之出现一些营养强化产品，或以保健效果作为卖点的产品。营养化应以改变工艺条件、保留营养素，产生营养素与添加营养素强化相结合，包括低糖、低盐、低脂肪、高纤维等几个方面。如为满足老人、妇女、儿童的营养需要，充分利用相应的天然食物，黑米、薏米、黑豆、蘑菇菌类等生产出的含各种维生素、矿物质等不同营养成分的调味料。药膳调味料也拥有一定市场，因为调味常用的花椒、砂仁、豆蔻、大料、桂皮、八角茴香等既是调味料，又是中药。

5. 方便即食型调味料

鉴于家庭炊具的快速发展，适合微波炉、烤箱食品的调味料也将被开发。这些调味料撕袋即可食用，方便、卫生、好吃、好看，如各个品牌的辣酱、方便面调味料、沙拉酱、炼奶等。

四、调味料技术发展

1. 热反应技术

通过氨基酸、多肽与糖类进行美拉德反应，可生成吡嗪、噻唑、呋喃、硫杂环和吡咯等各类香气成分。由于糖和氨基酸种类不同及加热温度、反应时间、反应系统中水分含量和是否存在油脂等反应条件的差异，产生的香气成分也各不相同。应用美拉德反应制取香气成分（香精）的技术在反应型调味香精、肉膏、呈味料生产中均有应用。产品特点是香气浓郁、圆润、逼真，且耐高温，可作为主体风味料。

2. 生物技术

生物酶能把大分子蛋白质酶解为小分子肽类和氨基酸，用酶解技术获得的水解植物蛋白、水解动物蛋白中含有大量游离氨基酸，可用于调味料增香、提高鲜度、增加风味物质浓度。酶解原料来源广泛，如大豆蛋白、小麦面筋、玉米蛋白和肉类加工副产品，均可利用。随着生物技术的发展，将有更多、更专一性蛋白酶类、更先进酶技术被应用于蛋白质水解，从而得到更多高质量蛋白水解物，进而生产出肉味更逼真、强度更高的天然肉味香精。

3. 超临界 CO_2 萃取技术

利用处超临界状态下具有介于液体和气体间物化性质的 CO_2 等介质，对所需萃取物质组织有较佳渗透性，从中萃取某些易溶解所需成分，如萃取香料、香辛料、色素及其他有效成分。这种低温高效萃取方法使香料纯度高、香味保存佳、添加量小、对风味影响大。

4. 微胶囊技术

微胶囊包埋技术的特点是：

① 减少外界不良因素（如光、氧、水等）对芯材的影响，保持芯材稳定性；

② 减少芯材向环境扩散和蒸发，使香精中风味成分，特别是一些小分子酯类和萜类得到最大程度的保留或掩蔽，使香气保存完整、持久；

③ 能控制芯材香料释放，从而提高芯材使用效率；

④ 将芯材由液态转变为颗粒状粉末，便于加工和处理。如方便面粉包中使用微胶囊香精，可在较大程度上解决调味粉流动性、香气不持久问题，并可使加工过程更方便。微胶囊技术能使蛋白质、肽类、氨基酸、核苷酸、糖类等风味成分和香辛料的特殊风味得以完整融合和留存，风味特色突出。试验证明，将复合型调味料微胶囊制品添加到食品和菜肴中、尤其是在各类红烧、酱香型复合型调味料中，后味浓郁、香气逼真、令人满意。微胶囊技术现已逐渐在复合型调味料生产中得到应用。

五、营养成分与风味之间的关系

复合调味料的营养成分与风味之间有着密不可分的关系。许多营养成分与风味成分能合成、分解、再合成，成为新的风味营养物。如酯类物和芳香族化合物的生成，它们都是由一些营养物质转化而来的，形成一种产品的独特风味和香气，给人们以舒适和享受的口感。因复合调味料的品种不同，故而在调配过程中所选择的基础营养物和辅料并不相同，在调配的顺序上和温度的处理上也不同。复合调味料的呈味成分多，口感复杂，各种呈味成分的性能、特点及其之间的配合比例、调配方法、味感先后及加料次序，决定了复合调味料的效果，使其各具特色，口感复杂，味中有味，回味无穷。

第九节　香辛料的加工工艺及其风味特点

香辛料也可称作辛香料，食品行业常以香辛料称之，香料行业则以辛香料这一名称为主，它们所对应的英文单词都是 spice。一般把来自植物的根、茎、叶、花蕾、种子，具有芳香或刺激性气味，能赋予食物各种香、辛、麻辣、苦甜等典型气味，并能够增进食欲、帮助消化吸收的称为香辛料。美国香辛料协会则认为"凡是主要用来做食品调味用的植物，均可称为香辛料"。但如涉及细节部分，香辛料的范围常因国家的不同而不同。有的国家把不管是新鲜的还是干燥的这类物质都称为香辛料；有的由于历史、宗教或传统的原因，把不具有上述感官性质的某些物质也归入香辛料之列，因此很难给出一致的香辛料精确的定义。现通常所指的香辛料大都是香料植物的干燥物，它们可以是该植物的根、花蕾、枝、皮、叶、果等，它们能给食物带来特有的风味、色泽和刺激性味感。

一、香辛料的分类

世界各地有使用报道的香辛料超过百种。根据国际标准化组织（ISO）确认的香辛料品种有 70 多种，按不同国家、地区、气候、宗教、习惯等的不同又可细分。

按香辛料所属植物目进行分类属植物学范畴。这有利于各种香辛料的优良品种的选择、香辛料之间的取代和香辛料新品种的开发。如表 5-15 所示。

表 5-15　香辛料的植物学分类

双子叶植物(科)	植 物 名 称
唇形科	薄荷、甘牛至、罗勒、百里香、鼠尾草、迷迭香、牛至、香薄荷
茄科	红辣椒、菜椒
芝麻科	芝麻
菊科	龙蒿
胡椒料	黑胡椒、白胡椒
肉豆蔻科	肉豆蔻、肉豆蔻衣
樟科	月桂叶、肉桂
木兰科	八角茴香
十字花科	芥菜、辣根
豆科	葫芦巴
芸香科	花椒
桃金娘科	众香子、丁香
伞形科	欧芹、芹菜、枯茗、八角茴香、小茴香、葛缕子、芫荽

单子叶植物(科)	植 物 名 称
百合科	大蒜、洋葱、韭菜
鸢尾科	番红花
姜科	小豆蔻、姜、姜黄
兰科	香荚兰

按香辛料的用途分类。香辛料所含的呈味物质可以刺激味蕾或嗅球，使人产生香、辛、麻辣、苦、甜等滋味，为了使用方便，可按使用的效用来分类。如表5-16所示。

表 5-16　香辛料的使用效果分类

使用效果	名称	芳香特点	主要成分
辣味	辣椒	有芳香和强烈的辣味	辣椒素、辣椒碱
	生姜	芳香、辛辣味、爽快风味	姜辣素、生姜醇
	胡椒	强烈芳香和麻辣味	胡椒碱、黑辣素
	小豆蔻	樟脑香气、味辣微苦	桉树脑、萜品醇
	大蒜	带清香的强烈臭辣味	大蒜辣素
	葱头	刺激性臭、带辣味	巴豆醛
甘味	甘草	浓厚的甘甜味	甘草甜素
麻味	花椒	特殊香气和麻辣味	花椒素、香茅醇
苦味	陈皮	浓郁的香甜气味	柠檬烯、柠檬醛
	砂仁	味芳香浓醇清凉	樟脑、龙脑、芳樟醇
着色性	红辣椒	轻快香味、微甜	辣椒红素、胡萝卜素
	姜黄根		姜黄素、姜烯
香和味兼具	肉桂	特殊芳香、收敛性辛辣味、微带苦味、辣味、微带苦味	桂皮醛、桂酸甲酯、丁子香酚肉桂酸酯、丁子香酚
	八角茴香	辣味、微带甜味	茴香醚、茴香脑
	丁香	强烈芳香、味麻辣	丁香油酸、丁香素
	芫荽	特殊芳香	芳樟醇、香味醇

二、香辛料的用途

香辛料的主要用途有以下几种：调味作用、抗氧化作用、防腐抑菌作用。

1. 调味作用

很多香辛料都带有特定的味道，如月桂、八角茴香、百里香、芫荽等带有甜味；小豆蔻、杜松子、欧芹、砂仁、陈皮等带有苦味；辣椒、辣根、花椒、芥子等具有强烈的辣味；花椒、欧芹具有涩味；薄荷和留兰香具有清凉的薄荷味等等。香辛料具有很强的调味功能，能很好地突出或者强化菜肴的风味。如桂皮主要含有桂皮醛、桂酸甲酯、丁香酚等，对菜肴的调味和矫正异味有很大的帮助；小茴香是在鱼类烹调中常用的一种调味料，它具有调味和去腥膻味的作用。

香辛料作为调味料使用的历史已很长，香辛料在调味的同时还能给食品带来引起食欲的颜色与香味。目前香辛料与调味料在方便食品加香中应用广泛，这也是促进食用香精快速发展的原因之一。在食品工业中应用最多的是八角茴香、桂皮、芹菜籽、丁香、生姜、肉豆蔻、薄荷及百里香等天然香料。

在烹调过程中香辛料把自身的芳香物质与烹饪原料相结合，从而改善或者强化菜肴香气。有的烹饪原料本身香味不强；有的在烹调过程中损失或者破坏较大。这就需要根据烹饪原料本身的性质和用途选择适合的香辛料。香辛料还可以用来掩盖、减弱或者去除烹饪原料中本身的不良气味，同时也能赋予菜肴独特风味。

2. 抗氧化效果

天然香辛料广泛应用于食品中的另一原因是天然香料有抗氧化作用，可保持食品的稳定。香辛料中的化学成分能够在一定程度上抑制过氧化物酶（POD）的活性，从而起到抗氧化的作用。研究证实，具有抗氧化作用的基团可以是酚、醛等。如迷迭香、百里香、香薄荷等因有酚基团而具有抗氧化作用。香辛料中的迷迭香、鼠尾草、丁香、肉桂、八角茴香、小豆蔻等的抗氧化作用已经被大量的实验结果所证实。

3. 防腐、抑菌作用

香辛料中含有醇类、酚类、醛类、类黄酮类物质等，都能抑制微生物的繁殖，从而起到抑菌、杀菌作用。其中含有苯环的酚类抗菌性最强，如百里香中的百里香酚，丁香、众香子中的丁香酚。已有的研究表明，大蒜的抗菌成分主要是蒜辣素和蒜氨酸，对痢疾杆菌、伤寒杆菌等致病性肠道菌有较强的杀菌作用；生姜含有姜酮、姜酚等，对果蔬复合饮料中的大肠菌群、啤酒酵母、青霉等具明显的抑制作用等。香辛料的抑菌作用在冷菜制作过程中有广泛应用。在冷菜烹调过程中，常用葱、姜、蒜等香辛料进行调味，其中一个目的就是运用它们的杀菌作用，保证人们的饮食健康。但需要注意的是，香辛料的抑菌性能不及山梨酸等防腐剂；同时由于香辛料有较强的香辛味，所以其用量应以不损害食品香味为前提。可作防腐剂的香辛料有：芥籽、丁香、肉桂、小豆蔻、芫荽、众香子、牛至、迷迭香、百里香、姜、大蒜、洋葱、多香果、察香草、辣椒等等。一般来说，除肉桂、芥籽和丁香外，单独使用一种香辛料往往不能取得良好的防腐效果，多种香辛料并用能使食品保存期明显延长，如再与有机酸（盐）、磷酸（盐）、衣康酸和植酸这些辅助剂组合使用，效果更佳。

三、香辛料的应用形式

随着经济的发展，对香辛料质和量的要求不断提高，许多新的香辛料制品形式相继在市场涌现。香辛料的应用形式一般有以下几种。

1. 粉末香辛料

这是香辛料最为传统的使用方式，在我国使用量较大的品种有辣椒粉、花椒粉、胡椒粉、大蒜粉、生姜粉、沙姜粉、八角茴香粉等，以及由多种粉末香辛料复合而成的复合型香辛料如五香粉、咖喱粉等。这类粉末型香辛料加工过程简单，对设备要求不高，在市场上占据相当大的比重。但这种形式的香辛料存在着一些不可忽视的缺陷，如不卫生，常混有杂质，微生物污染；比表面积大，在贮存过程中挥发性香气成分易损失，赋香力不稳定；会给产品带来不漂亮的外观，断面产生"麻点"；此外不法商贩易掺假造假，目前仍缺乏统一的标准等。

2. 浓缩型粉末香辛料

传统直接型粉末香辛料虽然具有生产方法简单，使用方便等优点，但缺点是这类香辛料粉末直接加入食品中会影响成品的外观质量。随着科技的发展和人们对食品感官质量的要求越来越高，对香辛料的生产使用形式也提出了更高的要求，其中浓缩型粉末香辛料是新型香辛料产品的一个重要发展方向。这种类型的粉末香辛料具有风味浓郁、贮存和使用过程中风味稳定、贮存和使用方便、全部溶解而不影响食品外观等优点。这种方法特别适合于姜、蒜、葱、香菜等可溶性固形物含量高，精油含量相对较低，对热稳定的香辛料的加工。

3. 精油

香辛料的香气大部分来自精油，其具有挥发性。传统的提取精油的方式是采用水蒸气蒸馏法。得到的精油香气浓郁，质量有代表性，易溶于各种食用油和脂肪中；赋香力可任意调整控制。精油价格昂贵，有"液体黄金"之称，除了应用于食品工业之外，也是日用化工产品的重要原料。我国的八角茴香油和薄荷素油每年有大量出口，在国际上享有很高声誉，其中八角茴香油的产量占世界产量的80%。

4. 油树脂

采用适当的溶剂如己醇、石油醚、丙酮、二氯乙烷等从粉碎香辛料中将其香气和口味成分抽提出来，蒸馏回收溶剂后可得到油树脂产品，其中除精油成分外，还含有不挥发性的辛辣成分、色素、脂肪和其他溶解于溶剂中的物质。油树脂能代表香辛料中的有效成分，香气和口味较完整。

油树脂在国外应用于食品工业已有近五十年的历史，最初的产品只有少数几种，现已扩大到三十多个品种，而且除了溶剂萃取外，还采用 CO_2 进行超临界萃取，不仅无残留溶剂的问题，而且避免了高真空脱溶剂所导致的优美头香的损失。

5. 香辛料乳液

鉴于精油、油树脂本身溶解性差、分散不均、应用不便等缺点，采用可食性溶剂或吐温一类乳化剂进行稀释调制成乳液，既有利于称量，又便于添加量的控制。

6. 微胶囊化香辛料

为了防止精油香气的挥发损失和使油树脂更加稳定，把它们与环糊精、树胶、明胶等均匀混合、乳化，并经喷雾干燥制成微胶囊化制品。这种制品成本较高，常制成 10 倍浓缩产品。精油、油树脂、精油乳液及微胶囊化香辛料的应用对推动香辛料制品朝深加工、精加工、工业化发展起着重要作用。随着这些产品形式的商品化，将逐步取代原来的木本和草本香辛料形式。

四、香辛料的加工

1. 粉末香辛料的加工

天然调味香辛料的种类繁多，采集部位、产地各异，收获季节也不尽相同。目前已发现的百余种天然调味香辛料，其收获期的差异十分明显，有年种年收的，也有一年两收的，还有几年一收的。收获期的长短也不一样，有些香辛料的收获期仅有三四周，而有些香辛料则常年可以采收。世界上大多数国家目前仍用人工采收这一古老方法。

香辛料栽培和种植达到成熟时进行收获，在收获时一般根据其特点需要先进行分级处理。以桂皮为例，收获后的肉桂可根据其长度、外形等进行分类。一般将长度在 3.6m 以上且形状完整的桂皮分为一类，称为长桂；而长度不够标准或外形不完整的归为一类，称为碎桂（条桂）。

香辛料采收后，必须立即进行预处理或直接干燥。香辛料预处理方法大体上可以概括为以下几类。第一类，利用热处理杀灭微生物和钝化有害酶类的作用，来提高香辛料的保质期和持香稳定性。对易生霉长虫的香辛料，以及含多酚氧化酶、过氧化物活力高的香辛料或含其他破坏香辛料风味的酶类香辛料，热处理可杀灭微生物和虫卵，以及钝化对香辛料有害的酶类，来延长香辛料的贮藏期，保留和稳定香辛料的风味成分。很多香辛料在采摘后要进行热水浸渍，以使其体内的酶受热失活，从而使产品的质量可以在较长时间内保持稳定，称之为杀青。如八角茴香、胡椒等需进行杀青处理。第二类，采收后经适当的堆集进行发酵处理，来促进香辛料香气成分和营养素的释放。有些香辛料采收后需要利用自身的风味酶系作用于风味前体来促进风味物质的产生和释放，以提高这些香辛料中风味物质的含量。如通过发酵法处理过的胡椒可大大提高胡椒制品风味物质的浓度；有些香辛料中的风味前体需要经过高温才能转化，增加其调味效果，因此这些香辛料经食盐或油脂焙炒后，其香味比原来更浓郁和突出，表现出味相乘作用；在香辛料中，有些化合物和维生素的结构十分相似，经过适当发酵或酶作用后便会转化为维生素。第三类，采集后通过适当的酸碱或热处理可除去异味。有些天然调味料虽然有很高的食用和药用价值，但其气味却让人难以忍受，如大蒜具有杀菌、温胃肠等优点，但食用后却产生十分难闻的气味。经过适当的酸碱、热或溶剂处理后，可完全或大部分除去异臭味，使得这些香辛料的味道和食用价值得以完美地结合，也可大大提高这些香辛料的可接受性和普遍性。

干燥对香辛料的品质和贮藏均有着重要的影响。香辛料在采集时含水量往往高达80%以上，不便于运输和保存，往往需进行干燥处理。除采用自然晾干、日晒晾干等传统方法外，目前已采用高温烘烤（温度达1100℃，处理10～12s即可）、冻结干燥与真空干燥法（用于大蒜、洋葱等含有热敏物质的香辛料）进行脱水处理。如通过脱水干燥可以制备脱水洋葱粉与脱水大蒜粉。

香辛料的干燥没有一个固定的模式可循，有些香辛料要在较高的温度下或太阳直晒下才能干燥好，而有些则不能让太阳直晒，干燥温度不得超过32℃，这就需要对干燥方式有所选择。目前香辛料的干燥方式不外乎自然干燥和人工干燥两种。自然干燥分为晒干和风干，人工干燥一般采用热风干燥和冷风热泵干燥。目前大多数的香辛料是采用自然干燥的。冷风热泵干燥具有干燥温度低、干燥速度快的优点，对于大多数热敏性和风味不稳定的香辛料的干燥是一种理想的方法，干燥出的香辛料能保持良好的色泽和风味。

有相当数量的香辛料需粉碎成粉末状才可使用，经粉碎的香辛料粒径控制在20～60目（美国标准）之间较合适。当然香辛料的粒度大小要视需要而定，一般认为细小的颗粒有利于用作食品调味料，香料成分可以快速均匀地分散到食物中，并使香味的强度稳定。但粉碎香辛料也有其局限性，如其香味质量会在粉碎与贮藏过程中损失，在操作过程中会产生较多不愉快的尘埃等。香辛料本身的精油随着贮藏时间的推移，有不同程度的挥发，若香辛料被磨成粉末状，则损失更大些。

香辛料常作为食品添加剂直接应用到食品中，但由于香辛料是农作物产品，含有大量的微生物，为了使用安全，香辛料常需进行杀菌处理。常用的杀菌方法有用二氧化碳、环氧乙烷等化学气体作为灭菌剂的化学杀菌法或放射线杀菌法。美国食品和药物管理局（FDA）允许使用这两种方法来减少和控制香辛料的微生物含量及虫类的侵害。

环氧乙烷杀菌效果好，但该气体对操作人员有毒害作用，而且原料会因受热潮湿引起质量下降。粉碎的香辛料中环氧乙烷的残留量不允许超过50mg/kg。也可以采用1,2-环氧丙烯等化学气体作为灭菌剂，但杀菌效果不如环氧乙烷。

采用化学灭菌法时，所选用的化学灭菌剂应符合以下要求：

① 在室温时能形成气体或气泡，即其沸点应低于室温；

② 穿透力强，能达到并穿透细菌表皮，同时容易从香辛料上除去；

③ 灭菌能力强，在较低浓度下具有灭菌能力；

④ 所选用的灭菌剂要求毒性低、无腐蚀性及爆炸性；

⑤ 价格低廉。

目前，美国、比利时、荷兰等国推行使用放射线处理灭菌法。根据 Sharma 等的报道，用 10kGy 的 γ 射线照射原料，能使初始带菌数为 10^7 的胡椒、肉豆蔻、月桂、小豆蔻、丁香中的微生物全部杀死。目前来看，用放射线照射认为是香辛料最有效的杀菌手段，预计今后国际贸易中，香辛料必将采用放射照射法杀菌。

香辛料的包装十分简单，一般采用麻袋和纸箱，也有采用铁罐、瓶或塑料等包装的。包装形式对香辛料的保质期和品质有极为重要的影响，特别是大多数香辛料的主要风味成分为挥发性精油，挥发性精油的保留程度是衡量香辛料的主要质量指标。在贮藏期间如果包装的密封性差，随着贮存时间的延长，挥发性精油损失增多，其调味效果就变小，因此，应该重视香辛料包装的密封性。

天然香辛料的性质大不相同，有些调味香辛料即使贮藏三五年也不会变质，而有些调味香辛料则十分娇贵，只要湿度稍大一些，就会引起霉变，温度稍高一些就会生虫。调味香辛料的贮存，目前没有十分可行的先进技术和办法，仍停留在分门别类干燥堆放的水平上。

（1）粉末香辛料的一般生产工艺

（2）操作要点

① 原料预处理　原料的选择决定产品质量，尤其是香辛料，产地不同，产品香气成分含量有异，因此，进货产地要稳定。要选用新鲜、干燥、有良好固有香气和无霉变的原料。

② 去杂　香辛料在干燥、贮藏、运输过程中，有许多杂质，如灰尘、草屑、土块等，所以要筛选去杂。

③ 洗涤　经过筛选、去杂仍达不到要求，就需要洗涤，洗涤后经过低温干燥，再行使用。

④ 配料　根据产品用途进行科学的比例配方，选料配比、混合。如果是单体含芳香油脂较高的香辛料，需配合一定量的淀粉，以防止香辛料在粉碎过程中挤压出油造成在粉碎机中黏结和堵塞漏筛网眼。

⑤ 粉碎　将配好的料先经粗磨，再经细磨，过筛，细度达到 50～80 目。

⑥ 搅拌　粉碎后的香辛料按比例混合搅拌均匀。

⑦ 计量包装　按照包装规格要求，一般可分为 1000g、500g、250g、10g、5g 等规格进行计量包装。包装材料为聚乙烯复合塑料。

⑧ 产品质量管理　根据各种香辛料的主要成分进行定性定量检测。

2. 浓缩型粉末香辛料的一般生产工艺

（1）生产工艺

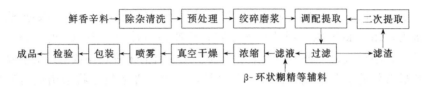

（2）操作要点

① 原料清洗　鲜香辛料经挑选、除去杂质后清洗，既可人工清洗，也可采用万能洗菜机进行自动清洗。

② 预处理　根据不同香辛料的特点进行热灭酶，或利用酶的作用，有的需要进行脱臭处理如大蒜等。

③ 绞碎、磨浆　根据不同香辛料的特点将香辛料搅碎、磨浆，磨浆颗粒度对提取效率有较大的影响，一般控制在 30～80 目之间。颗粒度太大，会影响有效成分的抽提溶出；颗粒度太小，虽有利于有效成分的溶出，但会造成后续工序过滤困难。

④ 调配、提取　如果是单一香辛料提取，一般只要调整加水量，如果是复合香辛料提取，需要按精确比例调整，然后再加水调配。

⑤ 过滤、调配　一般采用转鼓式离心机过滤的方法，滤渣可进行二次提取，第二次提取液可作为第一次提取液的溶剂，这样可提高有效物质的利用率和提取液的固形物含量。在提取液中加入固形物 10％～20％ 的 β-环状糊精混合溶解，利用环状糊精的洞穴包接功能，使易挥发的风味物质和环状糊精生成稳定的包接物，防止挥发性的风味物质在浓缩和喷雾干燥过程中损失，以及提高提取物在贮存过程中的稳定性。

⑥ 真空浓缩、喷雾干燥　将整合好的提取物真空浓缩至固形物含量 35％～50％，具体浓度视提取物性质而定，一般采用单效降膜真空浓缩。真空浓缩后进行喷雾干燥至水分 5.0％ 以下，按照规格要求包装、检验；如果产品要求不高，也可采用真空干燥、粉碎后再包装的工艺路线。

3. 香辛料精油的加工工艺

香辛料精油的基本加工方法有水汽蒸馏法、萃取法（浸提法）、压榨法、吸附法等，随着加工技术的发展，超临界萃取与分子蒸馏技术也已在天然香料加工中得到应用。其中最重要的加工方法是水汽蒸馏法。

（1）水汽蒸馏法　香辛料的香气大部分来自精油。各种食用香辛料中精油成分的沸点为 150～300℃，由于精油具有挥发性，将原料粉碎后装在蒸馏装置中与水蒸气接触时，从细胞和组织中渗出的精油和水分形成多相、多组分系的混合物。互不相溶混合物的蒸气总压等于各个组分蒸气压的总和。因此，在低于 100℃ 的温度下，精油就能与水蒸气一起被蒸馏出来。最先出现的香辛料提取物就是通过蒸馏法提取出挥发性精油，如薄荷、留兰香、芫姜、丁香花蕾、中国肉桂、八角茴香、小茴香、漭萝、迷迭香、胡椒、花椒、百里香等。通常采用的蒸馏方法有水中蒸馏法、水上蒸馏法、水蒸气蒸馏法及水蒸气扩散法等。

① 水中蒸馏法　将原料直接放入装有水的蒸锅中，随着热水向组织内部的渗入，精油被蒸出。这种方法所需设备少，加工方便，但加热不能保持恒定，原料易因含水量大而结团，沉积于蒸锅底部，因加热过度产生焦煳味，蒸馏速度慢，原料长时间在水中加热，会使成分带来不希望的变化。

② 水上蒸馏法　也叫隔水蒸馏，即在水面上置一层有孔隔板，既能使原料不与水直接接触，又能使加热产生的水蒸气通过原料。设备较简便，但蒸馏速度不太高。

③ 水蒸气蒸馏法　将水与原料分开，另设水蒸气发生装置。蒸馏速度较快，蒸馏时间短，香气成分在蒸馏过程中变化少，提高了精油的产率和质量。

④ 水蒸气扩散法　近年来国外对水汽蒸馏技术进行了变革，开发出水蒸气扩散法提取精油。在水蒸气扩散技术中，水蒸气流向与传统的水蒸气蒸馏法流向相反，水蒸气自设备顶部进入，向下流经物料后进入设备底部的冷凝器。其特点是缩短了蒸馏时间，节约了能源，而且不会使香气成分因水解而受损失，无加热臭。水蒸气扩散法特别适合于分离开的油细胞。精油从细胞释放缓慢的樟科、芸香科、桃金娘科、半日花科植物的叶油（如月桂油和叶油、苦橙叶油）以及白芷、芫荽、柠檬草等，而对于具有表浅腺状油毛的唇形科并无明显意义。

(2) 浸提法　香料植物的含香部分是由许许多多细胞组成的，精油存在于细胞内或细胞间质的油囊中。细胞壁多由不溶于水和乙醇的纤维素和木质素所构成，细胞内充满着半流动的液体，叫做原生质。植物体内的新陈代谢由原生质所控制，新陈代谢多产生的一切物质，包括挥发精油，都存在于原生质中，而原生质含有90%以上的水分。可以认为精油就存在于细胞内的水中，即水溶性的原生质中。用浸提法从香料植物中提取香成分可以认为是液-固提取过程。首先浸提溶剂渗透进入细胞壁对原生质中的精油进行选择性的溶解，在溶解的同时还有溶质的分配问题，溶有精油成分的溶剂再扩散出细胞外。由于植物原料的结构非常复杂，提取的物质是多组分混合物，因此统一的浸提理论难以确定。一般是渗透、溶解、分配以及扩散等因素同时作用的结果。

① 渗透　当溶剂与植物原料接触时，首先是破碎的植物组织表面被溶剂所湿润，然后通过细胞间隙的毛细管渗透到碎片的内部，再通过细胞壁进入细胞内。

② 溶解　溶剂渗入细胞之后，可溶解的香成分便按溶解度大小溶解到溶剂中去。在溶剂中的溶解度大，有利于被萃取到溶剂中。

③ 分配　在细胞原生质中，溶剂与细胞液是分层的，精油成分在溶剂和细胞液两相中都能溶解，若在两相中溶质浓度不平衡，则在相互接触时，将在相与

相之间进行分配，即香成分从细胞液的液相转入溶剂相中。在这一过程中必须考虑的是香成分在两相内的分配系数。

(3) 压榨法 压榨法多用于柑橘类精油的提取。在橘皮的外界皮层中，含有精油细胞。当精油蓄积过多时会将细胞压迫成油囊。油囊直径较大，可达 0.4～0.6mm。油囊周围组织是由退化的油细胞堆积而成的。当人们将橘子皮用手挤压时，会发现精油喷射而出。压榨法就是利用油囊位于橘皮外表面，且油囊易破碎的特点，将油囊压破或刺破使精油从橘皮中分离出来。无论手工操作的锉榨法、海绵法或 Avena 的整果磨皮法，都是运用了这一原理。

压榨法可分为手工操作和机械压榨法两大类。机械法又可分为整果提油法和散皮提油法两类。

根据柑橘油生产过程，其操作可以分为以下几个步骤：

① 整果筛选后（或者将散皮）先进行清洗，做好原料准备。

② 根据不同方法进行压榨、锉榨或磨刺加工。

③ 用循环水收集油液，然后进行油水分离、冷藏静置沉淀，然后经高速离心分离得到粗油。

④ 离心得到的粗制油，经过适当冷冻，再经离心分离、滤纸过滤得到质量较好的柑橘油，此类油经过适当混合调配，经检验符合标准后，正式成为精制柑橘油。

(4) 吸附法 吸附通常是指气相中的某些成分被吸附剂吸取的现象，这种吸附剂多半是一种表面积较大的稀疏的固相。花茶的生产过程就是茶叶吸附茉莉花释放出的香气物质的过程。

在天然香料加工中最早应用吸附法是在 18 世纪开始使用的冷吸法，是用精制过的油脂吸取鲜花中的芳香成分，然后将吸有芳香成分的香脂用酒精将其脱出的方法，因为需在温度较低的环境中进行，所以叫冷吸法。

另一种形式的吸着叫吸收，是一种被吸物质向吸着剂（往往是液体）的内部扩散生成溶液的吸收现象。如将氨通过水中使之成为氨水，就是一种吸收过程。这种吸收过程在天然香料加工中也常常使用，如在头香捕集中将带有香气的气体通入己烷溶剂中，以便吸收其中的芳香成分。

五、香辛料的风味特征

香辛料按风味分类是最有实际应用价值的分类方法。但是，有些香辛料有多种风味特性，很难把它们归属于某种风味，表 5-17 是香辛料风味特征的粗略分类。

可利用香辛料植物学的分类对配方进行微调来形成自己的风格并使风味多样。一般而言，属于同一科目的香辛料在风味上有类似性，如有时八角茴香和小茴香可以互换使用。

表 5-17　香辛料的风味特征

风味特征	香辛料
辛辣和热辣	辣椒、姜、辣根、芥菜、黑胡椒、白胡椒等
辛甜风味	玉桂、丁香、肉桂等
甘草样风味	甜罗勒、小茴香、八角茴香、龙蒿、细叶芹等
清凉风味	罗勒、牛至、薄荷、留兰香等
葱蒜类风味	洋葱、细香葱、冬葱、大蒜等
酸涩样风味	续随子等
坚果样风味	芝麻子、罂粟子等
苦味	芹菜子、葫芦巴、酒花、肉豆蔻衣、甘牛至、肉豆蔻、牛至、迷迭香、姜黄、番红花、香薄荷等
芳香样风味	众香子、鼠尾草、莳萝、芫荽、百里香等

第十节　新工艺新技术在生产中的应用

一、食品包装新技术

消费者对食品的第一印象即来自包装，食品市场的竞争在很大程度上将取决于包装是否对消费者有吸引力。近年来，国内外食品企业在食品包装方面不断创新，运用新材料、新工艺的新型食品包装不断问世。每种新的食品生产工艺都要有与之适应的包装材料与包装技术，如冻干食品、微波食品、有机食品、超高温瞬时灭菌食品等等。另外，绿色包装理念已经形成一股潮流，使用对生态环境无污染、对人体健康无毒害、能回收或再生利用、可促进持续发展的包装，既体现企业承担社会责任，也是吸引消费者的重要手段。

1. 无菌包装技术

无菌包装是指产品、包装容器以及包装辅助器材经灭菌后，在无菌的环境中进行充填和封装的一种包装方法。无菌包装除了能在常温下长时间保持新鲜而不变质外，还具有能耗低、耗用包装材料少、重量轻、便于长途运输以及废弃包装可回收再循环利用等优点，如利乐包、利乐枕等。

2. 气调包装技术

气调包装是通过使用具有气体阻隔性能的包装材料，再将一定比例的混合气体充入包装内，防止食品在物理、化学、生物等方面发生质量下降或延缓质量下降的速度，从而使食品能有一个相对较长的保质期。

不同比例和种类的气体混合物、包材的气体阻隔性能、食品所含水分等自身特性，以及食品在贮存、运输过程中的温度、环境等因素共同作用决定了食品保质期的长短，因此使用食品气调包装技术时需考虑的因素非常多。水分含量越低的食品微生物越难以繁殖生长，一般可采用真空充氮法，将氧气含量降低，从而抑制食品的氧化作用，同时配合干燥剂使用，采用对氧气和水蒸气阻隔性好的包装材料。含水量高的食品比较适合微生物的生长繁殖。气调包装时一般采用二氧化碳、氧气和氮气的混合气体，其中二氧化碳的浓度大于 20％，氧气的浓度为45％～80％。包装材料采用气体高阻隔膜，最好配合冷冻贮藏方式以抑制微生物的生长。

二、超高温瞬时灭菌技术

超高温瞬时灭菌是将产品在封闭系统中加热到 120℃以上，并保持几秒后迅速冷却到室温的一种杀菌方法。将超高温瞬时杀菌技术与无菌包装结合，可有效控制食品中微生物总量，极大延长食品保质期，由于杀菌时间短，可最大限度保持食品的风味及营养。

超高温瞬时灭菌按照物料与加热介质直接接触与否分为间接式加热法和直接混合式加热法两类，直接混合式加热法是采用高纯净的蒸汽直接与待杀菌物料混合接触，进行热交换，使物料瞬间被加热到目标温度。由于不可避免地有部分蒸汽冷凝进入物料，同时又有部分水分因受热闪蒸而逸出，因此在物料水分闪蒸过程中，易挥发风味物质将随之部分去除，故该方式不适用于风味物质易挥发产品，常用于需脱去不良风味物料的杀菌。间接加热的超高温杀菌瞬时杀菌是以高温蒸汽或高压水为加热介质，热量经固体换热壁传给加热杀菌物料。由于加热介质不直接与食品接触，所以较好地保持食品物料的原有风味。直接混合式加热过程与间接式加热过程相比，前者具有加热速率快，热处理时间短，食品颜色、风味及营养成分损失少的优点，但同时也因为控制系统复杂和加热蒸汽需要净化而带来产品成本的提高。后者相对成本较低，生产易于控制，但传热速率相对前者较低。

三、膜分离技术

膜分离就是采用天然或人工合成的高分子半透薄膜，以外界能量或化学位差为推动力，对双组分或多组分溶质和溶剂进行分离、分级、提纯和富集操作，从而将液料澄清或浓缩，半透膜的特性是这种膜只允许某种成分通过，而不允许另一些成分通过，可在酱油、醋、果汁、酒类等行业用于澄清。其特点是能耗低，一般不需要加热，特别适用于热敏性物质，适用范围广，装置简单，操作容易，易于控制。不足是膜的成本较高，容易结垢以至渗透率大大下降，必须常清洗。

四、超临界萃取技术

超临界萃取是利用流体（溶剂）在临界点附近某一区域（超临界区）内，它与待分离混合物中的溶质具有异常相平衡行为和传递性能，且它对溶质溶解能力随压力和温度改变而在相当宽的范围内变动这一特性而达到溶质分离的方法。

其主要特点是超临界流体溶剂具有良好的溶剂特性，扩散系数高，萃取及相分离速度快，黏度低，萃取过程传质速率快，萃取终了溶剂的脱除和回收也很方便，脱溶彻底；超临界流体萃取可在低温下操作，对热敏性物料的分离特别有利，可显著节省能量消耗，整个过程无毒、无害、无残留、无污染，分离效率高，因而特别适用于热敏性天然营养素的提取、分离和精制，如香辛料中主要呈味物质挥发油的提取等。

第六章
食品调味料的法规与标准

第一节 法规和标准的概述

食品法律法规体系包括法律、行政法规、部门规章、地方法规，标准作为技术规范文件，是法律法规体系的补充。由于法律法规涵盖的内容宽泛繁杂，而且多个部门有权制定食品相关的法规标准，因此，为了让读者有清晰的脉络关系，特对法规标准的构级关系进行了梳理，便于读者理解法规之间的关系以及法律效力级别。

食品法律法规的适用规则：上位法优于下位法（法的位阶——指法的效力等级）；同位阶的食品法律法规具有等同法律效力；特别规定优于一般规定；新的规定优于旧的规定。

一、法律

根据《中华人民共和国宪法》（以下简称《宪法》）第六十二条规定，全国人民代表大会有权"修改宪法"、"制定和修改刑事、民事、国家机构的和其他的基本法律"，第六十七条规定，全国人民代表大会常务委员会"制定和修改除应由全国人民代表大会制定的法律以外的其他法律"并"解释法律"。

《宪法》第六十二条规定，全国人民代表大会有权"改变或者撤销全国人民代表大会常务委员会不适当的决定"；第六十七条规定，全国人民代表大会常务委员会有权"撤销国务院制定的同宪法、法律相抵触的行政法规、决定和命令"，有权"撤销省、自治区、直辖市国家权力机关制定的同宪法、法律和行政法规相抵触的地方性法规和决议"。

《宪法》具有最高的法律效力，一切法律、行政法规、地方性法规、自治条例和单行条例、规章都不得同宪法相抵触。法律的效力高于行政法规、部门规章、地方性法规。

现行有效的适用食品调味料行业的基本法律有《中华人民共和国食品安全法》、《中华人民共和国产品质量法》、《中华人民共和国农产品质量安全法》、《中华人民共和国安全生产法》、《中华人民共和国动物防疫法》、《中华人民共和国计量法》等。

二、行政法规

《宪法》第八十九条第一款明确规定，国务院作为最高国家行政机关，有权"根据宪法和法律，规定行政措施，制定行政法规，发布决定和命令"，由总理签署国务院令公布。如：国务院令第557号《中华人民共和国食品安全法实施条例》。

《宪法》第八十九条规定，国务院有权"改变或者撤销各部、各委员会发布的不适当的命令、指示和规章"，有权"改变或者撤销地方各级国家行政机关的不适当的决定和命令"。

行政法规的效力高于部门规章、地方性法规。

三、部门规章

《宪法》第九十条第二款规定，"各部、各委员会根据法律和国务院的行政法规、决定、命令，在本部门的权限内，发布命令、指示和规章"。

根据《中华人民共和国食品安全法》，农业部门负责对初级农产品生产环节实施监督管理；质检部门负责对食品生产加工环节实施监督管理；工商行政管理部门负责对食品流通环节实施监督管理；食品药品监督管理部门负责对餐饮服务活动实施监督管理；国务院卫生行政部门承担食品安全综合协调职责，负责食品安全风险评估、食品安全标准制定、食品安全信息公布、食品检验机构的资质认定条件和检验规范的制定，组织查处食品安全重大事故。

部门规章之间、部门规章与地方政府规章之间具有同等效力，在各自的权限范围内施行。

四、地方法规

《宪法》第九十九条规定，"地方各级人民代表大会在本行政区域内，保证宪法、法律、行政法规的遵守和执行；依照法律规定的权限，通过和发布决议"；"有权改变或者撤销本级人民代表大会常务委员会不适当的决定"。

《宪法》第一百条规定，"省、直辖市的人民代表大会和它们的常务委员会，在不同宪法、法律、行政法规相抵触的前提下，可以制定地方性法规，报全国人民代表大会常务委员会备案"。

地方性法规的效力高于本级和下级地方政府规章。省、自治区的人民政府制定的规章的效力高于本行政区域内较大的市级人民政府制定的规章。

五、标准

GB/T 20000.1—2002《标准化工作指南 第1部分：标准化和相关活动的通用词汇》中对标准的定义是：为了在一定范围内获得最佳秩序，经协商一致制定并由公认机构批准，共同使用的和重复使用的一种规范性文件。

《中华人民共和国标准化法》第五条规定，"国务院标准化行政主管部门统一管理全国标准化工作"。根据标准的适用范围，可将标准分为国家标准、行业标准、地方标准、企业标准，行业标准在相应的国家标准实施后自行废止，地方标准在相应的国家标准或行业标准实施后自行废止。

《中华人民共和国标准化法》第七条规定，"国家标准、行业标准分为强制性标准和推荐性标准。保障人体健康，人身、财产安全的标准和法律、行政法规规定强制执行的标准是强制性标准，其他标准是推荐性标准。省、自治区、直辖市标准化行政主管部门制定的工业产品的安全、卫生要求的地方标准，在本行政区域内是强制性标准"。

《中华人民共和国食品安全法》第十九条规定，"食品安全标准是强制执行的标准。除食品安全标准外，不得制定其他的食品强制性标准"。第二十二条规定，"国务院卫生行政部门应当对现行的食用农产品质量安全标准、食品卫生标准、食品质量标准和有关食品的行业标准中强制执行的标准予以整合，统一公布为食品安全国家标准。本法规定的食品安全国家标准公布前，食品生产经营者应当按照现行食用农产品质量安全标准、食品卫生标准、食品质量标准和有关食品的行业标准生产经营食品"。

食品安全标准以外的标准如果被法律法规、强制性标准引用或者在产品标签中声称执行该标准，则该标准的要求也是强制性的。

《食品安全国家标准管理办法》和《食品安全地方标准管理办法》对食品安全标准的管理进行了明确的规定。

第二节 调味料生产企业各环节涉及的法规与标准

"民以食为天，食以味为先"道出了食品与调味料之间的密切关系，作为食品的一个分支，调味料首先必须遵守食品相关的法律法规和标准，其次，针对调味料的特殊性，还有很多具体的法规和标准。本书针对调味料生产企业在生产经营过程中从原料到成品流通各环节涉及的法规和标准进行了分类整理，分为基础法律法规、主要调味料的分类及产品标准、生产相关法规标准、原料管理、食品添加剂管理、食品容器包装材料工具管理、计量管理、包装标识、流通管理、进出口产品法规十个部分，需要声明以下几点：

① 本书收集了与调味料关系最密切的相关法规标准，可能有遗漏。

② 对于管理通知以及针对规章的咨询复函等不予收录，在第四节标准法规检索与查询中介绍了检索与咨询的方法，供读者参考。

③ 在文件的排序上，尽可能将相关性较强、法律效力较高、涵盖面广的文件放在前面，同级的文件则以文件编号及时间顺序排列。

④ 文件的编号略有不同，尽量忠实于原文件。

⑤ 由于国家相关部门一直在出台新的法规和标准，老的标准和法规有可能会被替代，本书中的法规标准时效性限于 2012 年 8 月 1 日以前。

⑥ 因检验标准不在本书讨论范围内，故没有收录。

⑦ 由于地方法规较多，且具有地域性，因此在本书中没有收录。

⑧ 由于篇幅有限，不能对标准和法规进行详细解读，具体的规定请查询原文。

一、基础法律

1. 食品安全法

《中华人民共和国食品安全法》（以下简称《食品安全法》）是食品行业的第一大法，2009 年 2 月 28 日第十一届全国人民代表大会常务委员会第七次会议通过，自 2009 年 6 月 1 日起施行。其中规定了总则、食品安全风险监测和评估、食品安全标准、食品生产经营、食品检验、食品进出口、食品安全事故处置、监督管理、法律责任以及附则十个方面的内容，涵盖食品行业生产和管理的各个领域。

《中华人民共和国食品安全法实施条例》，2009 年 7 月 8 日国务院第 73 次常务会议通过，自 2009 年 7 月 20 日起施行，针对《食品安全法》十个方面的内容进行了细化的规定。

2. 产品质量法

《中华人民共和国产品质量法》，2000 年 7 月 8 日第九届全国人民代表大会常务委员会第十六次会议通过了新修改的修订，自 2000 年 9 月 1 日起施行。其中规定了总则、产品质量的监督、生产者、销售者的产品质量责任和义务、损害赔偿、罚则以及附则六个方面的内容。

3. 农产品质量安全法

《中华人民共和国农产品质量安全法》，2006 年 4 月 29 日第十届全国人大常委会第二十一次会议表决通过并于 2006 年 11 月 1 日起实施。其中规定了总则、农产品质量安全标准、农产品产地、农产品生产、农产品包装和标识、监督检查、法律责任以及附则八个方面的内容。

4. 安全生产法

《中华人民共和国安全生产法》，2002 年 6 月 29 日第九届全国人民代表大会常务委员会第二十八次会议通过，自 2002 年 11 月 1 日起施行。其中规定了总则、生产经营单位的安全生产保障、从业人员的权利和义务、安全生产的监督管理、生产安全事故的应急救援与调查处理、法律责任以及附则七个方面的内容。

二、主要调味料的分类及产品标准

1. 调味料的定义及分类标准

随着餐饮业的飞速发展和家庭消费者对于调味料方便化、营养化、口味多样化等多种需求，调味料的发展日新月异，品种繁多。根据《调味料分类》标准，将调味料分为食用盐、食糖、酱油、食醋、味精、芝麻油、酱类、豆豉、腐乳、鱼露、蚝油、虾油、橄榄油、调味料酒、香辛料和香辛料调味料、复合调味料、火锅调味料十七大类，各大类产品中又有部分产品有细分的标准，详见表 6-1。

表 6-1　调味料的定义及分类标准

文件编号	文件名称	实施日期
GB/T 15091—1994	食品工业基本术语	1994.12.01
GB/T 20903—2007	调味料分类	2007.09.01
GB/T 21725—2008	天然香辛料　分类	2008.10.01
GB/T 12729.1—2008	香辛料和调味料　名称	2008.11.01
SB/T 10171—1993	腐乳分类	1993.12.01
SB/T 10172—1993	酱的分类	1993.12.01
SB/T 10173—1993	酱油分类	1993.12.01
SB/T 10174—1993	食醋的分类	1993.12.01
SB/T 10295—1999	调味料名词术语　综合	1987.07.01
SB/T 10298—1999	调味料名词术语　酱油	1987.07.01
SB/T 10299—1999	调味料名词术语　酱类	1988.07.01
SB/T 10300—1999	调味料名词术语　食醋	1988.07.01
SB/T 10302—1999	调味料名词术语　腐乳	1999.04.15

2. 主要调味料的产品标准及安全标准

根据调味料的分类，列出了相关的产品标准及安全标准（卫生标准），见表 6-2。安全标准（卫生标准）是强制执行的，卫生标准以后将逐步被安全标准替代，以后在产品的国家标准或行业标准制定时不再制定安全指标。产品标准一般情况下为推荐性标准，若在前言中说明有强制性条款则仅该条款为强制性的。

表 6-2　主要调味料的产品标准及安全标准

文件编号	文 件 名 称	实施日期
GB 2712—2003	发酵性豆制品卫生标准	2004.05.01
GB 2716—2005	食用植物油卫生标准	2005.10.01
GB 2717—2003	酱油卫生标准	2004.05.01
GB 2718—2003	酱卫生标准	2004.05.01
GB 2719—2003	食醋卫生标准(含1号修改单)	2004.05.01
GB 2720—2003	味精卫生标准	2004.05.01
GB 10133—2005	水产调味料卫生标准	2005.10.01
GB 10144—2005	动物性水产干制品卫生标准	2005.10.01
GB 13104—2005	食糖卫生标准	2005.10.01
GB 14891.4—1997	辐照香辛料类卫生标准	1998.01.01
GB 317—2006	白砂糖	2006.10.01
GB 1445—2000	绵白糖	2001.10.01
GB/T 7652—2006	八角茴香	2007.01.01
GB/T 7900—2008	白胡椒	2008.10.01
GB/T 7901—2008	黑胡椒	2008.10.01
GB 8233—2008	芝麻油	2009.01.01
GB/T 8967—2007	谷氨酸钠(味精)	2007.12.01
GB 10465—1989	辣椒干	1989.10.01
GB 18186—2000	酿造酱油(含1和2号修改单)	2001.09.01
GB 18187—2000	酿造食醋(含1号修改单)	2001.09.01
GB/T 20293—2006	油辣椒	2006.12.01
GB/T 21999—2008	蚝油	2010.05.01
GB/T 22266—2008	咖喱粉	2009.03.01
GB/T 22479—2008	花椒籽油	2009.01.20
GB 23347—2009	橄榄油、油橄榄果渣油	2009.10.01
GB/T 23530—2009	酵母抽提物	2009.11.01
GB/T 24399—2009	黄豆酱	2010.03.01
NY/T 455—2001	胡椒	2001.11.01
NY/T 1070—2006	辣椒酱	2006.10.01
NY/T 1071—2006	洋葱	2006.10.01
NY/T 1073—2006	脱水姜片和姜粉	2006.10.01
NY/T 900—2007	绿色食品　发酵调味料	2008.03.01
NY/T 901—2011	绿色食品　香辛料及其制品	2011.12.01
NY/T 1053—2006	绿色食品　味精	2006.04.01

续表

文件编号	文件名称	实施日期
NY/T 1710—2009	绿色食品　水产调味料	2009.05.01
NY/T 1886—2010	绿色食品　复合调味料	2010.09.01
NY/T 2111—2011	绿色食品　调味油	2011.12.01
SB/T 10026—1992	洋葱	1992.12.01
SB/T 10040—1992	花椒	1992.12.01
SB/T 10170—2007	腐乳	2007.11.01
SB/T 10260—96	芝麻酱	1996.10.01
SB/T 10296—2009	甜面酱	2009.12.01
SB/T 10303—1999	老陈醋质量标准	1987.12.01
SB/T 10304—1999	麸醋质量标准	1987.12.01
SB/T 10309—1999	黄豆酱	1988.07.01
SB/T 10324—1999	鱼露	1999.04.15
SB 10336—2000	配制酱油(含1号修改单)	2000.12.20
SB 10337—2000	配制食醋	2000.12.20
SB 10338—2000	酸水解植物蛋白调味液	2000.12.20
SB/T 10348—2002	大蒜	2003.01.01
SB/T 10371—2003	鸡精调味料	2004.07.01
SB/T 10415—2007	鸡粉调味料	2007.07.01
SB/T 10416—2007	调味料酒	2007.07.01
SB/T 10431—2007	榨菜酱油	2007.12.01
SB/T 10458—2008	鸡汁调味料	2008.12.01
SB/T 10459—2008	番茄调味酱	2008.12.01
SB/T 10484—2008	菇精调味料	2009.03.01
SB/T 10485—2008	海鲜粉调味料	2009.03.01
SB/T 10513—2008	牛肉粉调味料	2009.08.01
SB/T 10525—2009	虾酱	2009.12.01
SB/T 10612—2011	黄豆复合调味酱	2011.11.01
SC/T 3602—2002	虾酱	2003.03.01
DB35/T 900—2009	海鲜水解调味料	2009.04.01
DB50/T 311—2009	水煮鱼调味料	2009.04.01
DB50/T 327—2009	麻辣调味料	2009.06.20
DB51/T 493—2005	花椒油	2005.07.01
DB52/524—2007	豆豉	2007.09.30
DB52/525—2007	腐乳	2007.09.30
DB31/2002—2012	食品安全地方标准　复合调味料	2013.05.01

三、生产相关法规标准

1. 生产许可管理

根据《中华人民共和国工业产品生产许可证管理条例》，国家对生产直接关系人体健康的加工食品的企业实行生产许可证制度，调味料也在其中。由于产品的成熟度和市场影响力的不同，列入食品生产许可证管理的调味料产品先后不同，除酱油、食醋、味精、糖、鸡精调味料、酱类实行专门的审查细则外，其他调味料均执行《调味料产品生产许可证审查细则（2006版）》，按其形态可分成固态调味料、半固态（酱）调味料、液体调味料和食用调味油。相关的法规文件见表6-3。

表 6-3 生产许可管理相关法规

文件编号	文件名称	实施日期
国务院第440号令	中华人民共和国工业产品生产许可证管理条例	2005.09.01
国务院[2007]年第503号令	国务院关于加强食品等产品安全监督管理的特别规定	2007.07.26
质检总局第130号令	国家质量监督检验检疫总局关于修改《中华人民共和国工业产品生产许可证管理条例实施办法》的决定	2010.10.01
质检总局[2010]年第129号令	食品生产许可管理办法	2010.06.01
质检总局[2010]年第88号公告	食品生产许可审查通则	2010.08.23
质检总局[2005]年第79号令	食品生产加工企业质量安全监督管理实施细则	2005.09.01
国质检监[2005]15号	关于印发小麦粉等15类食品生产许可证审查细则（修订）的通知 附件4：酱油生产许可证审查细则（修订） 附件5：食醋生产许可证审查细则（修订） 附件9：调味料（糖、味精）生产许可证审查细则（修订）	2005.01.17
国质检监[2006]05号	关于印发《获得食品生产许可证企业年度报告及审查工作管理规定》的通知	2006.01.13
国质检食监[2006]365号	关于印发糕点等7类食品生产许可证审查细则的通知 附件7：鸡精调味料生产许可证审查细则 附件8：酱类生产许可证审查细则	2006.08.25
国质检食监[2006]646号	关于印发食用植物油等26个食品生产许可证审查细则的通知 附件5：调味料产品生产许可证审查细则（2006版）	2006.12.27
卫监督发[2011]25号	卫生部关于印发《食品相关产品新品种行政许可管理规定》的通知	2011.03.24

2. 食品安全管理体系

见表6-4。

表 6-4　食品安全管理体系要求国家标准

文件编号	文 件 名 称	实施日期
GB/T 22000—2006	食品安全管理体系——适用于食品链中各类组织的要求	2006.07.01
GB/T 22004—2007	食品安全管理体系 GB/T 22000—2006 的应用指南	2008.06.01
GB/T 27341—2009	危害分析与关键控制点体系食品生产企业通用要求	2009.06.01
SN/T 1252—2003	危害分析及关键控制点(HACCP)体系及其应用指南	2003.12.01
SN/T 1443.1—2004	食品安全管理体系要求	2004.12.01
SN/T 1443.2—2004	食品安全管理体系　审核指南	2004.12.01
CNCA/CTS 0016—2008	食品安全管理体系　调味料、发酵制品生产企业要求	2008.09.11
CNCA/CTS 0017—2008	食品安全管理体系　味精生产企业要求	2008.09.11
CNCA/CTS 0028—2008	食品安全管理体系　其他未列明的食品生产企业要求	2008.09.11

3. 食品质量管理

见表 6-5。

表 6-5　食品质量管理体系国家法规及标准

文件编号	文 件 名 称	实施日期
质检总局第 98 号令	食品召回管理规定	2007.08.27
质检总局第 133 号令	产品质量监督抽查管理办法	2011.02.01
GB/T 19000—2008	质量管理体系　基础和术语	2009.05.01
GB/T 19001—2008	质量管理体系　要求	2009.03.01
GB/T 19011—2003	质量和(或)环境管理体系　审核指南	2003.10.01
GB/T 19015—2008	质量管理体系　质量计划指南	2009.05.01
GB/T 19016—2005	质量管理体系　项目质量管理指南	2006.01.01
GB/T 19017—2008	质量管理体系　技术状态管理指南	2008.12.01
GB/T 19023—2003	质量管理体系　文件指南	2003.09.01
GB/T 24001—2004	环境管理体系　要求及使用指南	2005.05.15
GB/T 24004—2004	环境管理体系　原则、体系和支持技术通用指南	2005.05.15
GB/T 28001—2011	职业健康安全管理体系　要求	2012.02.01
GB/T 28002—2011	职业健康安全管理体系　实施指南	2012.02.01
CCGF 115.1—2010	产品质量监督抽查实施规范　食糖	2010.08.01
CCGF 121.1—2010	产品质量监督抽查实施规范　酱油	2010.08.01
CCGF 121.2—2010	产品质量监督抽查实施规范　食醋	2010.08.01
CCGF 121.3—2010	产品质量监督抽查实施规范　味精	2010.08.01
CCGF 124.4—2010	产品质量监督抽查实施规范　水产调味料	2011.03.01
CCGF 121.5—2010	产品质量监督抽查实施规范　酱	2010.08.01
CCGF 121.6—2010	产品质量监督抽查实施规范　鸡精、鸡粉调味料	2011.03.01

4. 技术规范

见表6-6。

表 6-6 主要调味料生产技术规范

文件编号	文 件 名 称	实施日期
GB 14881—1994	食品企业通用卫生规范	1994.10.01
GB 50073—2001	洁净厂房设计规范	2002.01.01
GB 8953—1988	酱油厂卫生规范	1989.01.01
GB 8954—1988	食醋厂卫生规范	1989.01.01
GB/T 22656—2008	调味料生产 HACCP 应用规范	2009.05.01
GB/T 15691—2008	香辛料调味料通用技术条件	2008.11.01
GB/T 15691—2008	香辛料调味料通用技术条件	2008.11.01
SB/T 10312—1999	高盐稀态发酵酱油酿造工艺规程	1999.04.15
SB/T 10313—1999	固稀发酵法酱油酿造工艺规程	1999.04.15
DBJ440100/T 32—2009	固态调味料卫生规范	2009.05.31
DBJ440100/T 33—2009	半固态(酱)调味料卫生规范	2009.05.31
DBJ440100/T 34—2009	液态调味料卫生规范	2009.05.31
DBJ440100/T 35—2009	食用调味油卫生规范	2009.05.31
DB11/515—2008	固态调味料卫生要求	2008.03.28
DB11/516—2008	半固态(酱)调味料卫生要求	2008.03.28
DB11/517—2008	液态调味料卫生要求	2008.03.28
DB11/518—2008	食用调味油卫生要求	2008.03.28
DB37/T 1272—2009	纯粮酿造酱油生产技术规范	2009.07.01
DB37/T 1273—2009	纯粮酿造食醋生产技术规范	2009.07.01
DB51/T 389—2006	火锅调味料(底料)技术要求	2006.09.01
DB51/T 394—2006	半固态复合调味料技术要求	2006.09.01
DB51/T 390—2006	固态辅料类豆腐乳技术要求	2006.09.01
DB31/2003—2012	食品安全地方标准　复合调味料生产卫生规范	2013.02.01

四、原料管理

目前，食品安全已经成为国家政府部门和老百姓关注的头等大事，仔细分析会发现我国最严重的食品安全问题并不是在生产过程中产生的，大多数是原料造成的，一方面是由于很多原料还采用的是粗犷的生产方式，行业整体水平不高，另一方面是由于环境因素造成的，比如土壤中的重金属污染和农药污染等。《食品安全法》规定生产经营者是第一责任人，因此，企业必须严把原料关，控制安全风险，同时也推动上游产业链进行改进，提高食品行业的整体质量安全水平。

1. 原料的生产许可管理

为完善食品生产监管体系，国家质检总局已将 28 大类食品的所有品种全部纳入食品生产许可管理（食用农产品除外），因此调味料中使用的原料均应符合生产许可管理的相关文件，详见生产相关法规标准中生产许可管理的相关文件，这里不再赘述。

2. 动物性原料相关法规

动物性原料中的主要风险来源有疫病、兽药、饲料，因为疫病具有传染性，可能造成大规模的疫情；而兽药属于化学性危害，一旦引入，则很难消除；饲料主要是控制化学污染，如牛奶中的黄曲霉毒素 M_1 就是因为奶牛吃了霉变的饲料中的黄曲霉毒素 B_1 后的代谢产物；其他如致病菌等风险还可以在生产环节进行控制。表 6-7 是关于动物性原料中疫病、兽药、饲料的管理规定。另外，针对具体的动物原料中兽残限量以及微生物及其代谢产物等安全性指标在相关标准中有明确规定。

表 6-7　动物性原料相关法规

文件编号	文 件 名 称	实施日期
主席令[2008]年第 71 号	中华人民共和国动物防疫法	2008.01.01
主席令 2007 第 83 号	中华人民共和国国境卫生检疫法	2007.12.29
国务院令[2010]年第 574 号	中华人民共和国国境卫生检疫法实施细则	2010.04.24
国务院令第 327 号	饲料和饲料添加剂管理条例	2001.12.11
国务院令第 404 号	兽药管理条例	2004.11.01
农业部令第 14 号	动物检疫管理办法	2002.07.01
农业部第 168 号公告	饲料药物添加剂使用规范	2001.06.04
农业部第 176 号公告	禁止在饲料和动物饮用水中使用的药物品种目录	2002.02.09
农业部第 193 号公告	食品动物禁用的兽药及其它化合物清单	2002.04.09
农业部第 235 号公告	动物性食品中兽药最高残留限量	2002.12.24
农业部第 278 号公告	兽药国家标准和部分品种停药期规定	2003.05.22
农业部第 1519 号公告	禁止在饲料和动物饮水中使用的物质	2010.12.27

3. 植物性原料相关法规标准

植物性原料中的主要风险是农药残留、重金属污染、转基因和辐照，其中农药残留和重金属污染均属于化学危害，一旦引入，无法在生产环节消除，因此必须在源头进行控制；转基因和辐照属于法规符合性的范畴，从目前的研究结果来看，转基因和辐照对人体并无危害，但是必须保证消费者的知情权，只要使用了转基因的原料或经过辐照，就必须根据要求进行标识。第一批实施标识管理的农业转基因生物目录：一、大豆种子、大豆、大豆粉、大豆油、豆粕；二、玉米种子、玉米、玉米油、玉米粉（含税号为 11022000、11031300、11042300 的玉米粉）；三、油菜种子、油菜籽、油菜籽油、油菜籽粕；四、棉花种子；五、番茄种子、鲜番茄、番茄酱。目前国内辐照以香辛料中使用居多。植物性原料相关法规标准见表 6-8。

表 6-8　植物性原料相关法规标准

文件编号	文件名称	实施日期
主席令[2006]年第 49 号	中华人民共和国农产品质量安全法	2006.11.01
农业部、质检总局第 12 号	无公害农产品管理办法	2002.4.29
国务院 326 号令	农药管理条例	2001.11.29
农业部 199 号公告	禁用的农药清单	2002.06.05
农业部[2007]年第 9 号令	农药管理条例实施办法	2007.12.08
国务院令[2001]年第 304 号	农业转基因生物安全管理条例	2001.05.23
农业部[2002]年第 10 号令	农业转基因生物标识管理办法	2002.03.20
农业部第 8 号令	农业转基因生物安全评价管理办法	2002.03.20
农业部令[2001]第 10 号	农业转基因生物标识管理办法	2002.03.20
GB 2761—2011	食品安全国家标准　食品中真菌毒素限量	2011.10.20
GB 2762—2012	食品安全国家标准　食品中污染物限量	2013.06.01
GB 2763—2012	食品安全国家标准　食品中农药残留最大限量	2013.03.01
GB/T 8321 系列	农药合理使用准则	2000.10.01

此外，农业部以公告的形式对一些高毒农药、除草剂等发布了管制措施，如 194 号令、274 号令、322 号令、494 号令、671 号令等。

4. 微生物原料相关法规标准

调味料中有很多属于发酵制品，其中使用的很多菌种，作为食品中的原料，也必须遵循相关的法规。传统上用于食品生产加工的菌种可以继续使用，新菌种按照《新资源食品管理办法》执行。表 6-9 是关于列入新资源食品和可用于食品的菌种的相关文件。

表 6-9　微生物原料相关法规标准

文件编号	文件名称	实施日期
卫生部公告 2008 年第 12 号	卫生部关于批准嗜酸乳杆菌等 7 种新资源食品的公告	2008.05.26
卫生部公告 2008 年第 20 号	卫生部关于批准低聚半乳糖等新资源食品的公告	2008.09.09
卫生部公告 2009 年第 12 号	批准 γ-氨基丁酸等 6 种新资源食品的公告	2009.09.27

文件编号	文 件 名 称	实施日期
卫办监督发[2010]年第65号	可用于食品的菌种名单	2010.04.22
卫生部第17号公告	批准一批新资源食品、普通食品及可用于食品的菌种的公告	2010.10.29
卫生部[2011]年第1号公告	批准翅果油等2种新资源食品的公告	2011.01.18
卫生部[2012]年第8号公告	关于将肠膜明串珠菌肠膜亚种列入《可用于食品的菌种名单》的公告	2012.05.08

5. 食盐相关法规与标准

盐为百味之王，在调味料中占据很重要的位置。它本身就是一种调味料，同时也作为重要的原料，出现在很多的调味料中。可以说盐关系到国计民生，人人都离不开盐，故食盐被作为碘强化的载体，国家也专门出台了很多法规对其进行规范管理。见表6-10。

表 6-10　食盐相关法规与标准

文件编号	文 件 名 称	实施日期
国务院[1994]年第163号令	食盐加碘消除碘缺乏危害管理条例	1994.10.01
国务院[1996]年第197号令	食盐专营办法	1996.05.27
国家发改委[2006]年第45号令	食盐专营许可证管理办法	2006.04.28
GB 2721—2003	食用盐卫生标准(含1和2号修改单)	2004.05.01
GB 5461—2000	食用盐(含1和2号修改单)	2000.10.01
GB 26878—2011	食品安全国家标准　食用盐碘含量	2012.03.15
QB 2019—2005	低钠盐	2005.09.01
QB 2020—2003	调味盐	2004.05.01

五、食品添加剂管理

目前市场上经常出现的食品添加剂安全问题已经让很多消费者达到"谈食品添加剂色变"的程度。事实上，调味料行业的工业现代化离不开食品添加剂，只要在法律法规和标准许可的范围内使用食品添加剂就是安全的，同时也能更好地满足消费者对于调味料的需求。

食品添加剂是指为改善食品品质和色、香、味，以及为防腐、保鲜和加工工艺的需要而加入食品中的人工合成或者天然物质。营养强化剂、食品用香料、胶基糖果中基础剂物质、食品工业用加工助剂也包括在内。

1. 食品添加剂的使用

食品添加剂的使用必须严格遵循 GB 2760《食品添加剂使用标准》和 GB

14880《食品营养强化剂使用卫生标准》，见表 6-11，其中对食品添加剂在各食品中的添加品种和添加量进行了明确的规定，新增的品种和范围会以公告的形式在卫生部的网站公布，目前 GB 2760—2011 已经涵盖了卫生部 2010 年第 4 号公告及以前的所有公告的内容，因此在使用 GB 2760—2011 时还要注意查询之后的公告。目前卫生部正在修订 GB 2760，请注意最新的标准发布情况。

表 6-11 食品添加剂使用的国家标准

文件编号	文件名称	实施日期
GB 2760—2011	食品安全国家标准 食品添加剂使用标准	2011.06.20
GB 14880—2012	食品安全国家标准 食品营养强化剂使用标准	2013.01.01

如果需要使用的食品添加剂不在 GB 2760—2011 及之后的公告范围内，则必须向卫生部提出食品添加剂新品种申请审批后才能使用；若要扩大食品添加剂的使用范围和使用量，也需要向卫生部提出申请审批后才能使用，相关的法规见表 6-12。

表 6-12 食品添加剂新品种管理办法

文件编号	文件名称	实施日期
卫生部[2010]第 73 号令	食品添加剂新品种管理办法	2010.03.30
卫监督发[2010]第 49 号	食品添加剂新品种申报与受理规定	2010.05.25
卫生部[2011]年第 29 号公告	关于规范食品添加剂新品种许可管理的公告	2011.11.25

根据质检总局 79 号令《食品生产加工企业质量安全监督管理实施细则》第五十五条，"食品生产加工企业要将使用的食品添加剂情况和国家要求备案的其他事项报所在地县级质量技术监督部门备案"。

2. 食品添加剂标准

根据卫生部与质检总局 2011 年第 6 号公告，根据《食品安全法》规定，为规范食品添加剂标准管理，"食品添加剂国家标准包括使用安全标准和产品标准，统一纳入食品安全国家标准管理"；"生产企业应当按照国家标准或者指定的食品添加剂标准组织生产，生产企业不需要制定食品添加剂产品企业标准，省级卫生行政部门和地方标准化行政主管部门不再对食品添加剂产品企业标准进行备案"。食品添加剂的标准可以通过卫生部网站进行查询，新增的食品添加剂标准会以公告的形式公布。

3. 食品添加剂生产许可

食品添加剂作为重要的食品工业原料，也纳入了生产许可管理范围，之前只有 169 种纳入了管理范围，另外所有食品添加剂都必须申请食品卫生许可证。2009 年，《食品安全法》出台，第四十三条规定，"国家对食品添加剂的生产实行许可制度"，因此国家质检总局加强了食品添加剂的监督管理工作，连续出台了多份文件，以规范食品添加剂的生产管理。

目前为止，已经将所有食品添加剂列入了食品生产许可范围，要申请生产许可证首先必须有食品添加剂的国家标准。调味料企业在使用食品添加剂作为原料时要注意根据相关文件要求，加强生产企业资质的审核。相关文件见表 6-13。

表 6-13　食品添加剂生产许可规定及标准

文件编号	文件名称	实施日期
国务院令第 440 号	中华人民共和国工业产品生产许可证管理条例	2005.09.01
总局令第 130 号	国家质量监督检验检疫总局关于修改《中华人民共和国工业产品生产许可证管理条例实施办法》的决定	2010.10.01
质检总局令第 127 号	食品添加剂生产监督管理规定	2010.06.01
质检食监[2010]第 114 号	关于食品添加剂生产许可工作有关事项的通知	2010.06.02
质检总局[2010]年第 81 号公告	食品添加剂生产许可审查通则	2010.09.01
卫生部、质检总局 2011 年第 6 号公告	规范食品添加剂标准管理	2011.02.28
卫监督发[2011]第 64 号	关于做好食品添加剂生产许可和监管衔接工作的通知	2011.07.22
质检办食监函[2012]年第 139 号	关于进一步严格食品添加剂生产许可管理工作的通知	2012.02.28

4. 食品中可能违法添加的非食用物质和易滥用的食品添加剂名单

近年来，食品安全问题频频出现，违法添加非食用物质和滥用食品添加剂现象尤为突出，因此，全国打击违法添加非食用物质和滥用食品添加剂专项整治领导小组为配合全国打击违法添加非食用物质和滥用食品添加剂专项整治工作的开展，有针对性地打击在食品中违法添加非食用物质的行为，对食品添加剂超量、超范围使用进行有效监督管理，自 2008 年 12 月 12 日到目前为止，陆续提出六批部分食品中可能违法添加的非食用物质和易滥用的食品添加剂品种名单。见表 6-14。

表 6-14　食品中可能违法添加的非食用物质和易滥用的食品添加剂名单

食品中可能违法添加的非食用物质和易滥用的食品添加剂名单	发布时间
食品中可能违法添加的非食用物质和易滥用的食品添加剂名单(第一批)	2008.12.12
食品中可能违法添加的非食用物质和易滥用的食品添加剂名单(第二批)	2009.02.04
食品中可能违法添加的非食用物质和易滥用的食品添加剂名单(第三批)	2009.05.27
食品中可能违法添加的非食用物质和易滥用的食品添加剂名单(第四批)	2010.03.22
食品中可能违法添加的非食用物质和易滥用的食品添加剂名单(第五批)	2011.01.03
食品中可能违法添加的非食用物质和易滥用的食品添加剂名单(第六批)	2011.06.01

其中与调味料直接相关的非食用物质名单见表 6-15。

表 6-15　调味料中严禁出现的非食用物质名单

序号	名称	主要成分	可能添加的主要食品类别	可能的主要作用	批次
1	苏丹红	苏丹红 I	辣椒粉	着色	第一批
2	玫瑰红 B	罗丹明 B	调味料	着色	第一批
3	硫化钠		味精		第一批
4	工业硫黄		白砂糖、辣椒	漂白、防腐	第一批
5	毛发水		酱油等	掺假	第三批
6	工业用乙酸	游离矿酸	勾兑食醋	调节酸度	第三批

六、食品相关产品管理

食品相关产品包括食品容器、包装材料、工具与设备，虽然不直接食用，但是与食品直接接触，容易被忽视，目前在出口预警信息中经常看到由于包装材料有害物质迁移量超标导致产品销毁，因此应充分关注该类产品的法规标准要求，保证其安全性。

1. 食品相关产品生产许可管理

从 2006 年开始，国家质检总局就已经开始逐步将食品用包装容器列入生产许可范围，从 2008 年 1 月 1 日开始对未获得列入第一批目录的食品用塑料包装容器工具等制品生产许可证的生产销售行为（以生产日期为准）进行查处；自 2009 年 9 月 1 日起，对未获得列入第一批目录的食品用纸包装、容器等制品生产许可证的企业进行查处，详见表 6-16。

表 6-16　食品用包装容器生产许可管理规定

文件编号	文件名称	实施日期
国务院令第 440 号	中华人民共和国工业产品生产许可证管理条例	2005.09.01
总局令第 130 号	国家质量监督检验检疫总局关于修改《中华人民共和国工业产品生产许可证管理条例实施办法》的决定	2010.10.01
国质检食监〔2006〕334 号	关于印发《食品用包装、容器、工具等制品生产许可通则》及《食品用塑料包装、容器、工具等制品生产许可审查细则》的通知	2006.07.18
国质检食监〔2007〕279 号	食品用纸包装、容器等制品生产许可实施细则	2007.06.18
质检食监函〔2007〕77 号	关于食品用塑料包装容器工具等制品市场准入工作的补充通知	2007.07.15
质检总局 2007 年第 123 号公告	关于开展食品用塑料包装容器工具等制品生产许可证无证查处工作的公告	2007.08.23
质检食监函〔2008〕73 号	食品用塑料包装容器工具等制品生产许可审查细则修改与补充内容	2008.05.08
质检总局〔2009〕第 48 号	关于开展食品用纸包装、容器等制品生产许可证无证查处工作的公告	2009.05.17

2. 食品相关产品标准

见表 6-17。

表 6-17 食品相关产品相关标准

文件编号	文件名称	实施日期
GB 4803—1994	食品容器、包装材料用聚氯乙烯树脂卫生标准	1994.08.01
GB 4804—1984	搪瓷食具容器卫生标准	1994.08.01
GB 4805—1994	食品罐头内壁环氧酚醛涂料卫生标准	1994.09.01
GB 4806.1—1994	食品用橡胶制品卫生标准	1994.09.01
GB 7105—1986	食品容器过氯乙烯内壁涂料卫生标准	1987.01.01
GB 9680—1988	食品容器漆酚涂料卫生标准	1989.06.01
GB 9681—1988	食品包装用聚氯乙烯成型品卫生标准	1989.06.01
GB 9682—1988	食品罐头内壁脱膜涂料卫生标准	1989.06.01
GB 9683—1988	复合食品包装袋卫生标准	1989.06.01
GB 9684—2011	食品安全国家标准　不锈钢制品	2011.11.21
GB 9685—2008	食品容器、包装材料用添加剂使用卫生标准	2009.06.01
GB 9686—2012	食品安全国家标准　内壁环氧聚酰胺树脂涂料	2012.11.17
GB 9687—1988	食品包装用聚乙烯成型品卫生标准	1989.06.01
GB 9688—1988	食品包装用聚丙烯成型品卫生标准	1989.06.01
GB 9689—1988	食品包装用聚苯乙烯成型品卫生标准	1989.06.01
GB 9690—2009	食品容器、包装材料用三聚氰胺-甲醛成型品卫生标准	2009.09.01
GB 9691—1988	食品包装用聚乙烯树脂卫生标准	1989.06.01
GB 9692—1988	食品包装用聚苯乙烯树脂卫生标准	1989.06.01
GB 9693—1988	食品包装用聚丙烯树脂卫生标准	1989.06.01
GB 11333—1989	铝制食具容器卫生标准	1990.01.01
GB 11676—2012	食品安全国家标准　有机硅防粘涂料	2012.10.25
GB 11677—2012	食品安全国家标准　易拉罐内壁水基改性环氧树脂涂料	2012.10.25
GB 11678—1989	食品容器内壁聚四氟乙烯涂料卫生标准	1990.05.01
GB 11680—1989	食品包装用原纸卫生标准	1990.05.01
GB 13113—1991	食品容器及包装材料用聚对苯二甲酸乙二醇酯成型品卫生标准	1992.03.01
GB 13114—1991	食品容器及包装材料用聚对苯二甲酸乙二醇酯树脂卫生标准	1992.03.01
GB 13115—1991	食品容器及包装材料用不饱和聚酯树脂及其玻璃钢制品卫生标准	1992.03.01
GB 13116—1991	食品容器及包装材料用聚碳酸酯树脂卫生标准	1992.03.01
GB 13121—1991	陶瓷食具容器卫生标准	1992.03.01
GB 14936—2012	食品安全国家标准　硅藻土	2012.11.17

续表

文件编号	文 件 名 称	实施日期
GB 14942—1994	食品容器、包装材料用聚碳酸酯成型品卫生标准	1994.08.01
GB 14944—1994	食品包装用聚氯乙烯瓶盖垫片及涂料卫生标准	1994.08.01
GB 14967—1994	胶原蛋白肠衣卫生标准	1994.09.01
GB 15204—1994	食品容器、包装材料用偏氯乙烯-聚氯烯共聚树脂卫生标准	1994.08.10
GB 16331—1996	食品包装材料用尼龙6树脂卫生标准	1996.09.01
GB 16332—1996	食品包装材料用尼龙成型品卫生标准	1996.09.01
GB 17326—1998	食品容器、包装材料用橡胶改性的丙烯腈-丁二烯-苯乙烯成型品卫生标准	1999.01.01
GB 17327—1998	食品容器、包装材料用丙烯腈-苯乙烯成型品卫生标准	1999.01.01
GB 19305—2003	植物纤维类食品容器卫生标准	2004.05.01

七、计量管理

产品的净含量检测、工艺参数的测量、化验数据的检测等无不关系到计量器具的精度和准确性，同时也直接影响到消费者的利益，因此，国家也出台了很多文件对其进行规范。见表6-18。此外，质检总局79号令《食品生产加工企业质量安全监督管理实施细则（试行）》第三十八条规定，"实施自行检验的企业，应当每年将样品送到质量技术监督部门指定的检验机构进行一次比对检验"；质检总局88号令《食品生产许可审查通则》规定，"出厂检验设备设施的性能、准确度应能达到规定的要求，有合格计量检定证书"。

表 6-18 包装计量管理法规及标准

文件编号	文 件 名 称	实施日期
主席令[1985]年第28号	中华人民共和国计量法	1986.07.01
	中华人民共和国计量法实施细则	1987.02.01
质检总局第94号令	计量基准管理办法	2007.07.10
质检总局第105号令	计量检定人员管理办法	2008.05.01
质检总局第107号令	计量比对管理办法	2008.08.01
质检总局第3号令	商品量计量违法行为处罚规定	1999.03.10
质检总局第36号令	国家计量检定规程管理办法	2003.02.01
质检总局第72号令	计量标准考核办法	2005.07.01
质检总局第66号令	零售商品称重计量监督管理办法	2004.12.01
质检总局第75号令	定量包装商品计量监督管理办法	2006.01.01
JJF 1070—2005	定量包装商品净含量计量检验规则	2006.01.01
JJF 1033—2008	计量标准考核规范	2008.09.01
JJF 1112—2003	计量检测体系确认规范	2004.04.01

八、包装标识相关法规、标准

食品包装标签标识承载了很多的产品相关信息，包括商标、食品名称、配料表、净含量和规格、生产者和（或）经销者的名称、地址和联系方式、生产日期和保质期、贮存条件、食品生产许可证编号、产品标准代号、产品质量等级、过敏原标识、辐照标识、转基因标识、商品条码、营养标签、产品信息等诸多内容，而其中每一项都有法规依据出处，有些是强制性的，有些是推荐性的，详见以下法规、标准。针对同一内容，不同部门规章有不同要求的原则上应同时遵守。

1. 包装标识相关法规

见表 6-19。

表 6-19　包装标识相关法规

文件编号	文件名称	实施日期
主席令[1993]年第 10 号	中华人民共和国反不正当竞争法	1993.12.01
主席令[1994]年第 34 号	中华人民共和国广告法	1995.02.01
主席令[2000]年第 33 号	中华人民共和国产品质量法	2001.7.8
主席令第 59 号	中华人民共和国商标法	2001.12.01
主席令第 9 号	中华人民共和国食品安全法	2009.06.01
主席令[1993]年第 11 号	消费者权益保护法	1994.01.01
国务院令[2002]年第 358 号	中华人民共和国商标法实施条例	2002.09.15
质检总局令[2005]年第 76 号	商品条码管理办法及释义	2005.10.01
质检总局令[2009]年第 123 号	关于修改《食品标识管理规定》的决定	2009.10.22
质检总局[2009]年第 100 号公告	关于实施新修改的《食品标识管理规定》有关事项的公告	2009.10.22
质检总局[2010]年第 34 号公告	关于使用企业食品生产许可证标志有关事项的公告	2010.04.12
农业部令[2001]第 10 号	农业转基因生物标识管理办法	2002.03.20
质检总局[2012]年第 27 号公告	关于实施《进出口预包装食品标签检验监督管理规定》的公告	2012.06.01

2. 包装标识相关标准

见表 6-20。

表 6-20　包装标识相关标准

文件编号	文件名称	实施日期
GB 7718—2011	食品安全国家标准　预包装食品标签通则	2012.04.20
GB 28050—2011	食品安全国家标准　预包装食品营养标签通则	2013.01.01
GB 13432—2004	预包装特殊膳食用食品标签通则	2005.10.01

续表

文件编号	文 件 名 称	实施日期
GB/T 23779—2009	预包装食品中的致敏原成分	2009.12.01
GB/Z 21922—2008	食品营养成分基本术语	2008.11.01
GB 2760—2011	食品安全国家标准 食品添加剂使用标准(及其补充公告)	2011.06.20
GB 12904—2008	商品条码 零售商品编码与条码表示	2009.11.15
GB 14880—2012	食品安全国家标准 食品营养强化剂使用标准	2013.01.01
GB/T 191—2008	包装储运图示标志	2008.10.01
GB/T 18455—2010	包装回收标志	2011.01.01

此外，包装标识还应根据执行的产品标准和强制执行的安全标准的要求进行标识，如 GB 18186—2000《酿造酱油》第 8 章标签规定：

① 标签的标注内容应符合 GB 7718 的规定。产品名称应标明"酿造酱油"，还应标明氨基酸态氮的含量、质量等级、用于"佐餐和/或烹调"。

② 执行标准的标注方法：高盐稀态发酵酱油标为"GB 18186—2000 高盐稀态"；低盐固态发酵酱油标为"GB 18186—2000 低盐固态"。

九、流通管理

调味料在流通领域也必须遵循相关的法规和标准，见表 6-21，需要办理流通许可证。

表 6-21 食品及调味料流通管理法规及标准

文件编号	文 件 名 称	实施日期
商务部令第 1 号	流通领域食品安全管理办法	2007.05.01
工商总局令第 43 号	流通环节食品安全监督管理办法	2009.07.30
工商总局令第 44 号	食品流通许可证管理办法	2009.07.30
GB/T 23346—2009	食品良好流通规范	2009.10.01
SB/T 10471—2008	调味料经销商经营管理规范	2009.03.01

十、进出口产品法规

产品进出口由国家质检总局出口检验检疫局管理，产品进出口不但要遵循《食品安全法》第六章关于食品进出口的规定，还须遵循表 6-22 所列规定进行检验检疫、备案、注册登记等。

表 6-22　进出口产品法规

文件编号	文 件 名 称	实施日期
主席令[2007]年第 83 号	中华人民共和国国境卫生检疫法	2007.12.29
国务院令[2010]年第 574 号	中华人民共和国国境卫生检疫法实施细则	2010.04.24
主席第 53 号令	中华人民共和国进出境动植物检疫法	1992.04.01
国务院第 206 号令	中华人民共和国进出境动植物检疫法实施条例	1997.01.01
主席第 67 号令	中华人民共和国进出口商品检验法	2002.10.01
国务院第 447 号令	中华人民共和国进出口商品检验法实施条例	2005.12.01
国认注[2011]61 号	出口食品生产企业备案工作规范指导意见(试行)	2011.09.13
国认监委[2011]年第 23 号公告	出口食品生产企业安全卫生要求备案及 HACCP 体系目录	2011.10.01
质检总局[2011]第 142 号令	出口食品生产企业备案管理规定	2011.10.01
质检总局[2012]年第 27 号公告	进出口预包装食品标签检验监督管理规定	2012.02.27
质检总局[2011]年第 144 号	进出口食品安全管理办法	2012.03.01
质检总局第 16 号令	进口食品国外生产企业注册管理规定	2002.03.14
质检总局第 20 号令	出口食品生产企业卫生注册登记管理规定	2002.04.19
质检总局第 23 号令	进出口商品免验办法	2002.07.24
质检总局第 39 号令	进出口商品抽查检验管理办法	2002.12.31
质检总局第 62 号令	进出境转基因产品检验检疫管理办法	2004.05.24
质检总局第 77 号令	进出口商品复验办法	2005.06.01
质检总局第 88 号令	出入境口岸食品卫生监督管理规定	2006.03.01
质检总局第 103 号令	进出口商品数量重量检验鉴定管理办法	2007.08.27
质检总局第 113 号令	出口工业产品企业分类管理办法	2009.06.14
质检总局第 16 号令	出入境检验检疫报检规定	1999.12.17
质检总局第 128 号令	出入境检验检疫代理报检管理规定	2010.03.30

第三节　企业标准体系

　　标准化是组织现代化、集约化生产的重要保证，是加快技术进步、加强科学管理的重要手段，也是促进企业提升产品质量和档次，提高市场竞争力的有利手段。企业标准化是为在企业生产、经营、管理范围内获得最佳秩序，对实际的或潜在的问题制定共同的或重复的规则的活动。

一、企业标准体系

企业标准体系的建立应遵循以下法规和标准，见表 6-23。

表 6-23　企业标准体系相关法规及标准

文件编号	文件名称	实施日期
主席令[1988]年第 11 号	中华人民共和国标准化法	1989.04.01
国务院令[1990]年第 53 号	中华人民共和国标准化法实施条例	1990.04.06
GB/T 1.1—2009	标准化工作导则　第 1 部分:标准的结构和编写	2010.01.01
GB/T 13017—2008	企业标准体系表编制指南	2008.11.01
GB/T 15496—2003	企业标准体系　要求	2003.10.01
GB/T 15497—2003	企业标准体系　技术标准体系	2003.10.01
GB/T 15498—2003	企业标准体系　管理标准和工作标准体系	2003.10.01
GB/T 19273—2003	企业标准体系　评价与改进	2003.10.01
GB/T 20000.1—2002	标准化工作指南　第 1 部分标准化和相关活动的通用词汇	2003.01.01
GB/T 20000.2—2009	标准化工作指南　第 2 部分:采用国际标准	2010.01.01
GB/T 20000.3—2003	标准化工作指南　第 3 部分:引用文件	2004.01.01
GB/T 20000.4—2003	标准化工作指南　第 4 部分:标准中涉及安全的内容	2004.01.01
GB/T 20000.5—2004	标准化工作指南　第 5 部分:产品标准化中涉及环境的内容	2005.07.01
GB/T 20000.6—2006	标准化工作指南　第 6 部分:标准化良好行为规范	2006.12.01
GB/T 20000.7—2006	标准化工作指南　第 7 部分:管理体系标准的论证和制定	2006.12.01

二、企业标准制定

根据《食品安全法》第二十五条，"企业生产的食品没有食品安全国家标准或者地方标准的，应当制定企业标准，作为组织生产的依据。国家鼓励食品生产企业制定严于食品安全国家标准或者地方标准的企业标准。企业标准应当报省级卫生行政部门备案，在本企业内部适用"。

企业标准中的理化指标的制定应体现产品的质量特性，如鸡精调味料作为增鲜的调味料，其主要成分是通过谷氨酸钠和呈味核苷酸二钠的鲜味相乘作用以及食盐的调鲜作用呈现鲜味，因此将谷氨酸钠、呈味核苷酸二钠和氯化钠作为理化指标，其他氮指标主要是为了体现其他蛋白质（如鸡肉或鸡肉提取物）的含量；卫生指标应根据 HACCP（危害分析和关键控制点）分析的结果，将原料或生产工艺中引入的风险较高的卫生指标列入产品标准，以便对其进行监控，比如某种调味液中使用了酸水解植物蛋白液，而酸水解植物蛋白液中的 3-氯丙醇不能在工艺中消除，会引入到成品中，因此成品中应制定 3-氯丙醇指标。此外，理化指标和卫生指标还须遵照产品相应的生产许可证审查细则中的要求。

企业标准的编号格式为：Q/（企业代号）（四位顺序号）S—（年号）。编写格式应遵循 GB/T 1.1—2009《标准化工作导则　第 1 部分：标准的结构和编写》的要求。

三、企业标准备案

食品安全企业标准备案应遵照卫政法发［2009］54 号《食品安全企业标准备案办法》执行，应当在组织生产之前向省、自治区、直辖市卫生行政部门（下称省级卫生行政部门）备案。企业标准备案有效期为三年。有效期届满需要延续备案的，企业应当对备案的企业标准进行复审，并填写企业标准延续备案表，到原备案的卫生行政部门办理延续备案手续。经复审认为需要修订企业标准的，应当在修订后重新备案。

根据《食品安全企业标准备案办法》，"自 2009 年 6 月 1 日起，卫生部门负责食品企业标准备案工作，在新的食品安全国家标准公布之前，原有食品相关标准继续有效"。经过三年的过渡期，目前现行有效的企业标准均应为在卫生部门备案的标准。

第四节　法规标准检索与查询

一、网站查询

1. 法律、行政法规、地方性法规、单行条例和自治条例

中华人民共和国中央人民政府：http://www.gov.cn/，该网站也包含了司法解释、各部门规章、地方政府规章及国际条约。

2. 部门规章及公告、标准

国家质量监督检验检疫总局：http://www.aqsiq.gov.cn/

中华人民共和国卫生部：http://www.moh.gov.cn/

中华人民共和国国家工商行政管理总局：http://www.saic.gov.cn/

中华人民共和国农业部：http://www.moa.gov.cn/

国家食品药品监督管理局：http://www.sfda.gov.cn/

3. 其他相关网站

国家标准化管理委员会：http://www.sac.gov.cn/

国家食品安全网：http://www.cfs.gov.cn/

中国技术性贸易措施网：http://www.tbt-sps.gov.cn/Pages/main.aspx

中国调味料网：http://www.chinacondiment.com/news/index.asp

中国质量网：http://www.cqn.com.cn/

食品伙伴网：http://www.foodmate.net/

二、咨询

若企业在执行法规标准的过程中有疑问，可以通过以下途径咨询。

途径1：通过当地的省级机构（市质检局或市食品药品监督管理局等）递交书面报告，由省级机构向上级部门递交报告，统一答复，一般会以复函的形式予以公告，其他地区的类似问题也可以参照执行。相关文件见表6-24。

表 6-24　食品调味料咨询函

质检法函[2008]75号	关于食品标识中产地和添加剂标注问题的意见的函	2008.04.24
质检法函[2008]105号	关于食品标识中配料和产地标注问题的意见的函	2008.06.30
卫办监督函[2011]998号	味精归属及标识有关问题的复函	2011.11.01

途径2：将书面报告递交给中国或当地食品工业协会或调味料协会，通过协会向对口的国家监督机构或国家标准化行政主管部门咨询，给予统一答复。

途径3：到相关的国家或当地部门网站进行留言咨询。

除了以上途径进行咨询外，建议企业在国家出台标准法规前公开征求意见的阶段仔细研读，看在执行过程中会有什么问题，尽早提出来，让制定者可以在制定法规时考虑更周全，以便更好地执行。

参 考 文 献

[1] 曹雁平. 食品调味技术 [M]. 北京：化学工业出版社，2010.

[2] 刘复军. 调味料生产技术 [M]. 湖北：武汉理工大学出版社，2011.

[3] 张水华. 调味料生产工艺学 [M]. 广州：华南理工大学出版社，2006.

[4] 宋安东. 调味料发酵工艺学 [M]. 北京：化学工业出版社，2009.

[5] 包启安. 酱油科学与酿造技术 [M]. 北京：中国轻工业出版社，2011.

[6] 郝冬霞. 最新流行酱汁排行榜 [M]. 长春：吉林科学技术出版社，2009.

[7] 郑友军. 新版调味料配方 [M]. 北京：中国轻工业出版社，2004.

[8] 杜连起. 风味酱类生产技术 [M]. 北京：化学工业出版社，2006.

[9] 徐清萍. 调味料加工技术与配方 [M]. 北京：中国纺织出版社，2011.

[10] 周耀华，肖作兵. 食用香精制备技术 [M]. 北京：中国纺织出版社，2007.

[11] 李瑜. 酱类制品加工技术 [M]. 北京：化学工业出版社，2012.

[12] 于新. 天然食用调味料加工与应用 [M]. 北京：化学工业出版社，2011.

[13] 徐清萍. 香辛料生产技术 [M]. 北京：化学工业出版社，2008.

[14] 宋钢. 调味技术概论 [M]. 北京：化学工业出版社，2009.

[15] 中国调味料协会. 调味料标准汇编 [M]. 北京：中国标准出版社，2011.

[16] 马永昆，蒋家奎，魏永义，等. 基于GC-MS与嗅闻联用的镇江香醋香气指纹图谱研究 [J]. 食品科学，2007，28（9）：496-499.

[17] 李达，王知松，丁筑红，等. 固相微萃取-气-质联用法对干椒烘焙前后风味化合物的分析评价 [J]. 食品科学，2009，30（16）：269-271.

[18] 江津津，曾庆孝，朱志伟，等. 潮汕鱼酱油中香气活性化合物的研究 [J]. 食品科技，2010（8）：294-296.

[19] 陈冠清，宋焕禄，张振波，等. 热反应猪肉香精的制备及其气味活性化合物的鉴定 [J]. 食品科学，2009，30（8）：221-226.

[20] 斯波. 麻辣风味食品调味技术与配方 [M]. 北京：中国轻工业出版社，2011.

[21] 关培生. 香料调味料大全 [M]. 北京：世界图书出版公司，2005.

[22] 黄持都，鲁绯. 低盐固态与原池浇淋酱油工艺的比较 [J]. 中国酿造，2010（9）：5-8.

[23] 侯丽华，宋茜，曹小红. 酱油风味研究进展 [J]. 中国酿造，2009（7）：1-3.

[24] 赵德安. 酱油风味研究的探讨 [J]. 中国调味料，2011（9）：1-5.

[25] Suezawa Y, Suzuki M. Bioconversion of ferulic acid to 4-vinylguaiacol and 4-ethylguaiacol and of 4-vinylguaiacol to 4-ethylguaiacol by halotolerant yeasts belonging to the genus Candida [J]. Biosci Biotech Biochem, 2007 (71): 1058-1062.

[26] 吴婷，宋江，王远亮. 中国酱油酿造工艺 [J]. 中国调味料，2012（6）：1-3.

[27] 顾立众. 增强酱油色度和香气的混菌制曲新工艺研究 [J]. 中国调味料，2008（11）：58-60.

[28] 王夫杰，鲁绯. 我国酱油研究现状与发展趋势 [J]. 中国酿造，2010（12）：3-7.

[29] 赵德安. 我国酱油酿造工艺的演变与发展趋势 [J]. 中国酿造，2009（9）：15-17.

[30] 谢韩，丁洪波. 添加耐盐酵母改善低盐固态酱油风味 [J]. 江苏调味副食品. 2002（75）：6-7.

[31] 李碧菲. 提高酱油质量风味的工艺方法 [J]. 北京农业, 2011 (2): 198-199.

[32] 周长海, 徐文斌, 贾友刚, 等. 日本酱油种类及其酿造工艺特点 [J]. 中国酿造, 2011 (3): 13-16.

[33] 卞璨慧. 浅谈酱油的香气形成及改善酱油香气的应用技术 [J]. 中国调味料, 2008 (7): 24-26.

[34] 中国调味料协会. 全国酱油生产技术培训班讲义 [J]. 2006 (5): 11-47.

[35] 张海珍, 蒋予箭, 陈敏, 等. 淋浇工艺对低盐固态酿造酱油风味的影响 [J]. 中国调味料, 2009 (8): 91-94.

[36] 王夫杰, 鲁绯, 赵俊平, 等. 酱油风味及其检测方法的研究进展 [J]. 中国酿造, 2010 (8): 1-5.

[37] 杨钦阶, 黄修杰, 熊瑞权, 等. 酱油多菌种混合阶梯风味发酵工艺优化研究 [J]. 广东农业科学, 2011 (22): 98-102.

[38] 李金红. 改进酱油酿造工艺提高风味 [J]. 江苏调味副食品, 2006 (3): 22-23.

[39] 张艳芳. 多菌株制曲促进酶系优化与提高酱油质量的研究 [D]. 江苏: 江南大学, 2009.

[40] 赵芳, 李志民, 陈斌. 我国食醋生产的研究进展 [J]. 邯郸职业技术学院学报, 2009 (4): 94-96.

[41] 王五, 全景. 四大名醋传奇 [J]. 地图, 2011 (1): 62-67.

[42] 尚英. 阆中保宁醋传统生产工艺浅析 [J]. 中国酿造, 2003 (6): 32-33.

[43] 叶荷生. 国内几种传统名醋介绍 [J]. 江苏调味副食品, 2004 (89): 21-24.

[44] 孙宗保, 邹小波, 赵杰文. 几种中国传统名醋挥发性风味成分的比较研究 [J]. 中国调味料, 2010 (9): 34-38.

[45] 刘珂. 浅谈我国食醋的功能及发展趋势 [J]. 中国调味料, 2010 (6): 32-35.

[46] 黄仲华, 殷小平. 食醋生产技术问答 [M]. 北京: 中国轻工业出版社, 2000.

[47] 沈志远. 论传统镇江香醋的八大工艺特色 [J]. 中国调味料, 2007 (12): 18-21.

[48] 朱海涛, 汤卫东, 董贝森. 最新调味料及其应用 [M]. 山东: 山东科学技术出版社, 2006.

[49] 国家质量监督检验检疫总局食品生产监管局. 食品质量安全市场准入审查指南: 糕点、豆制品、蜂产品、果冻、挂面、鸡精调味料、酱类分册 [M]. 北京: 中国标准出版社, 2006.

[50] 任艳艳, 张水华, 王启军. 酵母抽提物改善鸡精调味料风味的研究 [J]. 中国食品添加剂, 2004 (1): 103-105.

[51] 周雪松, 赵谋明. 我国鸡精行业现状与研究发展趋势 [J]. 中国调味料, 2004, 306 (8): 3-7.

[52] 刘政芳, 李知洪, 杜支红, 等. 鸡精配方设计如何适应标准 [J]. 食品科技, 2004 (4): 43-45.

[53] 叶强, 贾彩荷. 鸡精加工技术研究 [J]. 肉类工业, 2010, 355 (11): 36-39.

[54] 吴广泉, 杨巧萍, 王颖. 鸡精 (粉) 的现状及发展趋势 [J]. 农产品加工学刊, 2010, 217 (8): 89-91.

[55] 胡国昌, 廖国洪. 鸡精 (粉) 的生产技术 [J]. 中国调味料, 2001, 271 (9): 31-33.

[56] 张发柱. 豆酱、面酱、酱油历史资料辑要 [J]. 中国酿造, 1983 (01): 43-45.

[57] SB/T 10172—1993.

[58] 赵谋明. 调味料 [M]. 北京: 化学工业出版社, 2001.

[59] 王芳. 调味料制作工艺 [M]. 吉林: 延边人民出版社, 2003.

[60] 孙常雁. 自然发酵黄豆酱中主要微生物酶系的形成及作用 [D]. 哈尔滨: 东北农业大学, 2007.

[61] 王建新, 袁海平. 香辛料原理与应用 [M]. 北京: 化学工业出版社, 2004.

[62] 毛海舫, 李琼. 天然香料加工工艺学 [M]. 北京: 中国轻工业出版社, 2006.

[63] 史奎春, 林苏荣. 香辛料在肉制品中的应用探讨 [J]. 中国调味料, 2010, 35 (4): 39-42.

[64] 李永菊, 丁玉勇. 天然植物食用香辛料在烹调中的应用 [J]. 中国调味料, 2010, 35 (12): 113-116.

[65] 王兆宏, 马永强, 石长波. 国外香辛料应用状况及深加工技术 [J]. 中国调味料, 1996, 214 (12): 2-4.

[66] 黄小凤，震新民．香辛料工业的进展 [J]．化工时刊．1995（10）：17-23．

[67] 袁新民，黄小凤．香辛料的发展现状及其在调味料上的应用 [J]．中国调味料，1995，192（3）：3-7．

[68] 程丽娟，赵树欣，曹井国．对中国传统发酵豆制品中各种含氮组分的分析 [J]．中国酿造，2005（7）：47-49．

[69] 李幼筠．中国腐乳的现代研究 [J]．中国酿造，2006（1）：4-7．

[70] 马勇．腐乳生产过程中酶活力变化和理化性质的研究 [D]．北京：中国农业大学，2002．

[71] 曹翠峰．大豆发酵食品—腐乳的微生物学研究 [D]．北京：中国农业大学，2001．

[72] 邹家兴，李国基，耿予欢．ERIC-PCR 在腐乳微生物种属分析中的应用研究 [J]．中国酿造，2008（3）：42-44．

[73] 耿予欢，李国基，邹家兴．腐乳发酵过程中微生物群落结构的 ERIC-PCR 指纹图谱分析 [J]．华南理工大学学报（自然科学版），2010（8）：126-130．

[74] 李蓓，衣杰荣．腐乳在发酵过程中脂肪酶活力变化研究 [J]．食品工业科技，2011（10）：261-272．

[75] 李蓓．腐乳发酵过程中脂肪水解变化的研究 [D]．上海：上海海洋大学，2010．

[76] 江景泉．毛霉驯化及微波对腐乳白点抑制效果的研究 [D]．重庆：西南大学，2009．

[77] 蒋丽婷，李理．蛋白降解程度及油脂含量对腐乳流变学特性的影响 [J]．中国酿造，2012（1）：19-23．

[78] 窦珺．腐乳基本滋味及其呈味物质的研究 [D]．北京：中国农业大学，2005．

[79] 李慧，牟光庆，李霞．腐乳挥发性成分的研究 [J]．中国酿造，2008（23）：1-4．

[80] 蒋丽婷，李理．不同品牌白腐乳风味成分的比较 [J]．食品工业科技，2012（8）：99-104．

[81] 黄明泉，陈海涛，刘玉平．北京地区不同品牌腐乳挥发性成分比较分析 [J]．中国调味料，2011（6）：80-85．

[82] 黄明泉，孙宝国，陈海涛，等．同时蒸馏萃取结合气质联机分析北京地区红腐乳挥发性成分的研究 [J]．食品工业科技，2010（7）：150-156．

[83] 吴拥军，龙菊，程昌泽．腐乳发酵过程中酶活力和化学组分变化研究 [J]．食品科学，2009（3）：249-252．

[84] 杨汶燕，林奇，王继伟．腐乳发酵过程中生化指标动态变化的研究 [J]．中国调味料，2011（5）：72-75．

[85] 梁恒宇，程建军，马莺．中国传统大豆发酵食品中微生物的分布 [J]．食品科学，2004（11）：401-404．

[86] 王瑞芝．腐乳生产技术（一）[J]．中国调味料，2003（1）：45-48．

本社食品类相关书籍

书　号	书　　名	定价
15228	肉类小食品生产	29 元
15227	谷物小食品生产	29 元
15122	烹饪化学	59 元
14642	白酒生产实用技术	49 元
14185	花色挂面生产技术	29 元
12731	餐饮业食品安全控制	39 元
12285	焙烤食品工艺(第二版)	48 元
11285	烧烤食品生产工艺与配方	28 元
11040	复合调味技术及配方	58 元
10711	面包生产大全	58 元
10579	煎炸食品生产工艺与配方	28 元
10488	牛肉食品加工	28 元
10089	五谷杂粮食品加工	29 元
10041	豆类食品加工	28 元
09723	酱腌菜生产技术	38 元
09518	泡菜制作规范与技巧	28 元
09390	食品添加剂安全使用指南	88 元
09389	营养早点生产与配方	35 元
09317	蒸煮食品生产工艺与配方	49 元
08214	中式快餐制作	28 元
07386	粮油加工厂开办指南	49 元
07387	酱油生产技术	28 元
06871	果酒生产技术	45 元
05403	禽产品加工利用	29 元
05200	酱类制品生产技术	32 元
05128	西式调味品生产	30 元
04497	粮油食品检验	45 元
04109	鲜味剂生产技术	29 元
03985	调味技术概论	35 元
03904	实用蜂产品加工技术	22 元
03344	烹饪调味应用手册	38 元
03153	米制方便食品	28 元
03345	西式糕点生产技术与配方精选	28 元
03024	腌腊制品生产	28 元
02958	玉米深加工	23 元
02444	复合调味料生产	35 元
02465	酱卤肉制品加工	25 元
02397	香辛料生产技术	28 元
02244	营养配餐师培训教程	28 元
02156	食醋生产技术	30 元
02090	食品馅料生产技术与配方	22 元

书　号	书　　名	定价
02083	面包生产工艺与配方	22 元
01783	焙烤食品新产品开发宝典	20 元
01699	糕点生产工艺与配方	28 元
01654	食品风味化学	35 元
01416	饼干生产工艺与配方	25 元
01315	面制方便食品	28 元
01070	肉制品配方原理与技术	20 元
15930	食品超声技术	49 元
15932	海藻食品加工技术	36 元
14864	粮食生物化学	48 元
14556	食品添加剂使用标准应用手册	45 元
14626	酒精工业分析	48 元
13825	营养型低度发酵酒 300 例	45 元
13872	馒头生产技术	19 元
13773	蔬菜功效分析	48 元
13872	腌菜加工技术	26 元
13824	酱菜加工技术	28 元
13645	葡萄酒生产技术(第二版)	49 元
13619	泡菜加工技术	28 元
13618	豆腐制品加工技术	29 元
13540	全麦食品加工技术	28 元
13284	素食包点加工技术	26 元
13327	红枣食品加工技术	28 元
12056	天然食用调味品加工与应用	36 元
10597	粉丝生产新技术(第二版)	19 元
10594	传统豆制品加工技术	28 元
10327	蒸制面食生产技术(第二版)	25 元
07645	啤酒生产技术(第二版)	48 元
07468	酱油食醋生产新技术	28 元
07834	天然食品配料生产及应用	49 元
06911	啤酒生产有害微生物检验与控制	35 元
06237	生鲜食品贮藏保鲜包装技术	45 元
05365	果品质量安全分析技术	49 元
05008	食品原材料质量控制与管理	32 元
04786	食品安全导论	36 元
04350	鲜切果蔬科学与技术	49 元
01721	白酒厂建厂指南	28 元
02019	功能性高倍甜味剂	32 元
01625	乳品分析与检验	28 元
01317	感官评定实践	49 元
01093	配制酒生产技术	35 元